U0160225

杭州电子科技大学科技专著出版基金资助

氮化镓射频功率放大器的
设计实践与研究

陈 瑾 程知群 著

西安电子科技大学出版社

内 容 简 介

功率放大器作为通信系统的核心部分，正在引领研究潮流，成为科学研究和产业界的热点，其中高质量和高性能射频功率放大器的设计与制作，更是成为学者们争相探索和研究的领域。

本书着重从氮化镓器件的设计与建模入手，从用于射频功率放大器的氮化镓器件的设计与制作的角度，给出了一系列新型高性能氮化镓器件的设计与建模方法，以及用于实现宽频带、高效率和高线性度射频功率放大器的设计与制作实例。这些设计与制作实例都经过测试验证，可为电子信息工程、电子科学与技术、通信工程、集成电路设计与集成系统等专业的本科生和研究生学习"通信电路与系统实验""射频实训"等实践类课程提供具体的技术指导，也可为从事射频功率放大器设计和研究的工程师提供参考，还可为射频功率放大器电路的研究和设计者们提供重要的技术借鉴。

图书在版编目(CIP)数据

氮化镓射频功率放大器的设计实践与研究 / 陈瑾，程知群著. —西安：西安电子科技大学出版社，2022.11(2023.11 重印)
ISBN 978 - 7 - 5606 - 6576 - 4

Ⅰ. ①氮⋯　Ⅱ. ①陈⋯　②程⋯　Ⅲ. ① 氮化镓—高频放大器—研究
Ⅳ. ①TN722.1

中国版本图书馆 CIP 数据核字(2022)第 134639 号

策　　划　陈　婷
责任编辑　于文平
出版发行　西安电子科技大学出版社(西安市太白南路 2 号)
电　　话　(029)88202421　88201467　　邮　　编　710071
网　　址　www.xduph.com　　　　　　电子邮箱　xdupfxb001@163.com
经　　销　新华书店
印刷单位　广东虎彩云印刷有限公司
版　　次　2022 年 11 月第 1 版　2023 年 11 月第 2 次印刷
开　　本　787 毫米×960 毫米　1/16　印张 20
字　　数　338 千字
印　　数　1001～1500 册
定　　价　59.00 元
ISBN 978 - 7 - 5606 - 6576 - 4/TN

XDUP 6878001 - 2

＊＊＊如有印装问题可调换＊＊＊

前　言

当今社会正处于无线通信飞速发展的时期,作为通信系统中的核心部件,系统对射频功率放大器的带宽、效率和线性度的要求越来越高。氮化镓作为第三代宽禁带半导体材料,具有带隙宽、电子饱和速率较高、器件的功率密度较大、高温特性以及热稳定性好等优良特性,使得氮化镓材料器件成为继硅、锗和砷化镓等材料器件之后最有影响力的新型半导体材料器件,非常适合于设计制作大功率电子器件,用来实现宽频带、高效率和高线性度的射频功率放大器。

本书主要介绍两方面的内容:一是如何利用氮化镓材料来设计与建模高性能氮化镓功率器件;二是如何将设计与建模好的高性能氮化镓器件用于实现宽频带、高效率和高线性度等高质量、高性能射频功率放大器的设计与制作。本书的具体内容如下:

第 1 章,首先介绍了氮化镓(GaN)材料的特性及其优势;然后介绍了AlGaN/GaN HEMT 器件的基本工作原理和主要特性,并分析了 AlGaN/GaN HEMT 器件的优势和研究进展,为下一章设计新型 AlGaN/GaN HEMT 器件以及建立新型器件的模型奠定了理论基础。

第 2 章,着重从传统 AlGaN/GaN HEMT 器件存在的线性度和常开型局限着手,详细介绍了三种新型结构的 AlGaN/GaN HEMT 器件的设计、仿真、优化和建模实例,并介绍了一种新型的基于神经网络的建模方法。

第 3 章,给出了三个基于新型改进结构和连续工作模式搭建的高回退下高效率 Doherty 功率放大器的设计实例,并对整个设计方案、设计指标、电路的仿真设计、实物的加工与测试等做出了详细的介绍。

第 4 章,基于逆 F 类、EF 类功率放大器的工作原理和连续型功率放大器的的设计理论,给出了两个宽频带、高效率连续型功率放大器的设计实例,并对整个设计方案、设计指标、电路的仿真设计、实物的加工与测试等做出了详细的介绍。

第 5 章，给出了一个 3～7 GHz 微波超宽频带功率放大器和两个应用于 5G 通信和基于连续 EF 类的高线性度异相(Outphasing)功率放大器的设计实例，并对整个设计方案、设计指标、电路的仿真设计、实物的加工与测试等做出了详细的介绍。

与同类专著相比，本书是作者多年来实际教学和科研实践的经验总结，着重从实际应用出发，给出了一系列具体可行的解决方案，并提供了大量器件和电路的设计与制作实例，方便广大电子信息类、通信工程类、集成电路设计类等专业的本科生和研究生在射频功率放大器的设计实践中参考，同时也可为从事射频功放电路设计的工程技术人员提供参考。

杭州电子科技大学

陈　瑾　程知群

2022 年 3 月

目　　录

第 1 章　氮化镓器件的基本原理 ·· 1

1.1　氮化镓(GaN)材料的特性及其优势 ···································· 2

1.2　GaN HEMT 器件的工作原理及特性 ·································· 4

　1.2.1　AlGaN/GaN HEMT 器件的基本工作原理 ················· 4

　1.2.2　AlGaN/GaN HEMT 器件中的 2DEG 性质 ··············· 5

　1.2.3　I-V 特性 ·· 6

　1.2.4　频率特性 ·· 7

　1.2.5　功率特性 ·· 8

　1.2.6　自热效应 ·· 11

1.3　AlGaN/GaN HEMT 器件的优势及研究进展 ····················· 13

本章小结 ··· 14

第 2 章　氮化镓器件的设计与建模 ·· 15

2.1　亚微米线性 $Al_xGa_{1-x}N/AlN/Al_yGa_{1-y}N/GaN$ HEMT 器件的
　　设计与建模 ··· 16

　2.1.1　新型 GaN HEMT 器件的设计与仿真 ······················· 16

　2.1.2　直流和微波特性测量与分析 ································· 34

　2.1.3　AlGaN/GaN HEMT 器件建模 ······························· 52

2.2　高线性度 $Al_xGa_{1-x}N/AlN/Al_yGa_{1-y}N/GaN$ HEMT 器件的
　　设计与建模 ··· 72

　2.2.1　栅长 1 μm 的 $Al_{0.3}Ga_{0.7}N/Al_{0.05}Ga_{0.95}N/GaN$ HEMT 器件 ··· 72

　2.2.2　$Al_xGa_{1-x}N/AlN/Al_yGa_{1-y}N/GaN$ HEMT 器件仿真研究 ······ 82

2.2.3 栅长 0.3 μm 的 $Al_{0.27}Ga_{0.73}N/AlN/Al_{0.04}Ga_{0.96}N/GaN$ HEMT 器件 ……………………………………………………… 88

2.3 新型常关型 AlGaN/GaN HEMT 器件的设计与建模 ………… 90

2.3.1 不同结构参数对器件特性的影响 ……………… 91

2.3.2 新型常关型 AlGaN/GaN HEMT 器件特性的仿真 …… 100

2.3.3 多介质常关型 AlGaN/GaN HEMT 器件的设计与仿真 …… 103

2.4 GaN HEMT 毫米波器件的设计与建模 ……………… 109

2.4.1 神经网络理论 ……………………………… 109

2.4.2 神经网络的训练 …………………………… 112

2.4.3 微波器件的神经网络建模 ………………… 114

2.4.4 基于神经网络间接建模方法的 $Al_{0.27}Ga_{0.73}N/AlN/GaN$ HEMT 模型 ……………………………………… 121

2.4.5 基于神经网络直接建模方法的 $Al_{0.27}Ga_{0.73}N/AlN/GaN$ HEMT 模型 ……………………………………… 127

本章小结 ………………………………………… 133

第3章 高回退下高效率 Doherty 功率放大器的设计 ……………… 135

3.1 新型双偏置网络结构的高效率线性 Doherty 功率放大器的设计 …… 136

3.1.1 新型双偏置网络结构 ……………………… 136

3.1.2 设计指标 …………………………………… 139

3.1.3 晶体管和介质板材的选择 ………………… 139

3.1.4 高效率线性 Doherty 功率放大器的电路设计 ………… 141

3.1.5 高效率线性 Doherty 功率放大器的原理图和版图的联合仿真 … 148

3.1.6 高效率线性 Doherty 功率放大器的实物测试与性能分析 … 152

3.2 基于改进谐波控制结构的连续型 Doherty 功率放大器设计 ……… 156

3.2.1 改进的谐波控制结构 ……………………… 156

3.2.2 连续型 Doherty 功率放大器的电路设计 ………… 158

3.2.3 连续型 Doherty 功率放大器的仿真与实物测试结果 … 164

3.3 基于连续逆 F 类和 J 类混合工作模式的 Doherty 功率放大器的设计 ………………………………… 165

3.3.1 Doherty 功率放大器的连续工作模式理论分析 ……… 166

3.3.2 连续逆 F 类和 J 类混合工作模式理论分析 ……… 170

3.3.3 混合连续工作模式 Doherty 功率放大器的电路设计 … 172

3.3.4 混合连续工作模式 Doherty 功率放大器的仿真分析与
实物测试结果 ·· 173
本章小结 ··· 177

第4章 宽频带高效率连续型功率放大器的设计 ············· 179

4.1 基于多级二次谐波控制输出匹配网络的连续逆 F 类功率放大器的
设计 ··· 180
4.1.1 传统的连续型功率放大器的输出匹配电路 ·········· 181
4.1.2 多级二次谐波控制输出匹配网络 ················· 184
4.1.3 连续逆 F 类功率放大器的电路设计 ··············· 187
4.1.4 连续逆 F 类功率放大器的仿真与实物测试结果 ····· 192
4.2 连续 EF 类功率放大器的设计 ····························· 196
4.2.1 传统 EF 类功率放大器的设计 ···················· 196
4.2.2 连续 EF 类功率放大器的电路设计 ················ 201
4.2.3 连续 EF 类功率放大器的仿真结果分析 ············ 210
4.2.4 连续 EF 类功率放大器的实物加工与测试结果 ····· 212
本章小结 ··· 215

第5章 宽频带和高线性度功率放大器的设计 ················· 217

5.1 3～7 GHz 微波超宽频带功率放大器的设计 ················ 218
5.1.1 设计指标与方案 ································· 218
5.1.2 3～7 GHz 中间驱动级功放模块的设计 ············· 222
5.1.3 3～7 GHz 功率级放大电路的设计 ················· 237
5.1.4 功率放大器的微组装与测试结果分析 ·············· 247
5.2 应用于 5G 通信的异相(Outphasing)功率放大器的设计 ····· 255
5.2.1 Outphasing 支路功放的设计 ····················· 256
5.2.2 Outphasing 功率合成器的设计与系统测试 ········· 268
5.3 基于连续 EF 类异相(Outphasing)功率放大器的设计 ······ 287
5.3.1 非隔离 Chireix 合成器理论 ······················ 287
5.3.2 Chireix 功率合成器的设计与测试 ················· 291
5.3.3 异相功率放大器的仿真平台与仿真结果 ············ 294
本章小结 ··· 298

参考文献 ·· 300

第 1 章

氮化镓器件的基本原理

信息技术的迅猛发展推动着半导体领域的技术创新,已经使用多年的第一代半导体硅(Si)、锗(Ge)和以砷化镓(GaAs)、磷化镓(GaP)、砷化铟(InAs)等为代表的第二代半导体在高温高频领域的发展都有一定的局限性,原因在于其自身的性质。在这样的背景下,第三代半导体氮化镓(GaN)、氮化铝(AlN)、氮化镓铝(AlGaN)和碳化硅(SiC)的研究,近几十年来发展非常迅速。

　　氮化镓(GaN)作为第三代宽禁带半导体材料,具有带隙宽、电子饱和速率较高、器件的功率密度较大、高温特性及热稳定性好等优良特性,使得氮化镓(GaN)材料器件成为继硅(Si)和砷化镓(GaAs)等材料器件之后最有影响力的新型半导体材料器件。所以,GaN HEMT 在高频、高温、高压环境下制作微波毫米波大功率器件方面具有很大的优势,已经成为当前国内外科研人员争相研究的科研方向[1]。尤其在大功率、高频的应用方面,氮化镓材料有着非常广阔的发展前景。

1.1　氮化镓(GaN)材料的特性及其优势

　　早在 20 世纪,锗(Ge)和硅(Si)作为第一代半导体,在电子电力行业和微电子行业已打下了坚实的基础,主要应用在数据运算领域,硅基芯片在人类社会的每一个角落无不闪烁着它的光辉。随着科技需求的日益增加,Si 传输速度慢、功能单一的不足暴露了出来。第二代半导体以砷化镓(GaAs)和磷化铟(InP)为代表,适用于毫米波和微波器件领域。以氮化镓(GaN)为代表的第三代半导体材料,凭借其宽禁带、高电子迁移率、优秀的热导率、高击穿电场和强抗辐射能力等特点,在电子器件领域得到了迅速发展。

　　部分半导体材料性能参数比较如表 1-1 所示。从表 1-1 中,我们可以对比观察第一、二、三代半导体的性能参数,GaN 的相对介电常数、电子迁移率和 GaAs 相比较小,但它的禁带宽度 E_g 达 3.43 eV,电子饱和速度 v_s 和其他材料相比也明显偏高,热导率和抗辐射能力都非常优异。由此可见,GaN 材料十分适用于大功率、高温、高压、微波以及抗辐射器件领域。

表 1-1　部分半导体材料性能参数比较

性　　质	Si	GaAs	4H - SiC(W)	GaN
相对介电常数 ε	11.8	13.18	10.32	9.5
禁带宽度 E_g/eV	1.124	1.424	3.20	3.43

续表

性　质	Si	GaAs	4H - SiC(W)	GaN
电子饱和速度 v_s/(cm · s^{-1})	1.0×10^7	2.0×10^7	2.0×10^7	2.5×10^7
击穿电场 E_B/(MV · cm^{-1})	3.0×10^5	4.0×10^5	2.0×10^6	3.5×10^6
电子迁移率 μ_n/(cm^2 · V^{-1} · s^{-1})	1350	8500~10 500	720	900~1100
热导率 k/(W · cm^{-1} · K^{-1})	1.313	0.46	4.9	1.7
抗辐射能力/rad	$10^{4\sim5}$	10^6	$10^{9\sim10}$	10^{10}

　　GaN 晶体一般有三种晶体结构：六角纤维锌矿结构、立方闪锌矿结构和面心立方结构。立方闪锌矿结构为亚稳定结构，而面心立方结构只在比较极端的条件下才能形成。在常态下，六角纤维锌矿结构的性质最稳定，它是由两套六方密堆积结构沿 C 轴方向平移 $5x/8$ 套构而成的。所以目前的研究热点基本上集中在六角纤维锌矿型的 GaN 基材料。

　　六角纤维锌矿结构属于六方晶系非中心对称 C6v 点群，呈现 [0001] 与 [000$\bar1$] 两种相反的原子层排列方向，分别对应于 Ga 面极化与 N 面极化，这种极性在 GaN 薄膜的异质外延生长过程中无法预知，必须由实验来确定。实验表明[2]，用金属有机物化学气相沉积(MOCVD)方法生长的 GaN 通常呈 Ga 面极化，而用分子束外延(MBE)的方法得到的 GaN 薄膜为 N 面极化。但是，如果先在衬底上生长一层 AlN 缓冲层，再进行分子束外延生长得到的 GaN 则从 N 面极化转变为了 Ga 面极化。

　　图 1-1 所示是六角纤维锌矿型 GaN 晶体结构的 Ga 面和 N 面示意图[3]，GaN 薄膜的 Ga 面和 N 面具有不同的物理和化学性质。实验表明[3-4]，Ga 面极

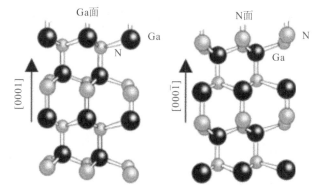

图 1-1　六角纤维锌矿型 GaN 晶体结构的 Ga 面和 N 面

化的异质结构表现出优于 N 面极化异质结构的电学特性，因而目前所研究的 GaN 基异质结构均集中于 Ga 面极化纤锌矿结构[5]。

六角纤维锌矿结构的 GaN 晶体的特性参数如表 1-2 所示。表 1-3 所示为室温时Ⅲ-Ⅳ族氮化物的晶格参数比较，其中 a_0 为六角晶格的边长，c_0 为六角晶格沿[0001]方向的阴阳离子键合长度率。这里的下标"0"表示这些值是晶格处于平衡状态时的值。在一个理想的六角纤维锌矿晶格中，c_0/a_0 的值为 1.633。从表 1-3 中可以看到，由于金属阳离子的不同，各种材料的 c_0/a_0 的值是不同的，其中 GaN 最接近理想的晶格结构。

表 1-2　六角纤维锌矿结构的 GaN 晶体的特性参数

带隙能量	$E_g(300\ \text{K})=3.39\ \text{eV}$
带隙温度系数	$dE_g/dT=-6\times10^{-4}\ \text{eV/K}$
带隙压力系数	$dE_g/dP=4.2\times10^{-3}\ \text{eV/kbar}$
晶格常数	$a=0.3189\ \text{nm}$

表 1-3　室温时Ⅲ-Ⅳ族氮化物的晶格参数

材料	AlN	GaN	InN
$a_0(\text{A})$	3.112	3.189	3.54
$c_0(\text{A})$	4.982	5.185	5.705
c_0/a_0	1.6010	1.6259	1.6116

1.2　GaN HEMT 器件的工作原理及特性

器件物理级的工作原理及特性是得到器件精确模型的先决条件，下面介绍 GaN HEMT 器件的基本工作原理和主要工作特性。

1.2.1　AlGaN/GaN HEMT 器件的基本工作原理

图 1-2 所示为典型 AlGaN/GaN HEMT 器件的基本结构及异质结能带和相应的横向电场分布。这种 HEMT 器件结构的特点在于栅极和沟道层材料之间的导带偏移，即在耗尽层有一个较高的导带，而沟道层有一个较低的导带。

由于导带偏移，在异质结界面形成一个势阱，这个势阱中可以容纳大量电子形成 2DEG 沟道。通过栅极下面的肖特基势垒控制异质结沟道中的二维电子气的浓度来实现控制电流的大小。由于在 AlGaN 和 GaN 之间存在大规模的导带偏移，因此此 AlGaN/GaN 异质结界面引起一个大的横向电场（E_T）。电子从源极到漏极转移时强 E_T 推动 2DEG 更靠近异质结界面，提高了电子的散射（尤其在高栅偏压时）。这种严重的散射降低了电子迁移率，导致跨导和增益的降低。

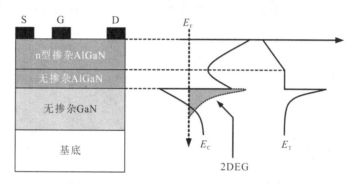

图 1 - 2　典型 AlGaN/GaN HEMT 器件的基本结构及异质结能带和相应的横向电场分布图

　　虽然在器件结构上，HEMT 在许多方面都与 MOSFET 类似，但 AlGaN/GaN HEMT 器件中宽禁带的 AlGaN 代替了 MOSFET 器件中的氧化层来隔离沟道与栅电极，并且还可以充当电子的供给层。AlGaN 势垒层中的掺杂主要为沟道势阱提供电子，但是势垒层也可以不掺杂，因为 AlGaN/GaN 异质结强大的极化效应本身就能形成高浓度的二维电子气[6]，这是 AlGaN/GaN HEMT 器件与传统的调制掺杂 AlGaAs/GaAs HEMT 器件的最大区别。而且沟道层不掺杂极大地提高了载流子的迁移率。另外，在衬底材料上生长厚的缓冲层也可以减少和阻隔来自衬底表面的缺陷扩张，从而减少沟道中缺陷的形成。

1.2.2　AlGaN/GaN HEMT 器件中的 2DEG 性质

　　GaN 异质结构中 2DEG 是决定 HEMT 器件性能的重要指标。因为 AlGaN 的禁带宽度大于 GaN 的，会产生带隙差，这种带隙差导致了在异质结界面处能带的断续，于是能带在界面附近发生了弯曲，在 AlGaN 一侧形成势垒，在 GaN 一侧形成势阱，积累在势阱中的电子在空间上与施主杂质实现了分离。电子在与界面平行的方向上自由运动，而在垂直于界面的方向（z 方向）上的运动将受到限制，这也是二维电子气名称的由来（如图 1 - 2 所示）。2DEG 的浓度受到异质结构中 Al 组分、势垒层厚度等因素的影响。HEMT 器件的一个重要特点就是其沟道中的载流子不仅具有很高的浓度,同时还具有很高的迁移率。

HEMT 器件是通过改变载流子浓度来工作的,对 HEMT 器件进行霍耳效应测量可知,不仅其中 2DEG 的浓度(n_s)与栅电压(V_G)成正比,而且电子迁移率与栅电压有如下关系:

$$\mu_n \propto V_G^k \qquad (1-1)$$

其中,k 为 0.5~2.0 的常数。所以迁移率与 2DEG 浓度 n_s 也有一定的关系:

$$\mu_n \propto n_s^k \qquad (1-2)$$

通常,$k=0.5$。不过,在 HEMT 器件工作时,对整个栅电压变化(相应 2DEG 浓度变化)的范围,可以认为 μ_n 的变化保持在 30% 以内。因此,从对器件性能的影响来看,这种变化是较小的,在讨论器件的工作特性时可假定 μ_n 近似为恒定值。

1.2.3 I-V 特性

I-V 特性是 HEMT 器件晶体管直流能力和交流跨导 g_m 的综合体现,也是晶体管电学性能的重要特征。GaN HEMT 器件的 I-V 特性曲线一般可分为饱和区和线性区两个区。一个典型的 GaN HEMT 器件的输出特性和转移特性(DC 伏安特性)曲线如图 1-3 所示[6],漏极电流特性是由器件内部参数(如阈值电压、2DEG 载流子浓度和沟道迁移率)以及外部参数(如寄生参数、源漏串联电阻)等共同决定的。

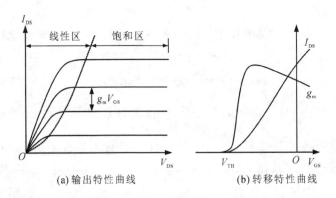

(a) 输出特性曲线　　　　(b) 转移特性曲线

图 1-3　典型 GaN HEMT 器件的 DC 伏安特性曲线

HEMT 器件的漏极电流可以通过类似于 MOSFET 器件的方法求得,不同的是 HEMT 器件的沟道是二维的,载流子在外延生长的方向上受到限制[7]，GaN HEMT 器件通过栅电压控制沟道中 2DEG 的浓度及运动。GaN HEMT 器件的工作模式也分为增强型和耗尽型，一般常用的为耗尽型，即在零栅压下已经存在 2DEG。当加上漏源电压 V_{DS} 时，电子由源极向漏极流动，改变栅压，异质结势垒高度发生变化，引起 2DEG 浓度改变，即导电沟道电导变化，输出的源漏电流也随之变化。通过求解栅电压下的泊松方程和薛定谔方程可以得到二维电子气浓度。通过推导电荷控制模型可以得到器件的直流特性，假设电子在距离源端 z 处以速度 $v(E_z)$ 运动，则电流表达式为

$$I_{DS}=qn_s(z)v(E_z)W_G \tag{1-3}$$

式中：q 为电子电荷，n_s 为二维电子气浓度，W_G 为器件总栅宽。

1.2.4　频率特性

频率特性是 GaN HEMT 器件的一个重要特性，器件的频率分析主要分为小信号分析和大信号分析。小信号是指在器件的静态工作点上叠加交流信号的振幅远小于 kT/q(热电压)的工作状态，因而可采用线性近似的方法进行分析；而大信号则针对的是交流信号的振幅远大于 kT/q 的工作状态[8]，这里主要介绍小信号模型。

一个比较通用的晶体管的小信号等效电路模型如图 1-4 所示。图中矩形虚线分界线内为 GaN HEMT 器件的本征结构，其中包括栅电容(C_g)、输入电阻(r_i)、输出电导(g_0)以及漏栅跨导(g_m)，不包括元件 C_i(这里没有显示)，C_i 是由漏极和输入电阻 r_i 以上的沟道导电层之间的无源电偶通过缓冲区-基底区域而形成的。这些内部的参数连同外在的参数可用于分析和预测 HEMT 器件的 AC 工作特性，它们可以从小信号 S 参数的测量中提取，这些元件的作用点如图 1-5 所示[9]。

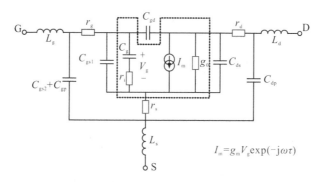

图 1-4　晶体管的小信号等效电路模型

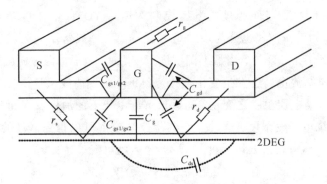

图 1-5　GaN HEMT 器件等效电路模型的物理意义

表征功率器件频率特性的指标有截止频率(f_T)和最大振荡频率(f_{max})[7]，f_T 表示的是场效应管的短路微分电流增益 h_{21} 降为 1($\log(|h_{21}|^2)=0$)时的工作频率，计算公式如下：

$$f_T = \frac{g_m}{2\pi(C_{gs}+C_{gd})} \tag{1-4}$$

由于截止频率描述的是载流子在栅下的输运时间，因此也可以通过以下公式来表达：

$$f_T = \frac{v_s}{2\pi L_g} \tag{1-5}$$

式中：v_s 为载流子的饱和漂移速度，L_g 为栅长。由此可见，改变器件截止频率可通过调节器件的栅长、跨导、栅电容以及各种寄生电阻等方式来实现。

f_{max} 为最大功率增益为 1 时对应的频率，公式如下：

$$f_{max} = \frac{f_T}{2\sqrt{\dfrac{r_g+r_{gs}+r_s}{r_{ds}}+2\pi f_T C_{gd} r_g}} \tag{1-6}$$

从以上公式可以看出，提高 f_{max} 的方法有提高 f_T、减小 r_g 等。可以通过采用 T 型栅结构和多指栅结构的方法减小栅电阻。

1.2.5　功率特性

功率应用是 HEMT 器件的重要应用领域，在用作功率放大时，器件工作在大信号状态。与小信号工作不同，在大信号条件下，器件完全处在非线性的工作状态。

为了估计功率器件的大信号特性，导出其非线性电路模型是十分必要的。

要达到这一目的，必须测出器件的 S 参数与频率及偏压的关系。然后用计算机分析程序对这种电路模型进行分析，以得出大信号波形。其结果又可以利用普通的傅里叶分析(Fourier ananlysis)转换到频域。

准确描述非线性电流源 $I_{ds}(V_{gs}, V_{ds})$ 是建立大信号模型的关键，由于大信号的工作区域会同时涉及线性区和非线性区，因此大信号模型需要反映全域特性。下面列出几种应用广泛的 $I_{ds}(V_{gs}, V_{ds})$ 模型。

（1）Statz 模型[10]。

$$I_{ds} = \frac{S_0(V_{gs} - V_{T0})^2}{1 + H(V_{gs} - V_{T0})}(1 + \lambda V_{ds})\mathrm{th}(\alpha V_{ds}) \tag{1-7}$$

式中：S_0 为跨导系数，α 为饱和电压系数，λ 为沟道长度调制系数，V_{T0} 为阈值电压，H 为掺杂拖尾延伸系数。

（2）Curtice 模型[11]。

$$I_{ds} = (A_3 V_1^3 + A_2 V_1^2 + A_1 V_1 + A_0)\mathrm{th}(\alpha V_{ds}) \tag{1-8}$$

$$V_1 = V_{gs}[1 + \beta(V_{ds0} - V_{ds})] \tag{1-9}$$

式中：$A_3 \sim A_0$ 为拟合系数，α 为饱和电压系数，β 为夹断电压变化系数。

（3）Materka 模型[12-13]。

$$I_{ds} = I_{dss}\left(1 - \frac{V_{gs}}{V_{T0} + \Delta V_T + \gamma V_{ds}}\right)^2(1 + \lambda V_{ds})\mathrm{th}(\alpha V_{ds}) \tag{1-10}$$

式中：I_{dss} 为 $V_{gs} = 0$ 时的饱和电流，α 为饱和电压系数，λ 为沟道长度调制系数，γ 为阈值电压随 V_{ds} 的偏移系数，V_T 为阈值电压。

（4）Angelov 模型[14]。

$$I_{ds} = I_{pk}[1 + \mathrm{th}(\phi)](1 + \lambda V_{ds})\mathrm{th}(\alpha V_{ds}) \tag{1-11}$$

$$\phi = P_1(V_{gs} - V_{pk}) + P_2(V_{gs} - V_{pk})^2 + P_3(V_{gs} - V_{pk})^3 + \cdots \tag{1-12}$$

式中：I_{pk} 为最大跨导时的漏电流；V_{pk} 为最大跨导时的漏电压；α 为饱和电压系数；λ 为沟道长度调制系数；P_n 为拟合参数，其中 $n = 1, 2, 3, \cdots$。

这四种模型的非线性漏源电流 I_{ds} 都是由三个基本项相乘而组成的，其中饱和电压系数 α 和沟道长度调制系数 λ 决定了 $I-V$ 特性在线性区和饱和区的基本形状；而饱和电流项的描述在不同模型中差别较大，设计参数也较多。

我们可由 $I-V$ 特性来计算器件的输出功率。假定器件的直流工作点为 V_{ds}、I_{ds}，总的 $I-V$ 输出功率由基波和谐波组成，那么负载得到的最大输出功率为

$$P_{max} = \frac{I_{dss}}{8}(V_{BR} - V_P - V_{knee}) \tag{1-13}$$

式中：I_{dss} 为 $V_{gs} = 0$ 时的饱和电流；V_{BR} 为漏源击穿电压；V_P 为夹断电压；V_{knee} 为拐点电压，又称膝电压。

对于 A 类放大工作状态，偏置点电压设置为

$$V_{ds} = \frac{V_{BR} + V_{knee}}{2} \tag{1-14}$$

漏电流 I_D 的值为

$$I_D = \frac{I_{max}}{2} \tag{1-15}$$

式中：I_{max} 为最大饱和电流。理想情况下的负载阻抗由一个电抗(典型为容性)并联一个电阻 R_{opt} 构成，R_{opt} 的计算公式为

$$R_{opt} = \frac{V_{BR} - V_{knee}}{I_{dss}} = \frac{V_{BR} - V_{knee}}{I_{max}} \tag{1-16}$$

因此，最大输出功率为

$$P_{opt} = \frac{I_D(V_{ds} - V_{knee})}{2} = \frac{I_{max}(V_{BR} - V_{knee})}{8} = \frac{(V_{BR} - V_{knee})^2}{8R_{opt}} \tag{1-17}$$

对给定的输出功率，击穿电压越高，获得相同功率输出所要求的工作电流越低，R_{opt} 越高，越容易实现宽带匹配；反之亦然。所以，高击穿 GaN HEMT 器件适合于宽带大功率应用。

以上所述都是基于两个假设[7]：① 晶体管工作在理想状态下，② 电压、电流在要求频带内正常工作。若电流在某些频带存在崩塌或压缩现象，则以上分析都将不再适用。

结合以上分析，GaN HEMT 器件的最大功率密度计算公式如下：

$$P_{max} = \frac{1}{4}(V_{BR} - V_{knee})qv_{sat}n_s \tag{1-18}$$

则总输出功率为

$$P_{out} = P_{max}W \tag{1-19}$$

式中：V_{BR} 为漏源击穿电压，V_{knee} 为膝电压，v_{sat} 为电子饱和漂移速度，n_s 为二维电子气浓度，W 为器件总栅宽，q 为电子电荷。从以上公式可知，提高击穿电压、电子饱和漂移速度、二维电子气浓度，或是降低膝电压都可以提高器件的功率密度。

通过场板技术可以改变靠近栅极边缘耗尽层的电场分布，提高击穿电压，

而二维电子气浓度和电子饱和漂移速度的提高都可以通过器件结构来实现。

提高 HEMT 器件的总栅宽，一是增加单指栅宽长度，二是制作多栅指结构。当 HEMT 器件应用于微波领域时，单指栅宽长度直接影响器件的微波性能、单指栅宽越大，则器件的截止频率越低；反之亦然。多指结构亦如此。一般在大栅宽多指结构中，一个栅柄所能容纳的栅指数是有上限的，一旦超越此上限，器件各指之间的相位一致性将变差，器件的微波性能将受到影响，器件的非线性效应也随之增加，截止频率降低。而且大栅宽功率器件还将挑战材料的均匀性，芯片面积增大后，单芯片上的材料缺陷增多，器件的击穿电压必定受到影响，同时降低了大功率工作时的源漏偏置电压，导致输出功率减小。

1.2.6　自热效应

因基底材料热导率低，器件在工作状态下的散热能力差，造成热能量的积聚，温度升高，从而使得晶体管电流增益下降，并进而造成晶体管击穿等现象，这就是晶体管的自热效应。为了准确地描述由自热效应导致的电性能（最显著的就是射频输出功率的减小），晶体管的模型必须包含描述影响器件热性能的参数。

要量化自热效应，只需关注功率附加效率（$P_{AE} = (P_{out} - P_{in})/P_{dc}$）。$P_{in}$ 和 P_{out} 是晶体管工作频率下的输入和输出功率，P_{dc} 是所加的直流功率。没有从直流转化为射频的功率都流入了晶体管，以热量的形式耗散了。

高功率晶体管要工作在接近其电气和热标准的最大限度下，以尽可能高效利用器件性能[15]，换句话说，就是所花每一分钱都要换取最大的射频功率。在这样的工作条件下，晶体管的可靠性都是最差的：高温加剧了器件内部可能的失效机理。预测高功率晶体管的工作寿命是建模工程师需要关心的一个主要问题，因为这些元件通常是功放系统中最昂贵的，更换它们或者停机造成的花费巨大。半导体行业已经形成了一个有意义的传统，那就是以精确预测器件工作寿命为目标来进行热特性分析和建模。

与晶体管模型一起使用的热模型要求具备动态地表现温度变化的能力，但要得到最大温度通常要聚焦于可靠性研究。晶体管耗散的功率所产生的温度上升取决于几个因素，包括环境温度、驱动电平、偏置条件、频率、调制机制和晶体管内部性质（如几何层和材料参数）。实际上，这些晶体管的具体应用很多，且事先知道这些晶体管的工作参数是不可能的。因此，热模型必须能够动态地表现这些参数变化。

要对晶体管的电－热响应进行仿真，需要同时解耦合的电流传输和导热方程。解的过程包括消除对电和热的依赖性，通过使用一个包含热电阻和热电容的电气模拟电路来得到恒温模型参数。这个模拟电路(子电路)用来计算自热导致的器件温度上升。子电路的最简形式包括一个电流源，它与一个电阻和一个电容并联。除了表征器件功率耗散的电流源之外，热电路还可以包括一个电压源，它表征了恒温或人为加入恒温的点。

热传递的机制或模式取决于物体与环境之间分界面的类型。热传递有三种类型：传导、对流和辐射。传导是主要的热传递模式。一般只考虑热传导的作用，热辐射不会产生明显的冷却效果，但可以通过热显微镜来测量芯片和周围的温度。

芯片内部的温度等高线图可以使得热流可视化。热导率的局部改变在视觉上表现为等高线的弯曲，由此可以看到不同热导率材料之间的分界面。

基于热力学第一定律和能量守恒定律的热导方程如下所示：

$$\nabla(\kappa \nabla T) + q = \rho c \frac{dT}{dt} \qquad (1-20)$$

式中：κ 为热导率，单位是 $W/(m \cdot K)$；ρ 是材料的密度，单位为 kg/m^3；c 是材料的比热，单位是 $J/(kg \cdot s)$；q 是热源单位体积内产生能量的速率。

高功率射频晶体管的性能还受到除它自身条件之外的热环境的限制。预测晶体管结最大工作温度的能力是出于对可靠性的考虑，推算晶体管温度的能力将为设计过程提供很大的帮助，而且晶体管的很多点和热梯度是无法直接测量的。因此，对射频功率管的分析、建模和设计是很有必要的。

要建立一个能表现动态热效应的模型，需要通过仿真测量得到被测器件的时域响应。线性热模型可用一个电模型来表征。在这个电气电路中，分别用电阻和电容对热电阻和热电容进行建模。热电感元件无法得到，因为这违反了热力学第二定律(根据热力学第二定律，在没有其他干涉的条件下，不同温度的物体之间热传递的方向总是朝向较冷的物体)。同一个物体内部的热或能量从高温区域传输到低温区域，这是通过相邻粒子(原子、分子、离子、电子等)之间的相互作用完成的。然后用电流表征晶体管的热通量，用电流源表征晶体管内的功率耗散，用一个电压源作器件内恒温位置的参考点。在这种情况下，接地端是一个有无限热容的点，正如电气电路中的地可以吸收所有电流一样。一旦选择了合适的拓扑结构来表征热模型，那么下一步就要确定出热电阻和热电抗。

1.3　AlGaN/GaN HEMT 器件的优势及研究进展

HEMT 全称是高电子迁移率晶体管，AlGaN/GaN HEMT 器件的关键在于 AlGaN/GaN 异质结。它和传统的 MESFET 相比，2DEG 较高，耐高温，功率密度也大。所以目前 GaN 基 HEMT 器件的主要研究方向为 AlGaN/GaN HEMT。其根本原因在于 AlGaN/GaN 异质结由于极化效应极易出现 2DEG，所以就算不掺杂任何其他物质，2DEG 浓度仍可以达到 10^{13} cm^{-2}。但也因此 AlGaN/GaN HEMT 器件存在一个缺陷，即其天然常开。当前环境下，高压开关和高速射频电路飞速发展，常关型 GaN 器件只有在栅压为正的情况下才有工作电流的特点，使得它在高速开关、REIC 等领域非常受欢迎。但目前的难点在于如何实现增强型 AlGaN/GaN HEMT 器件。近年来，国内外也对此做了很多探索和研究，成果颇丰。

2004 年，T. Hashizume 等人采用 Molecular beam epitaxy 技术在 AlGaN 表面生长了一层 Al 层，厚度为 3 nm，Al 层表面氧化后形成 Al_2O_3 从而形成绝缘层，使得金属不再和 AlGaN 直接接触，制作的绝缘栅 HFET 实现了 V_{th} 达到 -0.3 V。这种方法的整体思路是利用功函数实现增强型 HEMT 器件。

2005 年，Y. Cai 等人采用 CF_4 等离子体注入势垒层的方法，有效地耗尽了沟道中的电子，成功地使阈值电压从 -4 V 增大到了 0.9 V[16]。

2007 年，T. Mizutani 等人通过在 n - $Al_{0.25}Ga_{0.75}N/i$ - GaN 异质结上生长 $In_{0.2}Ga_{0.8}N$ 盖帽层的方法[17]，降低了器件的源端寄生电阻，成功制作出阈值电压为 0.4 V 的增强型 HEMT 器件，栅长为 1.9 μm，跨导为 85 mS/mm。

2010 年，M. Kuroda 等人通过在 AlGaN/GaN 非极化面生长以减少沟道中 2DEG 的方法，制作出了非极化 a 面 AlGaN/GaN MIS-HFET，阈值电压达 1.3 V。同年 F. Medjdoub 等人通过在 AlN 薄势垒层上生长 SiN 盖帽层实现了常关型 AlGaN/GaN HEMT 器件。

2016 年，程哲等人利用槽栅结构，设计了一款栅压摆幅大且阈值电压也高的常关型 AlGaN/GaN HEMT 器件。该晶体管的阈值电压达 4.6 V，特征导通电阻的值为 4 mΩ·cm^2，峰值跨导值为 42 mS/mm。

2017 年，Shyh-Jer Huang 等人通过溅射和后退火 p - NiO_x 覆盖层来实现常关型 AlGaN/GaN HEMT 器件，阈值电压从传统晶体管的 -3 V 变为 0.33 V，

开关电流比为 10^7，正向和反向击穿电压从原来的 3.5 V 和 -78 V 升高至 10 V 和 -198 V，相应地，反向栅极泄漏电流为 10^{-9} A/mm。

2019 年，中科院苏州纳米技术与纳米仿生研究所赵杰等人发明公开了一种 GaN 基的 p-GaN 增强型 HEMT 器件及其制作方法，发明的 HEMT 器件具有阈值电压高、p-GaN 帽层掺杂浓度及厚度要求低等优点。

2020 年，黄倩等人针对 p-GaN 帽层实现增强型器件存在的 M_g 扩散问题，提出了插入 i-GaN 阻挡层的方法来缓解 M_g 扩散对器件性能的影响，即采用 p-GaN 和 i-GaN 复合帽层栅结构设计并实现了增强型 GaN 基 HEMT 器件。

2021 年，陈思远等人研究了 P 型帽层和共源共栅（Cascode）结构氮化镓（GaN）功率器件高/低剂量率辐照损伤效应，分析了二者的退化机制。试验结果表明，P 型帽层和 Cascode 结构 GaN 功率器件都不具有低剂量率损伤增强效应（ELDRS）；Cascode 结构 GaN 功率器件总剂量辐照损伤退化更明显；P 型帽层结构的 GaN 功率器件抗总剂量能力较强。试验结果为 GaN 功率器件空间应用提供了有益参考。

与国外相比，国内对于 AlGaN/GaN HEMT 器件的研究主要集中在 20 世纪 90 年代之后，尤其近几年的研究成效显著，虽然和国外相比还有一定的差距，但差距在不断减小。

本章小结

本章首先介绍了氮化镓（GaN）材料的特性及其优势；然后对 AlGaN/GaN HEMT 器件的基本工作原理和主要特性，如 2DEG 性质、I-V 特性、高频特性、功率特性、自热效应等进行了较为详细的阐述；最后分析了 AlGaN/GaN HEMT 器件的优势和研究进展，为下一章设计新型 AlGaN/GaN HEMT 器件，以及建立新型器件的模型奠定了理论基础。

第 2 章

氮化镓器件的设计与建模

AlGaN/GaN HEMT 器件由于其应用于高温、高频、大功率等方面的优越性,已成为微电子研究领域的前沿和热点,目前各国都在不断投入人力物力开展微波大功率 GaN HEMT 器件的研究工作。本章将首先从传统 AlGaN/GaN HEMT 器件存在的线性度和常开型局限着手,介绍三种新型结构的 AlGaN/GaN HEMT 器件的设计、仿真、优化和建模,然后介绍一种新型的基于神经网络的建模方法。

2.1 亚微米线性 $Al_x Ga_{1-x} N/AlN/Al_y Ga_{1-y} N/GaN$ HEMT 器件的设计与建模

2.1.1 新型 GaN HEMT 器件的设计与仿真

本节在已有研究成果复合沟道 $Al_x Ga_{1-x} N/Al_y Ga_{1-y} N/GaN$ HEMT 器件的基础上进行 $Al_x Ga_{1-x} N/AlN/Al_y Ga_{1-y} N/GaN$ HEMT 器件的设计。对应用 TCAD 软件仿真 GaN HEMT 器件外延层结构的基本方法和主要特点进行概述,通过计算机仿真以确定新型器件的最佳外延层结构。

1. AlGaN/AlN/GaN HEMT 器件简介

目前制造 AlGaN/GaN HEMT 器件使用的 AlGaN/GaN 异质结中 Al 含量大多在 10%～35%之间。虽然理论上 Al 组分增加会引起 AlGaN/GaN 界面的导带断续增大,从而导致二维电子气浓度提高,但晶格失配也随之增大,导致界面缺陷增多,2DEG 迁移率下降。根据已有的报道,Al 组分为 35%时能获得最大的 2DEG 迁移率与浓度的乘积。

对此问题,康奈尔大学的 Shen 等人[18]提出在 AlGaN 与 GaN 之间插入一薄层 AlN,既可以在一定程度上利用 AlN 与 GaN 之间大的导带断续,又不会使 2DEG 界面变得很差,在二维电子气的迁移率和浓度之间做了折中。实验结果也证明这种方法可以提高 2DEG 迁移率与浓度的乘积。Miyoshi 等人[19]制得的 AlGaN/AlN/GaN 异质结构,在室温下获得了高达 2100 $cm^2/(V \cdot s)$ 的迁移率。张进城等人[20]的研究表明 AlN 层的插入大大改善了栅肖特基结的反向漏电特性和开关特性,主要原因在于 AlN 阻挡层在 AlGaN 一侧形成了一个很高的势垒,能有效阻挡沟道中的电子向栅电极的泄漏。AlN 层厚度越大,2DEG 的面密度越大,但是 AlN 层不能太厚,否则一方面会引起源漏欧姆接触制造上的更大困难，另一方面会引起界面晶格失配缺陷的增多而使得 2DEG 迁移率下降。Shen 等人[18] 研究得出最佳 AlN 层厚度为 1.6 nm。另外，由于 AlN 层的增加使得 2DEG 面密度增加，因此要将 2DEG 中的电子耗尽，AlGaN/AlN/GaN HEMT 器件所需的栅压（阈值电压）会更负。

增加 AlN 层对 HEMT 器件的不利影响是器件的最大跨导会减小，这是因为 AlGaN/GaN HEMT 器件在插入 AlN 层后，源漏欧姆接触电阻和比接触电阻的阻值明显增大。但是这一缺点可以通过改进器件工艺的方法来消除。最近几年，AlGaN/AlN/GaN 异质结构[21-24] 被认为是很有发展前景的 HEMT 结构。

2. 新型器件的结构设计与计算

1）器件的外延层结构

从对复合沟道 $Al_xGa_{1-x}N/Al_yGa_{1-y}N/GaN$ HEMT 器件的已有研究可知，在常规 AlGaN/GaN HEMT 器件中添加一个低 Al 组分的 AlGaN 复合沟道层可以减小横向电场，改善器件的 G_m 线性度，所以我们要在常规 AlGaN/AlN/GaN HEMT 器件中添加这样一个复合沟道层（如图 2-1 所示），从上到下分别为：（1）不掺杂 AlGaN 层，也称为势垒层；（2）AlN 层；（3）不掺杂 AlGaN 层，也称作复合沟道层；（4）GaN 层，也称为缓冲层；（5）蓝宝石衬底。

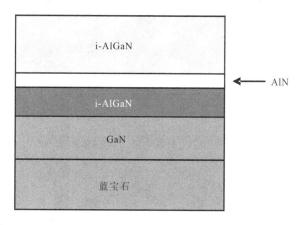

图 2-1　**AlGaN/AlN/AlGaN/GaN HEMT 器件的结构剖面图**

通过仔细计算结构参数，得到最佳的外延层结构，既可以提高器件的线性度，又可以最低限度地降低器件的其他性能。

2）外延层结构的计算过程

在器件结构计算和分析中，首先采用有限差分法（FDM）[25] 求解泊松方程，其基本思想是把连续的定解区域用有限个离散点构成的网格来代替；把连续定解区域上连续变量的函数用在网格上定义的离散变量函数来近似；把原方程和定解条件中的微商用差商来近似，积分用积分和来近似。于是原微分方程和定解条件就近似地代之以代数方程组，即有限差分方程组，解此方程组就可以得到原问题在离散点上的近似解。然后利用插值方法便可以从离散解中得到定解问题在整个区域上的近似解。所以，我们首先要对器件进行不均匀网格的划分，然后把从异质结构表面指向衬底的方向定义为 z 方向，垂直于该方向的平面即为 (x, y) 平面。在自洽求解时，电子是由泊松方程和异质结界面处的导带不连续 ΔE_c 决定的[26]，公式如下所示：

$$\frac{\mathrm{d}^2 V}{\mathrm{d} z^2} = \frac{e}{\varepsilon} \rho(z) \tag{2-1}$$

$$V^R = V^L + \Delta E_c \tag{2-2}$$

式中：V 为电势；L 和 R 分别代表异质结界面的左边和右边；ε 为介电常数；ΔE_c 为异质结界面处的导带差；ρ 为电荷密度（电荷/cm³），由以下公式决定（假设空穴浓度为零）：

$$\rho(z) = q[N_D^+(z) - n(z)] \tag{2-3}$$

其中：q 为电子电量，N_D^+ 为电离杂质浓度，n 为电子浓度。其中自由运动的电子浓度 $n(z)$ 和 N_D^+ 的计算公式[27]如下所示：

$$n(z) = \frac{2}{\pi^{\frac{1}{2}}} N_c(z) F_{\frac{1}{2}} \left[\frac{E_f - V(z)}{kT} \right] \tag{2-4}$$

$$N_D^+ = \frac{N_d}{1 + 2\exp\left[\frac{E_f - V(z) + E_d}{kT} \right]} \tag{2-5}$$

其中：N_c 为导带状态密度，E_f 是费米能级，E_d 为施主能级，k 为玻耳兹曼常数，$F_{\frac{1}{2}}$ 是 $\frac{1}{2}$ 次的费米-狄拉克积分。

对于 AlGaN/GaN HEMT 器件，除了异质结处的导带不连续性之外，极化效应（自发和压电极化）对于其性能也有很大的影响，虽然本设计中 AlGaN 势垒层是非故意掺杂的，但是在极化效应的作用下，仍然有很高的载流子浓度。

纤锌矿Ⅲ族氮化物晶格由三个参数来确定，分别为六角棱柱的底面边长 a_0、高 c_0 以及一个无量纲量 u，定义为平行于 C 轴（[0001]方向）的键长与晶格常数 c_0 之比。理想纤锌矿晶格常数比 c_0/a_0 为 1.633，而 GaN 和 AlN 的晶格常数比 c_0/a_0 均小于理想值，且偏离依次增大，由此导致的自发极化强度（P_{sp}）也依次增大，如表 2-1 所示[5,28]。极化的正方向定义为沿 C 轴从阳离子（Ga、Al）指向最近邻阴离子（N）的方向，平行于[0001]方向。实验表明，Ⅲ族氮化物中自发极化方向为负，即与[0001]方向相反。$Al_xGa_{1-x}N$（x 为该三元化合物中 AlN 所占的比例）的自发极化可以表示成 x 的函数：

$$P_{sp}^{AlGaN}(x) = -0.09x - 0.034(1-x) + 0.021x(1-x) \qquad (2-6)$$

表 2-1　GaN 和 AlN 的参数

参　　数	AlN	GaN
介电常数	8.5	8.9
带宽/eV	6.2	3.4
极化常数 $e_{31}/(C/m^2)$	−0.58	−0.36
极化常数 $e_{33}/(C/m^2)$	1.55	1
弹性常数 c_{13}/Gpa	158	99
弹性常数 c_{33}/Gpa	267	389
晶格常数 a_0/nm	0.3112	0.3189
晶格常数 c_0/nm	0.4982	0.5185
c_0/a_0	1.601	1.627
μ	0.380	0.376
$P_{sp}/(C/cm^2)$	−0.081	−0.029
电子有效质量(m_e)	—	0.23
空穴有效质量(m_h)	—	1

根据 Bernardini 等人的研究成果，压电极化强度 P_{pe} 由压电系数 e 和应变张量 ε 的乘积决定，压电系数 e 有 3 个独立的分量，其中 e_{33}、e_{31} 两个量决定了沿 C 轴的压电极化强度 P_{pe}（e_{15} 是与切应变有关的系数）：

$$P_{pe} = e_{33}\varepsilon_z + e_{31}(\varepsilon_x + \varepsilon_y) \qquad (2-7)$$

式中：$\varepsilon_z = (c-c_0)/c_0$ 是沿 C 轴的应力大小，$\varepsilon_x = \varepsilon_y = (a-a_0)/a_0$ 为平面内双轴应力的大小，c、a 和 c_0、a_0 分别是应变和本征晶格常数，两者的关系为

$$\frac{c-c_0}{c_0} = -2\frac{C_{13}}{C_{33}}\frac{a-a_0}{a_0} \qquad (2-8)$$

式中 C_{13} 和 C_{33} 是弹性常数。根据式（2-7）和式（2-8），考虑弛豫度的影响，沿 C 轴方向的压电极化公式为

$$P_{pe} = 2(1-R)\frac{a-a_0}{a_0}\left(e_{31} - e_{33}\frac{C_{13}}{C_{33}}\right) \qquad (2-9)$$

式中：P_{sp} 为自发极化，单位是 C/cm^2；P_{pe} 为压电极化，单位也是 C/cm^2；R 表示应变层的弛豫度。当晶格全应变时，$R=0$；当完全弛豫时，$R=1$，不存在压电极化。由于纤维锌矿结构的Ⅲ-Ⅴ族氮化物的压电系数 e_{31} 总为负值，而 e_{33}、C_{13} 和 C_{33} 都为正（见表 2-1），所以对于任意 Al 组分，都满足 $(e_{31} - e_{33}C_{13}/C_{33}) < 0$。因此当薄膜处于张应变（$a > a_0$）时，压电极化为负，平行于自发极化；反之，当薄膜处于压应变（$a < a_0$）时，压电极化反平行于自发极化。计算有关 $Al_xGa_{1-x}N$ 层的参数，如晶格常数 a、压电常数 e_{31} 和 e_{33}，以及弹性系数 C_{13} 和 C_{33} 等，都可以通过采用如表 2-1 所示的 GaN 和 AlN 的物理性质的线性组合而得到[3]，无须考虑压电常数随 Al 组分变化的非线性效应，因为由非线性效应引起的界面极化电荷密度误差不超过 2%。AlGaN 的禁带宽度公式如下：

$$E_g(x) = xE_g(AlN) + (1-x)E_g(GaN) - bx(1-x) \qquad (2-10)$$

其中参数 b 称为弯曲参数[29-30]，代表禁带宽度与组分 x 的依赖关系偏离线性的程度。异质结界面处导带偏移 ΔE_c 计算如下[31]：

$$\Delta E_c = 0.7[E_g(x) - E_g(0)] \qquad (2-11)$$

根据异质结界面的极化效应，边界条件定义如下：

$$E^R = E^L + \frac{\sigma}{\varepsilon_0\varepsilon_1} \qquad (2-12)$$

式中：σ 为极化电荷浓度，由界面两边极化强度不连续导致，公式如下：

$$\sigma_{Al_xGa_{1-x}N/AlN} = P^R - P^L \qquad (2-13)$$

如果 σ 为正，代表异质结界面处感生正极化电荷，电子被吸引至异质结界面处聚集形成二维电子气，这就是极化诱导 2DEG 的原因；相反，如果 σ 为负，异质结界面处感生负极化电荷，吸引空穴。具体每个界面的极化电荷浓度 σ 计算如下：

$$\sigma_{Al_xGa_{1-x}N/AlN} = (P_{sp}^{AlN} - P_{pe}^{AlN}) - (-P_{sp}^{Al_xGa_{1-x}N} + P_{pe}^{Al_xGa_{1-x}N}) \qquad (2-14)$$

$$\sigma_{AlN/Al_yGa_{1-y}N} = (P_{sp}^{Al_yGa_{1-y}N} + P_{pe}^{Al_yGa_{1-y}N}) - (P_{sp}^{AlN} + P_{pe}^{AlN}) \qquad (2-15)$$

$$\sigma_{Al_yGa_{1-y}N/GaN} = (P_{sp}^{GaN} + P_{pe}^{GaN}) - (P_{sp}^{Al_yGa_{1-y}N} + P_{pe}^{Al_yGa_{1-y}N}) \qquad (2-16)$$

根据式（2-1）~式（2-16），可在每个网格上求解器件的各参数，如导带底能级、横向电场和电子浓度等。自洽求解的过程如下：

首先假定一个费米能级 E_f 和一个初始的导带底能量即电势 $V(z)$，代入电中性条件和电子分布公式，即式（2-3）和式（2-4），求得电场和电子浓度，将电子浓度代入泊松方程求解，得到新的电势，如此反复迭代，直到最后计算所得电势小于某个数值时结束，计算过程中还需满足边界条件即式(2-12)。自洽求解泊松方程的流程如图 2-2 所示。

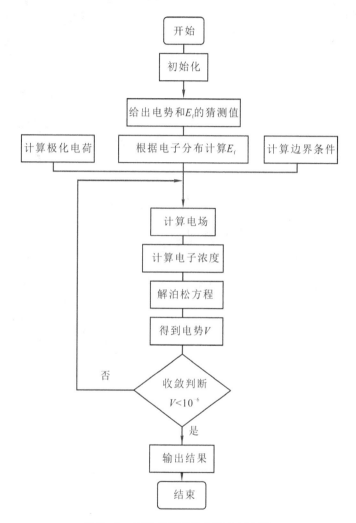

图 2-2　自洽求解泊松方程的流程图

3) 计算结果分析

通过以上计算得到的常规 HEMT 和复合沟道 HEMT 的导带图如图 2-3 所示，其中虚线代表费米能级。从图中可以看出，低 Al 组分 AlGaN 的插入使得导带出现了两个沟道，分别称之为主沟道和次沟道。图 2-4 所示为相应的栅偏压为零时的横向电场分布图，由于极化在异质结界面产生了巨大的导带偏移，使得常规的 HEMT 产生了很大的横向电场，低 Al 组分 AlGaN 层的插入降低了界面处的横向电场和电子散射，有利于提高跨导 G_m 和增益。从图 2-3、图 2-4 可以看到，AlGaN 层的插入使得导带偏移有所减小，复合 HEMT 的横向电场峰值比常规 HEMT 也有所减小，所以，器件应该会有比较高的电子迁移率和线性度。

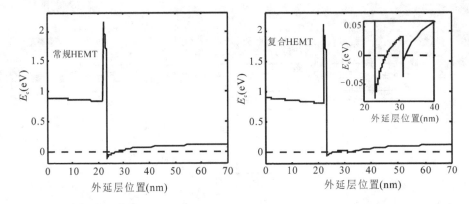

图 2-3　常规 AlGaN/AlN/GaN HEMT 和复合沟道 HEMT 的导带图

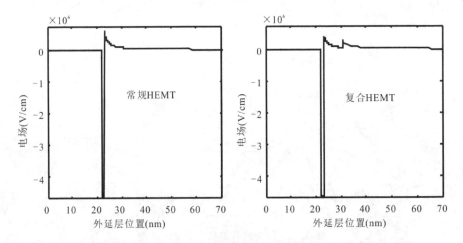

图 2-4　常规 AlGaN/AlN/GaN HEMT 和复合沟道 HEMT 的电场分布图

（1）势垒层厚度对器件性能的影响。

根据 2DEG 来源于表面态的理论，AlGaN 势垒层的厚度是影响二维电子气浓度的关键因素，因此我们固定其他的器件参数，改变势垒层的厚度，得到如图 2-5 所示的计算结果。从图中可以看出，当势垒层厚度从 13 nm 增加到 38 nm 时，次沟道内的电子浓度几乎没有发生改变，而主沟道内的电子浓度逐渐增加，但是随着厚度增大，浓度增加变缓，大约在 27 nm 左右开始有饱和的趋势，如果势垒层继续增大则可能出现势垒层不能耗尽的情况，这会影响栅压对沟道电子的控制。所以势垒层厚度必须小于 27 nm 这个临界厚度。

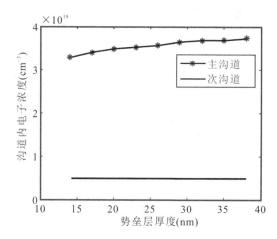

图 2-5　沟道内电子浓度与势垒层厚度关系

（2）复合沟道层厚度对器件性能的影响。

改变复合沟道层厚度从 0 nm 到 18 nm，步长为 2 nm。图 2-6 所示为改变复合沟道层的厚度（插入低 Al 组分的 AlGaN 层）得到的 2DEG 中电子浓度的变化曲线。从图中可以看出，主沟道内的电子浓度随着该层厚度的增加而增加，当厚度达到 6 nm 时，电子浓度达到最大值，此后几乎达到了饱和，但有略

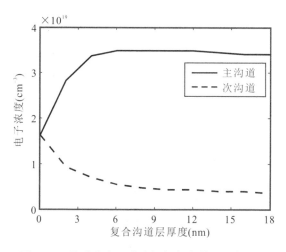

图 2-6　沟道内电子浓度与复合沟道层厚度关系

微的下降;而次沟道内的电子浓度随着复合沟道层的厚度增加而降低。图 2-7
所示为改变复合沟道层的厚度得到的 2DEG 中电场的变化曲线,从图中可以看
出,主沟道内的电场随着复合沟道层厚度的增加而减少,次沟道内的电场也随
着复合沟道层厚度的增加而降低。

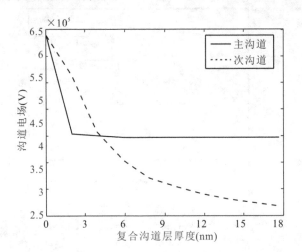

图 2-7　沟道内电场随复合沟道层厚度的变化曲线

从图 2-8 所示的面电子密度随复合沟道层厚度的变化曲线可以看到,面
电子密度在 2 nm 厚度内有所降低,之后保持不变。因此,我们选择复合沟道
层的厚度应该大于 6 nm,这样既保证了主沟道有足够高的电子浓度,又能降
低横向电场值,提高器件的线性度。

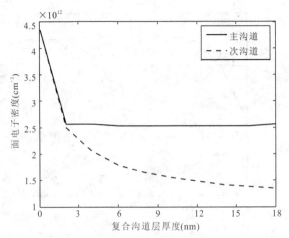

图 2-8　面电子密度随复合沟道层厚度的变化曲线

（3）势垒层 Al 组分对器件性能的影响。

众多研究表明，在 AlGaN/GaN HEMT 器件中，势垒层 Al 组分与 2DEG 浓度有很大的关系，改变 Al 组分从 0.1 到 0.5，步长为 0.1，如图 2-9～图 2-11 所示。

从图 2-9 和图 2-10 中能看出主沟道中的 2DEG 浓度都随 AlGaN 势垒层 Al 组分的增大而增大，而次沟道的 2DEG 浓度则基本上没什么变化。因为提高势垒层的 Al 含量可以获得大的导带不连续性和强的极化效应。但是当 Al 组分较大时，该晶体的表面质量将下降，给工艺带来困难。图 2-11 为沟道横向

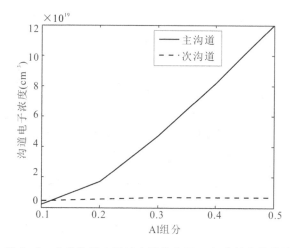

图 2-9　主次沟道电子浓度随势垒层 Al 组分的变化曲线

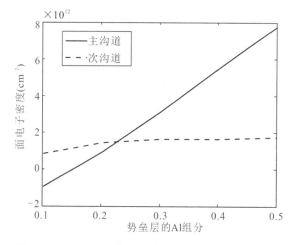

图 2-10　2DEG 面密度随势垒层 Al 组分的变化曲线

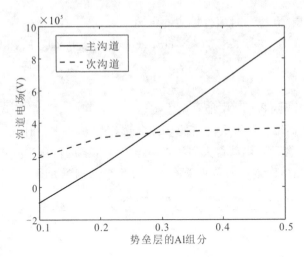

图 2-11 主次沟道电场随势垒层 Al 组分的变化曲线

电场随势垒层 Al 组分的变化曲线，随着 Al 组分的变化，主沟道的电场线性增加，但是界面处强的极化电场会减弱栅对 2DEG 浓度的控制能力，从而降低器件的跨导。一般 Al 组分选择 0.3 左右。

(4) 复合沟道层 Al 组分对器件性能的影响。

复合沟道层的 Al 组分会影响异质结界面的极化电荷密度，进而影响横向电场，图 2-12 所示为低 Al 组分 AlGaN 层的 Al 含量变化时沟道电子浓度的变化曲线，可以看出随着该层 Al 含量的增大，主沟道的电子浓度减少。这是因为随着 Al 含量的增大，复合沟道层与势垒层的导带不连续性和极化效应都

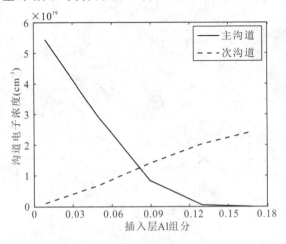

图 2-12 沟道电子浓度随复合沟道层 Al 组分变化的曲线

减小了，极化电荷降低，而复合沟道层与 GaN 沟道层的导带连续性与极化效应都变大。所以，次沟道的电子浓度随该层 Al 组分的增加而增大了。

3. TCAD 仿真 I-V 特性

AlGaN/GaN HEMT 有着复杂的外延层结构，需要平衡和折中各种矛盾的因素。借助器件仿真软件来模拟材料结构可以减少实验次数，降低器件研制成本，缩短研制周期，还可获得器件内电场分布和载流子分布等无法测量的参数，帮助了解器件工作的物理过程。

1）Silvaco TCAD 软件的仿真方法及注意事项

Silvaco TCAD 软件的仿真步骤是创建并优化网格，定义电极并根据器件类型和仿真的需要选择合适的模型。首先，创建网格是仿真的关键，网格划分得越密集，准确性越高，速度越慢，所以需要均衡准确性和速度。造成不收敛的 70% 以上的可能性是网格划分不合理。一般来说，关键部位或者变化较大的部位如边界、界面处的网格划分要密集，而重要性不大或均匀性较好的部分网格可划分得适当稀疏些。电极里的网格则可以去掉，网格的纵横比也可以改变。然后是确定尽量准确的材料参数和适合的模型，包括载流子复合产生、载流子迁移率和载流子分布等。GaN 不是该软件默认的材料，所以用于 AlGaN/GaN 材料体系仿真的材料参数通常与实际情况不甚吻合，如果想获取准确的仿真结果，必须对参数按实际情况加以修改，尤其是极化效应的影响。

2）仿真结果分析

现在我们将对前面优化后的结构进行 TCAD 软件仿真，初始设置为：势垒层厚度为 22 nm，Al 组分为 0.3；AlN 厚度为 1 nm；复合沟道层厚度为 8 nm，Al 组分为 0.05；GaN 厚度为 2.5 μm。源-栅和漏-栅两者之间的参考距离为 1 μm 和 1.7 μm。仿真采用的模型如下。

（1）俄歇复合模型：

$$R_{\text{AUGER}} = \text{AUGN}(pn^2 - nn_{\text{ie}}^2) + \text{AUGP}(np^2 - pn_{\text{ie}}^2) \tag{2-17}$$

其中，$\text{AUGN} = 8.3 \times 10^{-32}$ cm^6/s，$\text{AUGP} = 1.8 \times 10^{-31}$ cm^6/s，都是默认值。

（2）漂移-传输模型：低场时采用 FMCT（Farahmand Modified Caughey Thomas）迁移率模型，高场时采用 GANSAT 模型（符合 Monte Carlo 数据）。这些通常用来反映氮化物单晶材料的特征。

（3）Selberherr impact ionization 模型：

$$\alpha_n = \text{AN} \exp\left[-\left(\frac{\text{BN}}{E}\right)^{\beta_N}\right] \tag{2-18}$$

$$\alpha_p = AP\exp\left[-\left(\frac{BP}{E}\right)^{\beta_P}\right] \qquad\qquad (2-19)$$

式中：α_n 和 α_p 分别是电子和空穴的电离率，AN 和 AP 是与温度有关的碰撞系数，BN 和 BP 与临界电场有关，E 为电场在电流方向的分量。

势垒层厚度对器件参数的影响如表 2-2 所示。从表 2-2 可以看到，最大跨导和阈值电压都随势垒层厚度的增加而降低，随着厚度增加，栅极控制沟道电子的能力减弱，即跨导减小。折中考虑各项指标，本设计中决定把势垒层的厚度定为 22 nm。

表 2-2　势垒层厚度对器件参数的影响

势垒层厚度/nm	阈值电压/V	最大跨导/(mS/mm)
18	−4.5	320
20	−4.5	290
22	−5	275
24	−5	265
26	−6	260

复合沟道层厚度对器件参数的影响如表 2-3 所示。从表 2-3 可以看到，跨导随复合沟道层厚度的增加而降低，而阈值电压不变。由前面的分析可知，当复合沟道层厚度大于 6 nm 以后，沟道电子密度区域饱和，面电子浓度也维持不变，所以阈值电压不变。图 2-13 所示为复合沟道厚度为 6~12 nm 的几个器件跨导图，从图中可知，随着复合沟道层厚度的增加，器件的线性度得到了改善，但是该层不宜过大。最后，本设计中决定选择 8 nm，既有较高的跨导，又有较好的线性度。

表 2-3　复合沟道层厚度对器件参数的影响

复合沟道层厚度/nm	阈值电压/V	最大跨导/(mS/mm)
6	−5	280
8	−5	275
10	−5	270
12	−5	267
14	−5	265
16	−5	263

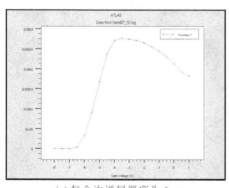

(a) 复合沟道层厚度为 6 nm

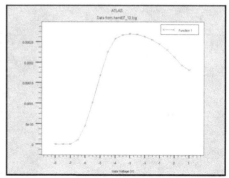

(b) 复合沟道层厚度为 8 nm

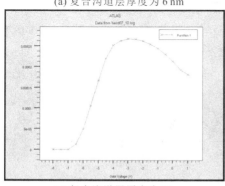

(c) 复合沟道层厚度为 10 nm

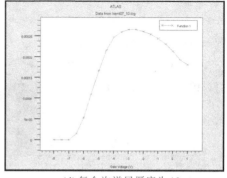

(d) 复合沟道层厚度为 12 nm

图 2 - 13　不同复合沟道层厚度的器件跨导

势垒层 Al 组分对器件参数的影响如表 2 - 4 所示。从表 2 - 4 中可以看到阈值电压随着势垒层 Al 组分的增加而线性增加，这是因为随着 Al 组分增加，沟道电子浓度和面电子浓度都是线性增加的；最大跨导在 Al 组分小于 0.27 时随 Al 组分的增加而增加，Al 组分大于 0.27 以后，最大跨导基本不改变，因为 Al 组分增大会增大晶格失配，所以本设计中的势垒层 Al 组分设为 0.27。

表 2 - 4　势垒层 Al 组分对器件参数的影响

势垒层 Al 组分	阈值电压/V	最大跨导/(mS/mm)
0.10	-3.5	240
0.20	-4.5	260
0.25	-5	270
0.26	-5.1	270
0.27	-5.2	275

续表

势垒层 Al 组分	阈值电压/V	最大跨导/(mS/mm)
0.28	−5.3	275
0.29	−5.4	275
0.30	−5.5	275
0.33	−5.8	275
0.35	−6	275
0.40	−6.5	280

复合沟道层 Al 组分对器件参数的影响如表 2−5 所示。从表 2−5 中可以看到，随着复合沟道层 Al 组分的增加，阈值电压不变，最大跨导基本不变。不同复合沟道 Al 组分时的跨导如图 2−14 所示。由图 2−14 可见，当 Al 组分为 0.04 时，相对而言有较好的线性度，所以本设计中复合沟道层的 Al 组分设为 0.04。

表 2−5　复合沟道层 Al 组分对器件参数的影响

复合沟道层 Al 组分	阈值电压/V	最大跨导/(mS/mm)
0.02	−5	280
0.03	−5	280
0.04	−5	280
0.05	−5	275
0.06	−5	275
0.08	−5	275

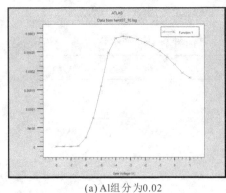 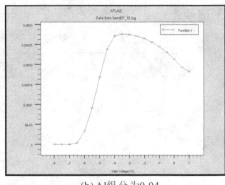

(a) Al组分为0.02   (b) Al组分为0.04

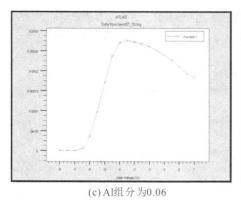 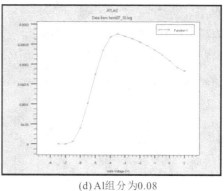

(c) Al组分为0.06　　　　　　　　(d) Al组分为0.08

图 2-14 不同复合沟道层 Al 组分时的跨导

3) $I-V$ 特性仿真

根据以上分析，我们确定了器件外延层结构的最佳参数，新型 AlGaN/AlN/AlGaN/GaN HEMT 器件的结构剖面如图 2-15 所示。自上而下依次为：(1) 22 nm 厚，含 Al 组分 27% 的 AlGaN 势垒层；(2) 1 nm 厚的 AlN 插入层；(3) 8 nm 厚，含 Al 组分 4% 的 AlGaN 主沟道层；(4) 2.5 μm 的 GaN 缓冲层；(5) 蓝宝石衬底。

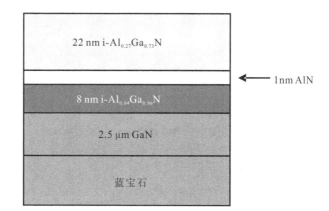

图 2-15 新型 AlGaN/AlN/AlGaN/GaN HEMT 器件的结构剖面图

用 TCAD 软件对该器件进行直流仿真（仿真图中各变量均为正体，且下标均显示为主体字形式），设计器件栅长为 0.3 μm，栅宽为 100 μm，栅源间距为 0.7 μm，栅漏间距为 1 μm。栅极以 Ni/Au 与势垒层形成肖特基接触，源漏两极以 Ti/Al/Ni/Au 与势垒层形成欧姆接触。得到如图 2-16 所示的输出特性曲线，图 2-17 所示为器件的转移特性曲线。由图可知，器件阈值电压为−5 V，最大跨导为 280 mS/mm，器件在栅压为−4 V 到−2.5 V 时跨导具有比较良好的平坦区，即有较好的线性度。

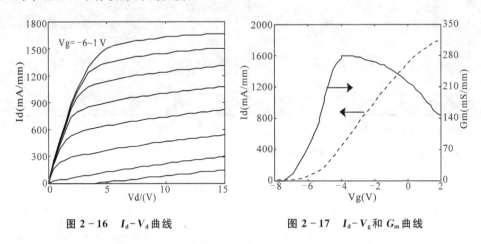

图 2-16　I_d-V_d 曲线　　　　　　图 2-17　I_d-V_g 和 G_m 曲线

4. TCAD 仿真自热效应

接下来我们尝试对以上设计的 AlGaN/GaN HEMT 结构模拟其自热效应的影响，在 TCAD 仿真时加入一个调动热流动方程的模型，并设置器件的热阻作为边界条件。

其中热流动方程如下：

$$C \cdot \frac{\partial T_L}{\partial t} = \nabla(\kappa \nabla T_L) + H \qquad (2-20)$$

式中：C 为每单位体积热容量，$C = \rho C_P$，其中 C_P 是比热，ρ 是材料密度；κ 为热导率，H 为产生的热量，T_L 为局部晶格温度。

仿真结果如图 2-18～图 2-21 所示。图 2-18 所示为器件漏压为 18 V、栅压分别为−3 V 和 1 V 时的晶格温度分布图。从温度分布图可知，在漏极一侧的栅端边缘有一个热点。

图 2-19 所示为栅压为−3 V 和 1 V 时器件的表面温度分布图，当栅压为−3 V 时的热点温度接近 440 K，当栅压为 1 V 时的热点温度接近 490 K。随着栅压的升高，器件的温度有显著提高。

图 2-20 为栅压从−5 V 到 1 V，步长为 2 V 时考虑自热效应和不考虑自热效应仿真的 I_d-V_d 曲线，其中虚线为不考虑自热效应的结果，实线为考虑自热效应的结果，这些曲线表明当漏电压增高，耗散功率变大时，饱和源漏电流

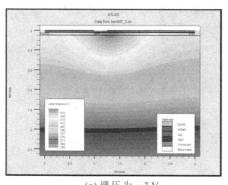 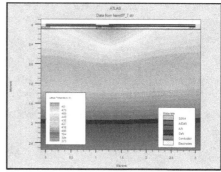

(a) 栅压为 −3 V　　　　　　　　　　　(b) 栅压为 1 V

图 2−18　温度等高线图

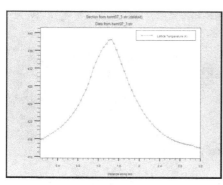 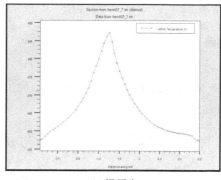

(a) 栅压为 −3 V　　　　　　　　　　　(b) 栅压为 1 V

图 2−19　表面温度分布曲线

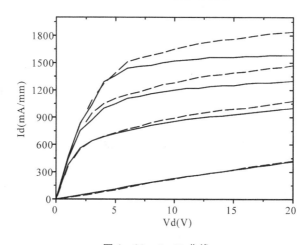

图 2−20　I_d−V_d 曲线

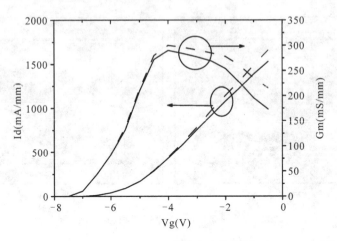

图 2-21 I_d-V_g曲线和跨导曲线

下降得比较明显，这说明自热效应也比较严重。在漏极一侧的栅端边缘，自热效应增强了载流子的散射，导致器件电流的降低。当栅压很小时，耗散功率较小，漏电流基本变化不大，自热效应很小。图 2-21 为漏压为 8 V 时 I_d-V_g曲线和跨导曲线，自热效应下漏端电流较小，跨导也一样。

2.1.2　直流和微波特性测量与分析

在 2.1.2 节中我们设计了能满足线性功率器件应用的亚微米复合沟道 $Al_xGa_{1-x}N/AlN/Al_yGa_{1-y}N/GaN$ HEMT结构，为了建模的需要，为以上结构的 GaN HEMT 器件设计了一系列的尺寸并进行了流片，这一系列尺寸包括改变器件的栅指个数和栅宽，对 6 指和 8 指器件设计不同的栅源间距。本节将对这一系列器件的流片结果进行直流和微波功率特性的测量和分析，通过对测量结果进行必要的分析，为后面建立器件的大信号等效电路模型奠定基础。本测试分为三个部分：直流特性测量、小信号 S 参数测量和负载牵引测量。

1. 在片测量简介

电特性测量是对一个晶体管特性参数确定的过程，把晶体管参数映射到网络元件模拟电气而进行特性分析。等效电路参数可以通过直流的电流-电压和 S 参数的测量直接得到[32]，比如，在一个给定的直流偏置点和射频频率上，可以测量其 S 参数，而 S 参数可以通过使用标准转换公式转换为普通的二端口 Y 参数。

要在微波频率下得到精确的测量结果是一件很难的工作。因为要得到一组测量数据，除了需要复杂的设备和精确的校准过程，还要求在极短的时间内生成模型。测量的质量和精确度是模型生成和验证的基础，因此非常重要。

历史上，晶体管建模的重大进步都伴随着新测量技术的发展而发生。比如，引入矢量网络分析仪测量小信号散射参数[33-34]；应用机械和电子负载牵引系统将小信号（如噪声参数）和大信号（功率、线性等）工作参数映射为晶体管的阻抗函数[35]；运用脉冲直流[36]和 S 参数[37]系统克服复杂的晶体管动态特性和色散现象。最近，大信号矢量网络分析仪的发展则使在大信号调制下分析晶体管特性成为可能[38]。

目前通过直接在晶圆级上使用共面探针进行的测量被广泛应用于有源电路和无源电路的特性分析中。探针台很适合软件自动化，使很多测量能被很快地执行。晶圆级测量也被广泛应用于模型提取过程中，比如对依赖频率和偏置的连续或脉冲 S 参数的测量，以及连续或脉冲的直流（DC）测量。

本设计中的 GaN HEMT 测试采用的仪器有 Algilent PNA E8363B 高性能矢量网络分析仪和 Cascade Microtech 空气共平面 G－S－G 探针测量，如图 2－22 所示。

图 2－22 GaN HEMT 在片测试照片

在片测试系统通常由直流偏置系统、直流测试系统、矢量网络分析仪（Vector Network Analyzer，VNA）、探针台、探针、电缆及连接件等组成，能够完成器件的直流特性测试及交流特性测试。使用时，将探针直接扎在 DUT 的电极上进行测试，中间是信号针，两边是接地针。由于探针的尺寸是固定的，进行在片测试必须使得晶体管的源、漏和栅的尺寸符合探针的要求[39]。

以下是对 GaN HEMT 进行在片测试的简要过程：

（1）测试参数设置：根据器件的实际应用设定网络分析仪的频率测试范

围、扫描频率点、输入功率等。

(2)校准：校准的目的就是要测量已知标准，并拿实际测量与已知标准比较，以此来确定测量工具的系统误差；知道了这些误差以后，就能够纠正未知成分的测量，以得到它们在参考平面上的精确估计。在直流时，测量工具通常有内置校准，它是在前置面板连接上进行的，这样可保证测量工具在自己的连接上是精确的。对于射频(RF)测量，尽管原则都是一样的，但实际的过程却有些棘手。矢量网络分析仪(VNA)的校准是进行精确的 S 参数测量的先决条件。由于 VNA 与被测样品之间存在必要的连接系统和转换接头，这些系统之间存在着一定的反射和损耗，给测量结果带来误差，其至导致整个测量结果完全不正确。因此在进行 S 参数测量之前，必须对系统进行校正。常用的校正模型包括正向和反向各 6 项误差，称为 12 项误差模型。连接系统和接头等对测试造成的影响可以用误差网络来表示。常用的校准方法有短路开路负载直通(Short Open Load Thru，SOLT)校准。在进行计算的过程中往往假定使用的校准件都是理想的，但是实际的校准件，尤其是在片校准件，通常都是不理想的，因此在校准的过程中还必须考虑校准件寄生参数的影响[39]，必须确定这几个等效参数才能够进行准确的校准：Short(短路)情况存在寄生短路电感；Open(开路)情况存在寄生开路电容；Load(负载)情况的负载阻值往往不能够准确地做成 50 Ω，同时也存在寄生电感；Thru 情况存在直通延迟。由于在片校准件的校准参数是和参考面的位置直接相关的，因此 SOLT 校准法的一个缺点是，必须精确地知道各个标准的电气特性。

(3)校准验证：一旦测量了全部的标准并计算出了误差系数，就完成了对 VNA 的校准；现在要验证校准的准确性。通常，验证先要测量用于校准测量的标准的部分或全部。当然，我们希望看到 VNA 用这些标准进行了精确的测量。通过测量，应该返回校准组件中定义的标准值，而不是理想值。这是为了验证校准算法的正确性。虽然这是验证的一个必要方面，但并不是全部。验证的最后是测量没有用在校准中的其他独立标准。

(4)测试 DC 参数和 S 参数。

(5)去嵌：一个典型的高功率晶体管模型包含了很多元件，我们可以将晶体管系统地"分割"成若干个组成部分，并对每一个部分进行独立的建模。

2. 直流和小信号特性

1)测试方案

我们以上节的模拟仿真结果作为参考，初步确定在片测试的偏置条件。

DC 测试内容包括：

(1) 测量输出特性：$I_{ds} \sim V_{ds}$。其中 V_{ds}，$0 \sim 30$ V，Step，1 V；V_{gs}，$-7 \sim -2.5$ V，Step，0.5 V；$V_s = 0$ V。

(2) 测量转移特性：$I_{ds} \sim V_{gs}$。其中 V_{ds}，$0 \sim 30$ V，Step，3 V；V_{gs}，$-7 \sim -2.5$ V，Step，0.15 V；$V_s = 0$ V。

S 参数测试内容包括：

(1) cold-FET 截止模式：V_{gs}，-7 V；V_{ds}，0 V；$V_s = 0$ V；频率，50 MHz $\sim$ 24.05 GHz。

(2) cold-FET 导通模式：V_{gs}，0 V；V_{ds}，0 V；$V_s = 0$ V；频率，50 MHz $\sim$ 24.05 GHz。

(3) 全部偏置下的 S 参数：V_{ds}，$0 \sim 30$ V，Step，3 V；V_{gs}，$-7 \sim -2.5$ V，Step，0.45 V；$V_s = 0$ V；频率，50 MHz $\sim$ 24.05 GHz。

2) 直流特性

晶体管特性分析最基本的形式是对电压-电流关系的测量。因为一个晶体管的主要非线性都是包含在电压-电流关系中的，所以直流测量是晶体管大信号模型建立的重要基础。

为了能够用非线性晶体管模型对自热效应进行合理描述，需要说明一下由电信号引起的模型参数的动态温度依赖性。在提取过程中，假设模型参数的电气和热依赖性都可忽略，可在不同温度下提取出恒温模型参数。

确定恒温模型参数的方法就是在脉冲条件下测量器件。脉冲测试可以克服在测量大尺寸晶体管时遇到的自热现象。但是因为时间的限制，本设计采用连续直流测试，没有进行脉冲直流测试。不过通过去嵌测量，也可以在连续直流条件下得到热效应数据，只是没有脉冲直流测量方便和准确。

由于连续直流测量在捕捉电压和电流特性时需要很小的电流，也就只需要很小的功率，适用于小尺寸晶体管(漏极电流小于 1 A)的特性分析。而大尺寸晶体管(漏极电流大于 1 A)因为需要很大的功率，并且会发生自热现象，会增加被测器件损毁的危险。为避免太大的栅宽引起 DC 性能降低，本节以两个指、栅宽为 80 μm 的器件为例，$I-V$ 特性曲线如图 2-23 ~ 图 2-25 所示，其中图(a)为上节设计的新型结构 $Al_xGa_{1-x}N/AlN/Al_yGa_{1-y}N/GaN$ HEMT 器件的特性曲线，图(b)为相同工艺条件下的常规 AlGaN/AlN/GaN HEMT 器件的特性曲线。

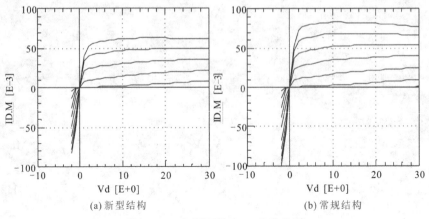

(a) 新型结构　　　　　　　　　　(b) 常规结构

图 2-23　室温下的 $I-V$ 特性曲线

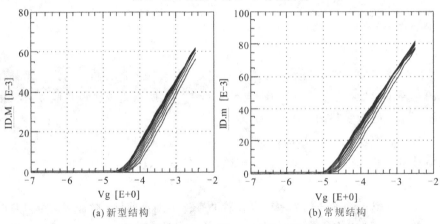

(a) 新型结构　　　　　　　　　　(b) 常规结构

图 2-24　室温下的转移特性曲线

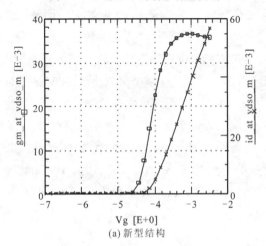

(a) 新型结构

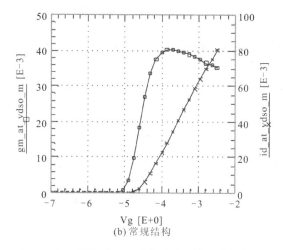

(b) 常规结构

图 2 - 25　漏压为 6 V 时的跨导和转移特性曲线

图 2 - 23 为常温下样品的直流输出特性曲线，图 2 - 24 为常温下样品的转移特性曲线，图 2 - 25 为常温下样品偏置为 $V_{ds}=6$ V 时的跨导和转移特性曲线，其中新型器件跨导最大值约为 36 mS，即 225 mS/mm；常规器件跨导最大值约为 41 mS，即 256.25 mS/mm。从这几个图可以看出，与常规器件相比，新型器件的输出电流有所降低，但是从图 2 - 25 可以看出，新型器件的跨导线性度得到了一定的改善，在 $V_g=-3.5$ V 到 -2.5 V 的幅度内新型器件的跨导基本是平坦的，这一点与上节中的仿真结果基本吻合，但是实际输出电流和跨导都比仿真要小些。

图 2 - 26 中 I_{d1} 为刚开始测量时得到的 $I-V$ 曲线，I_{d2} 为器件工作几分钟后再次测量得到的 $I-V$ 曲线。从图中可以明显看到，I_{d2} 比 I_{d1} 的电流有明显的减

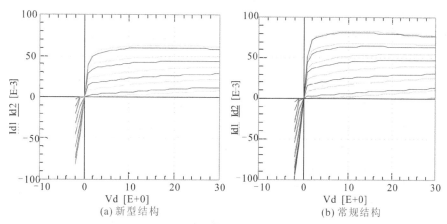

(a) 新型结构　　　　　　　(b) 常规结构

图 2 - 26　器件发热前后的 $I-V$ 曲线比较

小，这与已有文献的报道结果是一致的。图 2-27 所示为文献[40]中 AlGaN/GaN HEMT 器件多次直流扫描后的退化现象。对这一现象，有人解释为材料的缺陷造成的，也有人解释为器件在小面积上的耗散功率太大，造成器件的结温过高，导致器件性能退化造成的。这个问题的存在为大信号建模增添了难度。

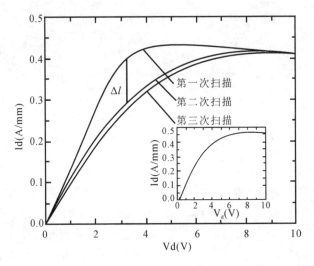

图 2-27 文献中 AlGaN/GaN HEMT 器件多次直流扫描后的退化现象

阈值电压(V_T)是 GaN 基 HEMT 的一个重要参数。通常 GaN 基 HEMT 的阈值电压是结合器件的转移特性曲线和不同栅压下的跨导曲线确定的：即取最高跨导时的栅压值，做转移特性曲线对应该栅压值点的切线，与横轴的交点即为阈值电压。表 2-6 所示为栅源间距为 1 μm、不同栅指和栅宽的常规器件和新型器件在栅压为 6 V 时的阈值电压。从这个表中可以看到，随着器件栅指的改变和每指栅宽的改变，常规器件的阈值电压从 -4.2 V 到 -4.6 V 变动，均值为 -4.4 V；新型器件的阈值电压从 -3.8 V 到 -4.3 V 变动，均值为 -4.1 V，阈值电压与器件的栅指个数、每个栅指的栅宽都没有明显关系。

表 2-6 不同尺寸器件在 V_g=6 V 时的阈值电压 V

	常规器件	新型器件
2×40 μm	-4.6	-4.1
2×60 μm	-4.6	-4.1
2×80 μm	-4.6	-4.1

	常规器件	新型器件
2×100 μm	-4.6	-4.1
3×40 μm	-4.5	-4.0
3×60 μm	-4.5	-4.0
3×80 μm	-4.6	-4.0
3×100 μm	-4.4	-4.0
4×40 μm	-4.2	-4.0
4×60 μm	-4.2	-4.0
4×80 μm	-4.3	-4.0
4×100 μm	-4.3	-4.0
6×40 μm	-4.2	-4.0
6×60 μm	-4.2	-4.0
6×80 μm	-4.2	-3.9
6×100 μm	-4.6	-4.0
8×40 μm	-4.4	-4.2
8×60 μm	-4.4	-4.2
8×80 μm	-4.5	-4.3
8×100 μm	-4.5	-4.3
10×40 μm	-4.2	-4.3
10×60 μm	-4.2	-4.3
10×80 μm	-4.2	-3.8
10×100 μm	-4.2	-3.8
平均值	-4.4	-4.1

表 2-7 所示为 4×80 μm 和 6×80 μm 的常规器件和新型器件改变栅源间距后的阈值电压。从表中可以看出,当栅源间距从 0.7 μm 增加到 2.5 μm 时,阈值电压都在各自的均值附近浮动,没有明显的变化趋势,所以阈值电压与器件的栅源间距也无关。

表 2－7　改变栅源间距后器件的阈值电压　　　　　　　V

栅源间距/μm	$4\times80/\mu$m		$6\times80/\mu$m	
	常规器件	新型器件	常规器件	新型器件
0.7	－4.3	－3.9	－4.0	－3.9
1.0	－4.3	－4.0	－4.2	－3.9
1.5	－4.3	－4.0	－4.2	－3.9
2.0	－3.9	－3.9	－4.0	－3.9
2.5	－3.9	－3.9	－4.1	－3.9
均值	－4.1	－3.9	－4.1	－3.9

从表 2－6 和表 2－7 可以得出结论：AlGaN/GaN HEMT 器件的阈值电压 (V_T) 与器件的尺寸无关。常规器件的阈值电压要略小于新型器件的阈值电压，这是因为在常规器件中插入低 Al 组分的 AlGaN 层代替 GaN 层作为器件的沟道层，降低了主沟道中的二维电子气浓度。因此，只需要更小的负栅压就可以把沟道中的 2DEG 耗尽。

表 2－8 所示为栅源间距为 1 μm 时的不同栅指和栅宽器件的最大跨导值，测量值从器件的转移特性曲线上直接读取，计算值是对应器件在单位栅宽下的跨导值。从表 2－8 中可以看出，常规器件单位栅宽下的跨导值都在平均值 250.74 mS/mm 左右，新型器件单位栅宽下的跨导值都在平均值 217.03 mS/mm 左右，比常规器件要低一些，这说明嵌入低铝组分的 AlGaN 层会导致电子迁移率和载流子密度的些许降低。而不管是常规器件还是新型器件，单位栅宽下的最大跨导值与器件的栅指个数和单个栅指的宽度无关。

表 2－8　栅源间距为 1 μm 时不同尺寸器件的最大跨导

	常规器件		新型器件	
	测量值/mS	计算值/(mS/mm)	测量值/mS	计算值/(mS/mm)
2×40 μm	20.50	256.25	18.34	229.25
2×60 μm	30.21	251.75	27.25	227.10
2×80 μm	40.36	252.25	36.53	228.31
2×100 μm	48.52	242.60	44.70	223.50
3×40 μm	30.90	257.50	27.13	226.10
3×60 μm	44.91	249.50	40.04	222.44
3×80 μm	59.67	248.63	53.74	223.92

	常规器件		新型器件	
	测量值/mS	计算值/(mS/mm)	测量值/mS	计算值/(mS/mm)
$3\times100\ \mu m$	76.70	255.67	65.13	217.10
$4\times40\ \mu m$	41.14	257.13	35.62	222.63
$4\times60\ \mu m$	61.97	258.21	53.40	222.50
$4\times80\ \mu m$	81.40	254.38	70.89	221.53
$4\times100\ \mu m$	102.40	256.00	87.60	219.00
$6\times40\ \mu m$	62.08	258.33	52.56	219.00
$6\times60\ \mu m$	91.55	254.31	80.16	222.67
$6\times80\ \mu m$	121.60	253.33	106.10	221.04
$6\times100\ \mu m$	142.70	238.30	130.1	216.83
$8\times40\ \mu m$	79.64	248.88	68.98	215.60
$8\times60\ \mu m$	115.70	241.70	99.49	207.30
$8\times80\ \mu m$	158.10	247.03	126.70	198.81
$8\times100\ \mu m$	195.00	243.75	156.60	195.75
$10\times40\ \mu m$	98.99	247.48	83.49	208.73
$10\times60\ \mu m$	146.30	243.83	121.20	202.00
$10\times80\ \mu m$	200.00	250.00	168.30	210.38
$10\times100\ \mu m$	251.00	251.00	207.30	207.30
平均值	—	250.74	—	217.03

表 2-9 和表 2-10 所示分别为 4 指、每指栅宽为 80 μm 和 6 指、每指栅宽为 80 μm 的器件改变栅源间距后得出的最大跨导值。从这两个表中可以看出，跨导与栅源间距有关，随着栅源间距变大，跨导逐渐变小。

表 2-9　$4\times80\ \mu m$ 器件改变栅源间距后得出的最大跨导值

栅源间距/μm	常规器件		新型器件	
	测量值/mS	计算值/(mS/mm)	测量值/mS	计算值/(mS/mm)
0.7	85.57	267.41	74.09	231.53
1.0	81.40	254.38	70.89	221.53
1.5	78.97	246.78	67.63	211.34
2.0	78.26	244.56	63.36	198.00
2.5	76.43	238.84	60.37	188.66

表 2-10　6×80 μm 器件改变栅源间距后得出的最大跨导值

栅源间距/μm	常规器件		新型器件	
	测量值/mS	计算值/(mS/mm)	测量值/mS	计算值/(mS/mm)
0.7	132.90	276.88	109.60	228.33
1	121.60	253.33	106.10	221.04
1.5	120.20	250.42	99.67	207.65
2	116.80	243.30	93.79	195.40
2.5	112.00	233.30	89.31	186.06

　　跨导随栅源间距的变化曲线如图 2-28 所示。从图 2-28 中可以更加直观地看出上述变化，无论是 4×80 器件还是 6×80 器件，无论是常规器件还是新型器件，跨导与栅源间距的变化几乎是线性的，并且新型器件的跨导要小于常规器件的跨导。

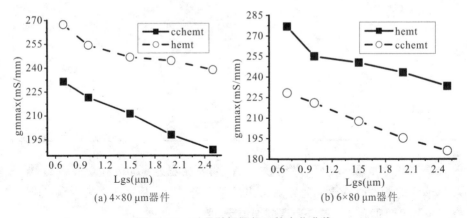

图 2-28　跨导随栅源间距的变化曲线

3）小信号 S 参数测量

　　小信号 S 参数的测量是描述微波器件交流特性最普遍和最有用的方法，是建立线性和非线性模型的基础。这里仅给出栅长为 0.3 μm，栅宽为 2×80 μm 器件的 S 参数测量结果。

　　图 2-29 和图 2-30 所示是样品偏置为 $V_{ds}=15$ V、V_g 从 -5 到 0 V、步长为 1 V 时测得的 S 参数曲线。图 2-29 所示为 S_{11} 和 S_{22} 在史密斯圆图上随频率的变化情况，在史密斯圆图上的对应点即为器件在该偏置条件下对应的输入

阻抗(Z_{in})与输出阻抗(Z_{out})，频率从 0.5 GHz 到 24 GHz 变化；图 2 - 30 所示为相同偏置条件下 S_{21} 和 S_{12} 在极坐标图上的变化情况。图中显示的均为器件在小信号状态下的 S 参数，相应的阻抗也是小信号状态下的阻抗，与器件在大信号工作状态下的端口阻抗是不同的[7]，在做线性放大电路时，器件小信号 S 参数提供了很好的参考价值。

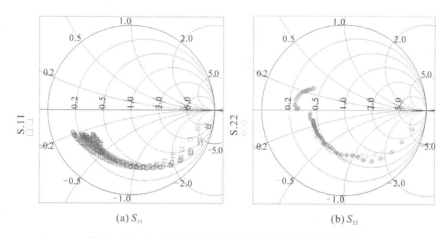

(a) S_{11}　　　　　　　　　　(b) S_{22}

图 2 - 29　S_{11} 和 S_{22} 在史密斯圆图上随频率的变化曲线

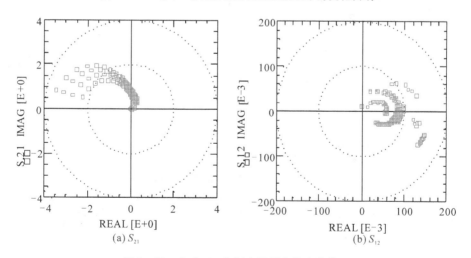

(a) S_{21}　　　　　　　　　　(b) S_{12}

图 2 - 30　S_{21} 和 S_{12} 在极坐标图上的变化情况

根据测量所得的 S 参数可以得到射频小信号跨导，栅压从 -7 V 到 -2.5 V 变化，当漏压为 6 V 时，$2 \times 80~\mu m$ 器件的跨导结果如图 2 - 31 所示。从图中可以发现，新型器件的交流（AC）跨导有一个相对比较平坦的曲线，表现出比较

好的线性度。通过与图 2-25 所示直流状态下的跨导曲线比较，新型器件的 AC 跨导最大值为 36 mS，与直流(DC)的跨导值基本是一样的，而常规器件的 AC 跨导最大值大约为 46 mS，比直流(DC)的最大跨导值要略大些。

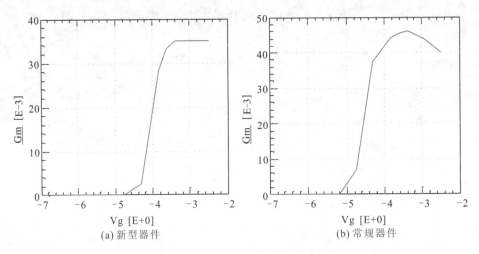

(a) 新型器件　　　　　　　　(b) 常规器件

图 2-31　受偏压控制的跨导特性曲线

从 S 参数测量中也可以得出特征频率 f_T 和最大振荡频率 f_{max}。计算不同尺寸器件的特征频率和最大振荡频率的结果如表 2-11~表 2-13 所示。表 2-11 所示为栅源长度不变、改变器件的栅指个数和每个栅指的宽度得到的特征频率和最大振荡频率，可以看到特征频率和最大振荡频率都随着栅宽的变大而减小，当栅宽一定时，特征频率和最大振荡频率也随着指数的增加而减小。当指数比较小时，新型器件的特征频率和最大振荡频率要略大于常规器件的特征频率和最大振荡频率，但是随着指数的增大，新型器件和常规器件的特征频率和最大振荡频率趋于一致。从图 2-32 和图 2-33 可以看得更直观一些。

表 2-11　不同尺寸器件的特征频率和最大振荡频率

	f_T/GHz		f_{max}/GHz	
	新型器件	常规器件	新型器件	常规器件
2×40 μm	9.35	8.80	8.75	8.15
2×60 μm	8.95	8.20	8.15	7.55
2×80 μm	8.15	8.10	7.55	7.00
2×100 μm	8.05	7.55	6.95	6.50
3×40 μm	7.65	7.60	7.05	6.95

续表

	f_T/GHz		f_{max}/GHz	
	新型器件	常规器件	新型器件	常规器件
$3 \times 60\ \mu m$	7.55	7.55	6.50	6.35
$3 \times 80\ \mu m$	6.95	6.95	6.30	6.00
$3 \times 100\ \mu m$	6.85	6.35	5.80	5.50
$4 \times 40\ \mu m$	6.95	6.95	6.35	6.00
$4 \times 60\ \mu m$	6.75	6.35	5.75	5.75
$4 \times 80\ \mu m$	6.30	6.30	5.50	5.5
$4 \times 100\ \mu m$	6.25	5.75	5.25	5.10
$6 \times 40\ \mu m$	6.85	6.35	5.75	5.70
$6 \times 60\ \mu m$	6.35	6.30	5.50	5.15
$6 \times 80\ \mu m$	6.05	6.05	5.15	5.10
$6 \times 100\ \mu m$	5.75	5.70	5.10	4.55
$8 \times 40\ \mu m$	5.70	5.75	4.60	5.10
$8 \times 60\ \mu m$	5.15	5.50	4.50	4.55
$8 \times 80\ \mu m$	5.10	5.15	4.40	4.50
$8 \times 100\ \mu m$	4.60	5.10	3.95	3.95
$10 \times 40\ \mu m$	5.50	5.50	4.55	4.55
$10 \times 60\ \mu m$	5.15	5.10	4.40	4.40
$10 \times 80\ \mu m$	4.70	4.70	3.95	3.95
$10 \times 100\ \mu m$	4.55	4.55	3.50	3.50

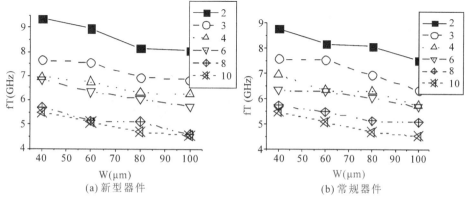

(a) 新型器件　　　　　　　　　(b) 常规器件

图 2-32　特征频率随栅宽的变化

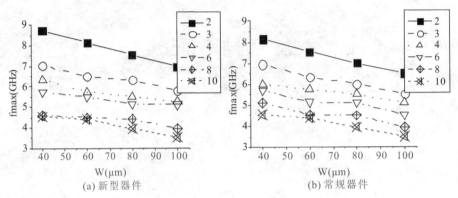

(a) 新型器件　　　　　　　　　　(b) 常规器件

图 2-33　最大振荡频率随栅宽的变化

表 2-12 和表 2-13 所示分别为对 4 指和 6 指每指栅宽为 80 μm 的器件改变栅源长度得到的特征频率和最大振荡频率。从表中可以看到无论是 4 指还是 6 指器件，栅源长度发生改变时，特征频率和最大振荡频率都没有发生变化，只有 6 指的新型器件在栅源长度为 0.7 μm 时略有不同。这种个别现象可以认为是测量误差造成的，所以特征频率和最大振荡频率与器件的栅源长度无关。

表 2-12　4×80 μm 器件改变栅源间距后得出的特征频率和最大振荡频率

栅源间距/μm	f_T/GHz		f_{max}/GHz	
	新型器件	常规器件	新型器件	常规器件
0.7	6.30	6.30	5.50	5.50
1	6.30	6.30	5.50	5.50
1.5	6.30	6.30	5.50	5.50
2	6.30	6.30	5.50	5.50
2.5	6.30	6.30	5.50	5.50

表 2-13　6×80 μm 器件改变栅源间距后得出的特征频率和最大振荡频率

栅源间距/μm	f_T/GHz		f_{max}/GHz	
	新型器件	常规器件	新型器件	常规器件
0.7	6.35	6.35	5.15	5.10
1	6.05	6.05	5.15	5.10
1.5	6.05	6.05	5.15	5.10
2	6.05	6.05	5.15	5.10
2.5	6.05	6.05	5.15	5.10

3．大信号特性

到目前为止，大信号负载牵引测量是验证高功率射频晶体管模型最普遍的方法，它因多功能性而受瞩目。负载牵引法可以在许多不同的信号激励、功率电平和不同频率时进行测量，负载牵引系统已经在射频和微波工程中商业化多年。

晶体管建模和验证的关键就是在实际的偏置、功率级和信号激励条件下，确定模型的适用领域和有效性。在大信号模型验证的情况下，负载牵引测量在射频微波工程中很受欢迎。它在分析不同大小、不同频率和任意激励下的晶体管特性时所表现出来的灵活性，使得它成为目前晶体管模型验证中最受欢迎的方法。根据基频和谐波频率控制期间的终端负载，利用负载牵引测试台可以测量晶体管的最优性能指标。将测量结果画在史密斯圆图上，便是一些与输入输出阻抗终端函数有同样行为的等高线。在设计过程中，在画出各种晶体管特性的同时，为了满足设计的要求可以做一些折中。

图 2-34 所示为其中 $2 \times 80~\mu m$ 器件样品的直流特性曲线，偏置条件为：漏压 V_{ds} 为 0 V 到 20 V，步长为 1 V；栅压为 -6 V 到 -2.5 V，步长为 0.5 V。比较图 2-34 和图 2-23 可以看出，两种测试仪器所测曲线基本是一样的，器件的电流崩塌和 G_m 压缩很小。常规器件当栅压为 -2.5 V、漏压大于 12 V 时，随着 V_d 的增加，I_d 略有减小，形成负阻现象。这是由于器件随着电流的增加在

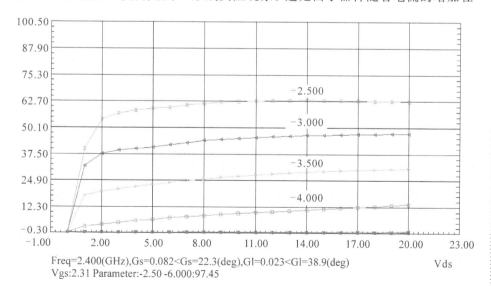

Freq=2.400(GHz),Gs=0.082<Gs=22.3(deg),Gl=0.023<Gl=38.9(deg)
Vgs:2.31 Parameter:-2.50 -6.000:97.45

(a) 新型器件

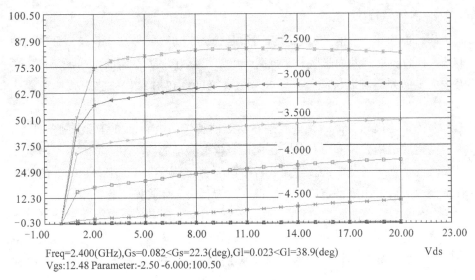

Freq=2.400(GHz),Gs=0.082<Gs=22.3(deg),Gl=0.023<Gl=38.9(deg)
Vgs:12.48 Parameter:-2.50 -6.000:100.50

(b) 常规器件

图 2 - 34　直流特性曲线

器件上产生的热量没有很快散发，器件温度随电流变大逐渐升高，形成输出电流和输出跨导与温度之间的负反馈。新型器件在这个图上基本上看不出这种现象，可见该器件有很好的大功率工作稳定度。

　　利用负载牵引微波功率测量系统，对 AlGaN/GaN HEMT 器件进行功率测量，可以得到功率增益、功率附加效率、输出功率与输入功率的关系。负载牵引微波功率测量系统在对器件进行功率测量时，根据器件在不同偏置条件、不同工作频率、不同输入功率时的工作状态，通过调节与器件输入输出端相连接的两个调谐器，使器件端口阻抗与外电路端口阻抗达到共轭匹配，使得器件的功率增益、功率附加效率和输出功率达到目标值。本设计中器件的工作频率为 2.4 GHz。当测量的漏压为 15 V、栅压为－3 V 时，大信号特性曲线如图 2-35 所示。由曲线可以看出新型器件和常规器件的线性增益都在 14 dB 左右，新型器件当输入功率在 16 dBm 左右时，功率附加效率达到最大值，大约为 24%，而常规器件当输入功率在 14 dBm 左右时，功率附加效率达到最大值，大约为 22%。新型器件 1 dB 压缩点的输入功率为 8.39 dBm，而常规器件 1 dB 压缩点的输入功率为 6.13 dBm。所以新型器件在大信号应用中也具有更好的线性度。图中显示，该器件存在功率压缩，这种现象在 GaN HEMT 器件中普遍存在。

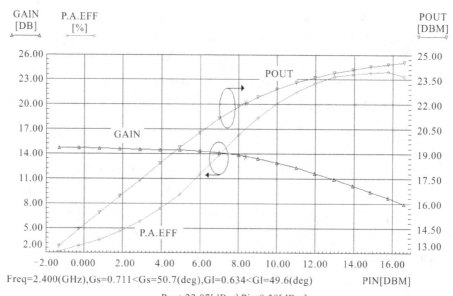

Freq=2.400(GHz),Gs=0.711<Gs=50.7(deg),GI=0.634<GI=49.6(deg)　PIN[DBM]
Pout:22.07[dBm] Pin:8.39[dBm]
1.0 dB COMPRESSION POINTS:Gain:13.68[dB] Pin:8.39[dBm]

(a) 新型器件

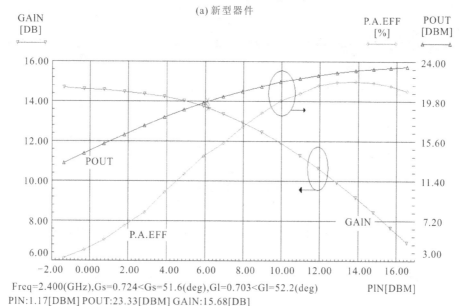

Freq=2.400(GHz),Gs=0.724<Gs=51.6(deg),GI=0.703<GI=52.2(deg)　PIN[DBM]
PIN:1.17[DBM] POUT:23.33[DBM] GAIN:15.68[DB]

Gain:13.68[dB] Pin:6.15[dBm]
1.0 dB COMPRESSION POINTS:Pout:19.81[dBm] Pin:6.13[dBm]

(b) 常规器件

图 2－35　频率为 2.4 GHz 时的大信号特性曲线

2.1.3 AlGaN/GaN HEMT 器件建模

1. 基于 IC-CAP 晶体管建模的一般操作过程

器件模型是电路设计中十分关键的环节，是连接工艺和电路设计的桥梁。电路模拟器能否用于微波电路的设计和分析取决于模拟器中所采用的器件模型[8]，尤其是模型的准确性和简便性(计算效率)，它们将直接影响模拟的速度和准确性。

在 2.1.1 节中自洽求解泊松方程的计算注重于沟道中电荷控制机制的分析，这些分析的目标是在器件的外延层结构和沟道中的电荷之间建立一个简单的关系。尽管这些模型对调整外延层结构以优化和预测器件性能是有用的，但它们并不适用于电路设计，因为它们难以应用或嵌入到电路仿真软件中，且收敛时间很长。

本节主要讨论建模的整体过程。开发和提取模型的一般过程如图 2-36 所示。

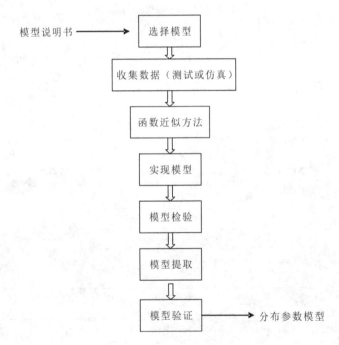

图 2-36　产生一个模型的流程图

本节首先介绍目前建模的基本理论和 AlGaN/GaN HEMT 器件的建模分析，以及在微波大信号建模中用到的等效电路理论和参数提取技术，再介绍

EEHEMT1 模型，将使用它为之前设计制造的器件样品建立大信号模型。

IC‑CAP 可为器件和电路特性模拟分析提供完整的过程服务。每一个过程都可以通过菜单或者宏指令里的程序方便地执行。下面描述通常的过程步骤。

（1）安装：在测试设备中固定好器件，仪器必须通过 HP‑IB 总线与计算机及 IC‑CAP 连接。

（2）载入已有的模型或者建立新模型：运行程序后从模型列表中载入已有的模型或者通过修改已有模型建立新模型，也可以在空白的模板上建立新模型。

（3）测量或者创建器件特征：执行 IC‑CAP 的测量命令或者建立器件特征的命令。这些程序通过控制测量仪器执行功能。连接在被测器件输入端的仪器作为信号源加激励，连接在输出端的仪器接收响应。测量的数据载入 IC‑CAP 的数据库。

（4）从测量数据中提取模型参数：执行提取命令从测量数据中计算控制着器件电子行为的参数值。

（5）模拟：将电路结构和提取的参数送入模拟器。模拟器会产生一系列不同于测量数据的模拟数据。

（6）优化：优化参数以求得模拟数据与测量数据的完美拟合。

（7）结果：以图或表的形式显示或打印结果。

2．小信号等效电路拓扑结构和参数提取技术

1）小信号等效电路模型参数

小信号等效电路模型分为本征部分和非本征部分，如图 2‑37 所示，虚线

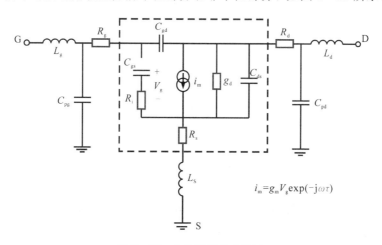

$$i_m = g_m V_g \exp(-j\omega\tau)$$

图 2‑37　小信号等效电路图

框内部为本征部分，外部为非本征部分。研究表明[41]，AlGaN/GaN HEMT
器件的寄生参数和偏置点无关，本征参数和偏置点有关。

现在把图 2-37 中的元件分成如下两个部分：

（1）寄生元件。

① L_g、L_d 和 L_s：分别表示栅极、漏极和源极引线寄生电感。L_g 与栅金属条
的尺寸有关，可以通过以下公式来估算：

$$L_g = \frac{\mu_0 d W}{L} \tag{2-21}$$

式中：μ_0 是真空磁导率，d 是栅金属条的厚度，W 是栅金属条的宽度，L 是栅
金属条的长度。

而 L_d 和 L_s 则较为复杂，L_s 的值对电路的影响较大，它会使得输入阻抗增
加，增益下降，这在功率器件中的表现尤其明显。

② R_g、R_d 和 R_s：分别为栅极、漏极和源极寄生电阻；通常由两部分构成，
一个是金属电极的体电阻，另一个是金属和半导体的接触电阻（这里的电阻不
是指直流电阻，而是加载微波信号后的射频电阻[42]）。其中 R_g 与栅源电容 C_{gs}
在 HEMT 输入端形成 RC 滤波网络，使得增益下降，并产生热噪声，恶化噪声
系数。R_s 会引入负反馈，使得 HEMT 器件的增益下降，而且产生热噪声，恶
化噪声系数。

③ C_{pg} 和 C_{pd}：分别表示栅极、漏极的寄生电容，包括金属条间的边缘电容
和金属条与背面金属间的电容，其中后者为主要部分，这几个寄生电容和器件
的版图结构有关。

（2）本征元件。

① C_{gs} 和 C_{gd}：分别为栅源、栅漏本征电容，这两个电容表示器件的充放电
过程。精确的栅电容对描述器件的非线性特性非常重要，通常需要满足电荷守
恒条件，根据耗尽电荷 Q 的充放电模型，可以把这两个电容定义如下：

$$C_{gs} = \frac{\partial(Q_g + Q_d)}{\partial V_{gs}} \tag{2-22}$$

$$C_{gd} = \frac{\partial(Q_g + Q_d)}{\partial V_{gd}} \tag{2-23}$$

② C_{ds}：漏源本征电容，它的存在是因为共平面的 2DEG 导电区有边缘电
场。C_{ds} 应该是分布电容，在小信号等效电路中可简化为集总元件。

③ R_i：本征沟道电阻，这个电阻与器件的栅长和电场成正比，描述的是栅

源之间耗尽层的充电电阻。

④ g_{ds}：漏极输出电导。

⑤ g_m：器件的跨导，且有

$$g_m = \frac{\partial I_{ds}}{\partial V_{gs}}\bigg|_{V_{ds}=\text{const}} \qquad (2-24)$$

⑥ τ：时间延迟。

2）去嵌结构及去嵌流程

为了使模型能精确地描述器件的特性，应该从测试数据中提取所有的模型参数。使用标准件的网络分析仪校正范围可延伸到连接网络分析仪的高频探针末梢。然而为了获得精确的测量数据，在高频条件下不能忽略在探针的末梢和晶体管之间的连接金属线所引起的寄生效应。因此，需要从实际测量数据中减去测量时存在的连接误差，从而得到待测器件（DUT）的测试数据。为了提取射频模型参数，设计的测试芯片必须包括一种可消除连接金属线与晶体管接线端及探针所产生的寄生效应的结构，并且需要一种去嵌方法从测试初值中消除由于测试结构而产生的寄生效应。基于不同的校准测试结构有不同的去嵌方法，传统 pad 去嵌采用的是在开路和短路基础上的校准测试结构。

通常，在测试结构中带有寄生量的 DUT 可以表示为如图 2-38 所示的等效电路，Y_{p1}、Y_{p2}、Y_{p3} 代表了并联寄生效应的影响，Z_{s1}、Z_{s2}，Z_{s3} 代表了串联寄生效应的影响。因此，开路（Open）和短路（Short）结构可以分别表示为如图 2-39、图 2-40 所示的等效电路。

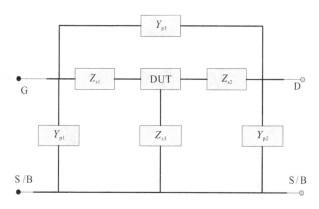

图 2-38　去嵌前 DUT 测试结构等效电路

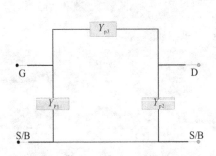

图 2-39　Open 结构等效电路

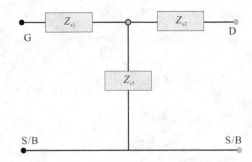

图 2-40　Short 结构等效电路

Y_{p1}、Y_{p2}、Y_{p3} 可以通过测试开路结构得到，即

$$\begin{cases} Y_{p3} = -Y_{12,\,\text{open}} = -Y_{21,\,\text{open}} \\ Y_{p1} = Y_{11,\,\text{open}} + Y_{12,\,\text{open}} \\ Y_{p2} = Y_{22,\,\text{open}} + Y_{21,\,\text{open}} \end{cases} \quad (2-25)$$

串联元件 Z_{s1}、Z_{s2}、Z_{s3} 也可以从开路和短路两种结构的测试数据得到，即

$$\begin{vmatrix} Z_{s1}+Z_{s3} & Z_{s3} \\ Z_{s3} & Z_{s2}+Z_{s3} \end{vmatrix} = (Y_{\text{short}} - Y_{\text{open}})^{-1} \quad (2-26)$$

相应的晶体管的测试数据可以由以下等式得到：

$$Y_{\text{transistor}} = \left[(Y_{\text{DUT}} - Y_{\text{open}})^{-1} - (Y_{\text{short}} - Y_{\text{open}})^{-1} \right]^{-1} \quad (2-27)$$

综上所述，两步去嵌法的具体流程可以概括如下：

① 测试 DUT、Open 和 Short 测试结构的 S 参数（S_{DUT}，S_{open}，S_{short}），并转化成为 Y 参数。

② 第一步去嵌，从 Y_{DUT} 和 Y_{short} 消去并联寄生效应，操作如下：

$$Y_{\text{DUT1}} = Y_{\text{DUT}} - Y_{\text{open}} \quad (2-28)$$

$$Y_{\text{short1}} = Y_{\text{short}} - Y_{\text{open}} \quad (2-29)$$

③ 第二步去嵌，从 Z_{DUT}（由 Y_{DUT1} 转化而来）中消去串联寄生效应 Z_{short1}（由 Y_{short1} 转化而来），如下式所示：

$$Z_{\text{transistor}} = Z_{\text{DUT1}} - Z_{\text{short1}} \quad (2-30)$$

考虑到 Short 结构的去嵌效果不是很明显，本设计中测试数据的去嵌基本上采用 Open 结构，去嵌前后的差别仅以零偏条件下的结果以示说明，因为大尺寸器件对去嵌后的效果更明显。所以这里我们采用 $10 \times 100\ \mu m$ 的器件作为例子，如图 2-41～图 2-44 所示，小方块所示为测试曲线，小三角所示为去嵌后的曲线。由于在进行 S 参数测试时，矢量网络分析仪的 1 端口和 2 端口反向连接，所以测试结果通过 IC - CAP 显示时，图中显示的 S_{11} 实际为 S_{22}，S_{12} 实际为 S_{21}，S_{22} 实际为 S_{11}，S_{21} 实际为 S_{12}。所以图 2 - 41 所示为 S_{11} 曲线，图 2 - 42 所示为 S_{22} 曲线，图 2 - 43 所示为 S_{12} 曲线，图 2 - 44 所示为 S_{21} 曲线。

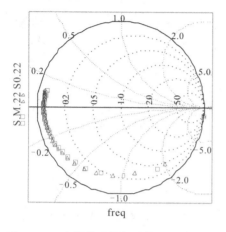

图 2 - 41　去嵌前后零偏时的 S_{11} 对比结果　　　图 2 - 42　去嵌前后零偏时的 S_{22} 对比结果

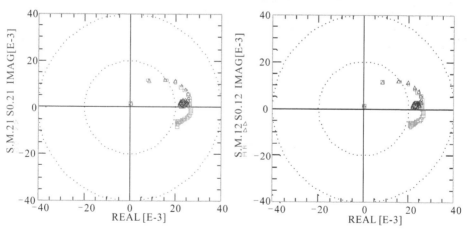

图 2 - 43　去嵌前后零偏时的 S_{12} 对比结果　　图 2 - 44　去嵌前后零偏时的 S_{21} 对比结果

可以看出图 2 - 41 中 S_{11} 去嵌前后的曲线基本重合，而图 2 - 42、图 2 - 43、图 2 - 44 中 S_{22}、S_{12}、S_{21} 去嵌前后的曲线都有比较大的出入。在低频时，去嵌前后的曲线是重合的，随着频率的增大，去嵌的影响逐渐增大。所以 Open 去嵌除了对 S_{11} 影响略小外，对 S_{22}、S_{21} 和 S_{12} 的影响都比较大，说明 Open 去嵌对于精确提取 HEMT 寄生参量是非常有必要的。

3）寄生参数提取

本设计中非本征电路元件的提取方法采用的是常用的 Cold-FET 法[43]，该方法已经成功应用于 HEMT[43-44]、MOSFET 等器件[45]。这种方法的基本原理是：给场效应管施加漏源电压 V_{ds} 的值为 0 V。在这种条件下，场效应管的沟道内没有电场，小信号等效电路模型的受控电流源为短路状态，此时的晶体管处于无源状态下。

然后对晶体管的栅极进行偏置，使晶体管进入截止或导通模式，这样本征小信号等效模型就可以得到简化，从而完成对外围元件的准确识别和测量。外部参数可以通过单频 S 参数测量法直接提取，也可以在一系列频率中优先进行。

栅压低于阈值电压时，场效应管就处于截止状态，且没有导通。晶体管的本征等效电路可以用 C_{gs0} 和 C_{ds0} 两个电容来近似。S 参数可以在一个频率或一系列频率下测得，测试频率低于此时容抗为主导，电感效应和电阻对器件行为的影响可以忽略，等效电路如图 2-45 所示。这里假设 $C_{gs0}=C_{ds0}=C_b$，其中电容 C_b 为耗尽区扩展引起的边缘电容。

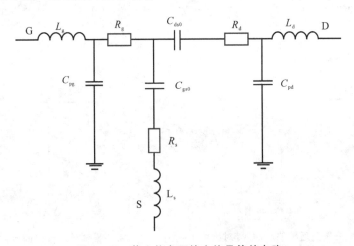

图 2-45　截止状态下的小信号等效电路

从图 2-45 所示的拓扑结构可以得到：

$$\mathrm{Im}(Y_{11})=j\omega(C_{pg}+2C_b) \qquad (2-31)$$

$$\mathrm{Im}(Y_{12})=-j\omega C_b \qquad (2-32)$$

$$\mathrm{Im}(Y_{22})=j\omega(C_b+2C_{pd}) \qquad (2-33)$$

以上 Y 参数都得自截止状态下测得的 S 参数。从以上三个式子可以推出：

$$C_{pg} = \frac{\text{Im}(Y_{11}) + 2\text{Im}(Y_{12})}{j\omega} \tag{2-34}$$

$$C_{pd} = \frac{\text{Im}(Y_{22}) + \text{Im}(Y_{12})}{2j\omega} \tag{2-35}$$

$$C_{gs0} = -\frac{\text{Im}(Y_{12})}{j\omega} \tag{2-36}$$

根据式(2-34)~式(2-36)，可得 C_{pg}、C_{pd}、C_{gs0} 在不同频率点的值，如图 2-46~图 2-48 所示。

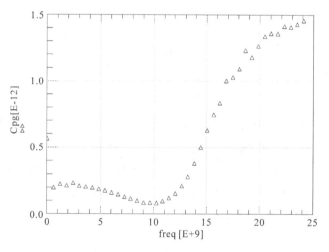

图 2-46　C_{pg} 与频率的关系

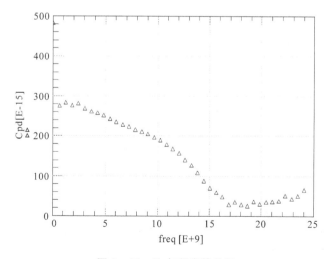

图 2-47　C_{pd} 与频率的关系

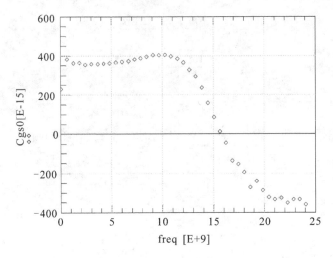

图 2 - 48 C_{gs0} 与频率的关系

Cold-FET 法最初是为 GaAs MESFET 器件模型提取外部元件值所设计出来的。这种方法是将漏源电压设为 0 V，而栅极肖特基二极管则给予较高的正偏压。在这种情况下，认为电容被接入电阻而短路，此时的小信号等效电路就变成了由电阻和电感组成的网络，近似等效电路如图 2 - 49 所示。方框内的部分是器件的本征部分在这个特殊偏置状态下的近似等效电路。在漏电压 V_{ds} 为 0 时，栅下方可以等效为一个分布式 RC 沟道网络，如图 2 - 50 所示。

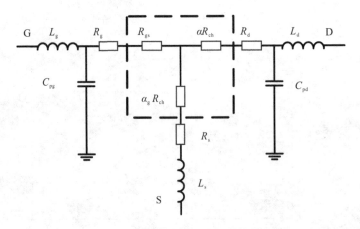

图 2 - 49 导通模式下的小信号等效电路

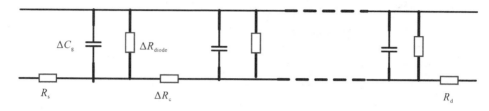

图 2 - 50　漏电压为 0 V 时器件栅下方沟道网络

图 2 - 50 中，ΔC_g 表示分布栅电容，ΔR_{diode} 表示分布肖特基二极管电阻，ΔR_c 表示分布沟道电阻，通过推导可以得到这个 RC 沟道网络的 Z 矩阵[46]：

$$Z'_{11} = \alpha_g R_{ch} + R_{gs} \tag{2-37}$$

$$Z'_{12} = Z'_{21} = \alpha_g R_{ch} \tag{2-38}$$

$$Z'_{22} = \alpha R_{ch} \tag{2-39}$$

式中：R_{ch} 为沟道电阻，R_{gs} 为栅肖特基二极管结电阻，α_g 和 α 为系数。其中 R_{ch} 的值很小，可以忽略以简化计算，此时有

$$R_{gs} = \frac{nkT}{qI_g} \tag{2-40}$$

所以在导通模式下，阻抗矩阵可以由以下式子表达：

$$Z_{11} = R_s + R_g + \alpha_g R_{ch} + \frac{nkT}{qI_g} + j\omega(L_s + L_g) \tag{2-41}$$

$$Z_{12} = Z_{21} = R_s + \alpha_g R_{ch} + j\omega L_s \tag{2-42}$$

$$Z_{22} = R_s + R_d + (\alpha + \alpha_g)R_{ch} + j\omega(L_s + L_d) \tag{2-43}$$

从上面的公式可以推出：

$$R_g = \text{Re}(Z_{11} - Z_{12}) \tag{2-44}$$

$$R_d = \text{Re}(Z_{22} - Z_{12}) \tag{2-45}$$

$$R_s = \text{Re}(Z_{12}) \tag{2-46}$$

$$L_s = \frac{\text{Im}(Z_{12})}{\omega} \tag{2-47}$$

$$L_g = \frac{\text{Im}(Z_{11}) - \text{Im}(Z_{12})}{\omega} \tag{2-48}$$

$$L_d = \frac{\text{Im}(Z_{22}) - \text{Im}(Z_{12})}{\omega} \tag{2-49}$$

由以上公式推出的电阻值随频率变化的曲线如图 2-51～图 2-53 所示，电感值与频率的关系如图 2-54～图 2-56 所示。

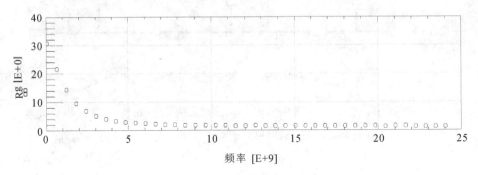

图 2-51 栅端电阻与频率的关系

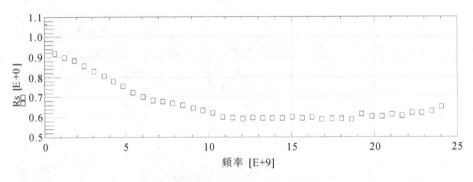

图 2-52 源端电阻与频率的关系

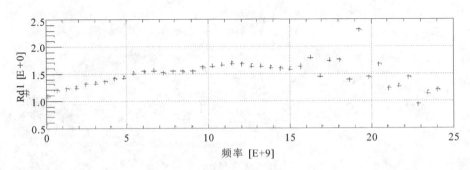

图 2-53 漏端电阻与频率的关系

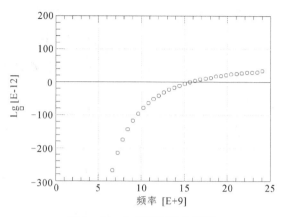

图 2－54　L_g 与频率的关系图

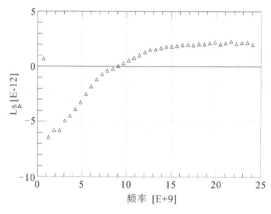

图 2－55　L_s 与频率的关系图

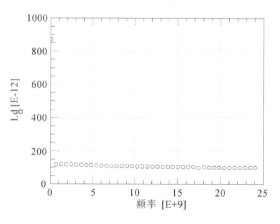

图 2－56　L_d 与频率的关系

在导通模式下，S 参数仿真与测试结果的对比如图 2-57~图 2-60 所示，实线为拟合结果，三角为去嵌后的测试结果。可以看到仿真与测试结果吻合得很好，表明我们在零偏下提取出来的寄生参量可以表征器件未工作时的外围寄生。

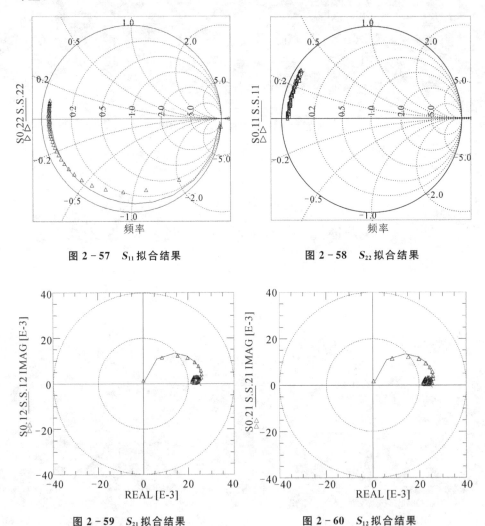

图 2-57　S_{11} 拟合结果　　　　图 2-58　S_{22} 拟合结果

图 2-59　S_{21} 拟合结果　　　　图 2-60　S_{12} 拟合结果

4）本征部分等效电路参数提取

所谓小信号参数提取就是通过某种方法使得 S 参数值的模拟计算值与测量值拟合。模型的推导建立在 S 参数测量的基础上，而这些测量都在晶体管可

以获得的 V_{gs}-V_{ds} 偏置空间上进行。这些测量包含了方向漏极偏置（负 V_{ds}）的区域，还有低于阈值电压的区域；S 参数同时也在一定范围的射频频率上测量。

当在仿真器中建立模型时，无论是准静态模型还是完全动态模型，都使用端电压作为模型的控制输入。通过 Cold-FET 法去除晶体管的外部元件的电气影响。其具体步骤如下[39]：

（1）测出在特定偏置点的 S 参数。

（2）把 S 参数转化为 Z 参数，可以去掉 L_g 和 L_d 这两个电感。

（3）把 Z 参数转化为 Y 参数，可以去掉 C_{pg} 和 C_{pd} 这两个电容。

（4）把 Y 参数转化为 Z 参数，可以去掉 R_g、R_s、R_d、L_s 这四个串联元件。

（5）把 Z 参数转化为 Y 参数，得到本征部分的导纳矩阵。

这样就得到了器件本征网络的导纳矩阵。根据 Dambrine 等人[32] 的直接提取法，可获得小信号等效电路参数的值，即有

$$Y_{11} = \frac{R_i C_{gs}^2 \omega^2}{D} + j\omega \left(\frac{C_{gs}}{D} + C_{gd} \right) \qquad (2-50)$$

$$Y_{12} = -j\omega C_{gd} \qquad (2-51)$$

$$Y_{21} = \frac{g_m \exp(-j\omega\tau)}{1 + jR_i C_{gs}\omega} - j\omega C_{gd} \qquad (2-52)$$

$$Y_{21} = g_d + j\omega(C_{ds} + C_{gd}) \qquad (2-53)$$

其中

$$D = 1 + \omega^2 C_{gs}^2 R_i^2 \qquad (2-54)$$

应用低频极限条件，此时 $\omega^2 C_{gd}^2 R_i^2 \ll 1$，在实际应用中就是这种情况，可以获得栅漏支路的等效电路元件值：

$$C_{gd} = -\frac{1}{\omega} \mathrm{Im}(Y_{12}) \qquad (2-55)$$

$$R_i = -\frac{1}{\omega^2 C_{gd}^2} \mathrm{Re}(Y_{12}) \qquad (2-56)$$

实际上，R_i 在单频上的直接提取不灵敏，而且总是会出现一些非物理值，比如负电阻 R_i，这就说明分离中有错误。在实际应用中，R_i 的误差对模型的电路特性没有多大影响，可以直接忽略不计，则有

$$C_{gs} = \frac{1}{\omega} \mathrm{Im}(Y_{11} + Y_{12}) \qquad (2-57)$$

$$R_{gs} = \frac{1}{\omega^2 C_{gs}^2} \text{Re}(Y_{11} + Y_{12}) \qquad (2-58)$$

在式(2-57)、式(2-58)中再次应用低频极限条件可得到:

$$C_{ds} = \frac{1}{\omega} \text{Im}(Y_{22} + Y_{12}) \qquad (2-59)$$

$$G_{ds} = \text{Re}(Y_{22} + Y_{12}) \qquad (2-60)$$

同时

$$R_{ds} = \frac{1}{G_{ds}} \qquad (2-61)$$

$$g_m = \text{Re}(Y_{21}) \qquad (2-62)$$

$$\tau = -\frac{\frac{\text{Im}(Y_{21})}{\omega} - C_{gd}}{g_m} - R_i C_{gs} \qquad (2-63)$$

这个延时项包含了场效应管工作时电荷沿沟道移动的分布效应。

从 Y 参数可提取每个偏置点(V_{gs}，V_{ds})上等效电路模型的元件，这就是与偏置相关的线性 FET 模型，可用于小信号直流或 S 参数仿真中。若提前知道栅极和漏极偏置情况，就可以进行小信号分析了。

3. EEHEMT1 模型的验证

大信号模型与小信号模型最大的区别在于小信号模型只针对某一种偏置条件，而大信号模型表征的是多种偏置条件下的等效电路。经典 AlGaN/GaN HEMT 器件的大信号等效电路拓扑结构与小信号等效电路拓扑结构是一样的[47]，只是本征元件在小信号模型中是固定值，而在大信号模型中是与偏置相关的解析式。

由于 AlGaN/GaN HEMT 器件的工作电压较高，且存在电流崩塌现象，工作时的热效应也比较明显，因此模型的提取比 GaAs HEMT 器件更加困难。但是就等效电路层面而言，由于 AlGaN/GaN HEMT 器件同 GaAs HEMT 器件的工作原理基本相似，因此可以使用 GaAs HEMT 器件的大信号等效电路拓扑结构。目前大信号模型有 Curtice 模型、Materka 模型、Statz 模型、TOM 模型以及 EEHEMT1 模型等，这些模型都各具特色，但不管是哪种模型，都不能完善地描述大信号工作状态下的非线性特性。为了降低建立 AlGaN/GaN HEMT 器件大信号模型的复杂程度，我们将借鉴 GaAs HEMT 器件的模型提取技术，本设计采用的模型为 EEHEMT1 模型，EEHEMT1 大信号等效电路模型的拓扑结构如图 2-61 所示。

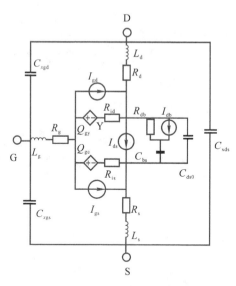

图 2 − 61　EEHEMT1 大信号等效电路模型拓扑结构图

EEHEMT1 模型是为 GaAs FETs 和 HEMTs 开发的经验模型，该模型有以下特点：

（1）该模型是精确的适合于所有工艺的等温漏源电流模型。

（2）直流模型中有自热效应的修正。

（3）该模型是精确的电容模型。

（4）该模型是允许同时拟合高频电导和 DC 特性的色散模型。

（5）该模型是用于描述栅漏电流的击穿模型。

1）I − V 模型

EEHEMT1 模型的直流参数如表 2 − 14 所示。

表 2 − 14　EEHEMT1 模型的直流参数列表

参数符号	参数意义	参数值
V_{to}	阈值电压	−4.6
G_{amma}	与 V_{ds} 相关的阈值电压因子	1.4×10^{-3}
V_{go}	跨导最大值时的栅源电压	−3.8
V_{delt}	控制 G_m 特性线性点的因子	7.6×10^{-8}
V_{ch}	G_{amma} 不受 I − V 曲线影响的栅压	0.2
$G_{m\,max}$	最大跨导	0.2
V_{sat}	漏电流饱和参数	1.8

续表

参数符号	参数意义	参数值
K_{appa}	输出电导参数	7.3×10^{-3}
P_{eff}	有效功率压缩	34.8
V_{tso}	亚阈值开启电压	-9.5×10^{3}

本设计利用 IC-CAP 建模系统对器件的 $I-V$ 特性进行扫描，给出了直流仿真与测试结果的对比，其中 $10\times100~\mu m$ 的器件结果如图 2-62～图 2-65 所示。

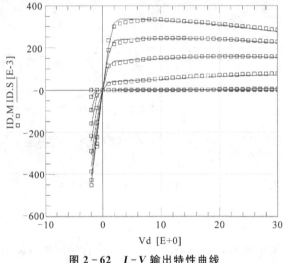

图 2-62 $I-V$ 输出特性曲线

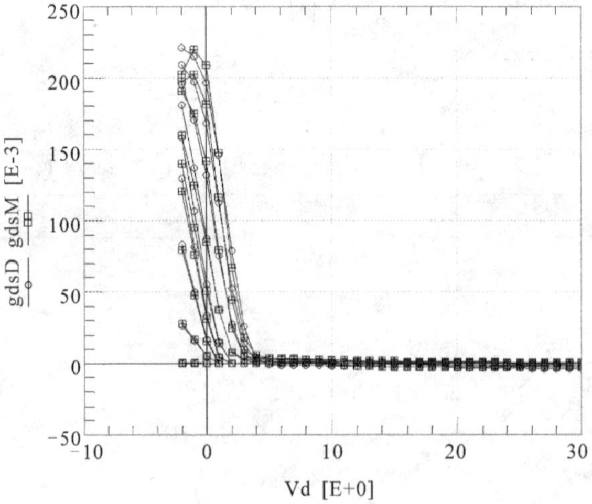

图 2-63 测量和仿真输出电导对比

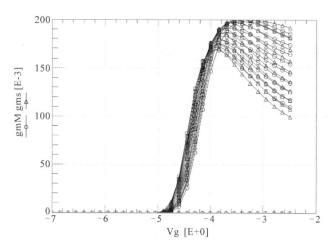

图 2－64　测量和仿真输出跨导对比

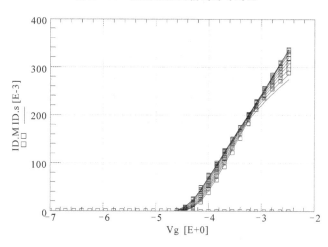

图 2－65　*I*－*V* 转移特性曲线

2）电容模型

电容非线性是大信号模型的重要组成部分，EEHEMT1 模型的电荷参数如表 2－15 所示。

表 2－15　EEHEMT1 模型的电荷参数列表

参数符号	参数意义	参数值
C_{11o}	最大输入电容	2.8×10^{-13}
C_{11th}	最小输入电容	6.4×10^{-13}

氮化镓射频功率放大器的设计实践与研究

续表

参数符号	参数意义	参数值
V_{infl}	$C_{11}-V_{gs}$ 特性的拐点	-4.2
D_{eltgs}	最小和最大电容之间的电压差	0.4
D_{eltds}	线性区到饱和区的过渡参数	2
L_{ambda}	$C_{11}-V_{ds}$ 特性的斜率	2.5×10^{-7}
C_{12sat}	输入跨电容	5.5×10^{-14}
C_{gdsat}	栅漏电容	2.7×10^{-13}
R_{is}	源端沟道电阻	0.7
R_{id}	漏端沟道电阻	11.1
T_{au}	源到漏的延时	1.0×10^{-15}
C_{dso}	漏源电极电容	3.0×10^{-13}

图 2-66 和图 2-67 为器件 S_{11} 和 S_{22} 的测量值与仿真值的对比关系，图 2-68 和图 2-69 为 S_{21} 与 S_{12} 的测量值与仿真值的对比关系。由这几个图中的曲线对比可以看出，建立的大信号模型误差在允许范围内。

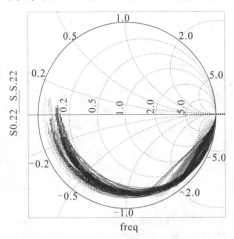

图 2-66　测量 S_{11} 与仿真 S_{11}

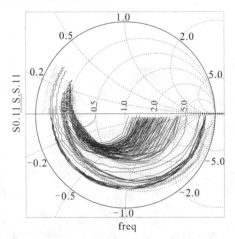

图 2-67　测量 S_{22} 与仿真 S_{22}

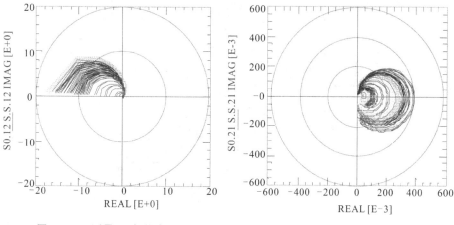

图 2-68　测量 S_{21} 与仿真 S_{21}　　　　　图 2-69　测量 S_{12} 与仿真 S_{12}

4. 最终模型

在以上步骤全部完成后，就基本上完成了利用 EEHEMT1 模型对样品器件的大信号建模。由于 EEHEMT1 模型中不包含寄生电感和寄生电容，所以最后要在模型外面加上提取的寄生电感和寄生电容。在 ADS 软件中对构建的模型进行谐波仿真，如图 2-70 所示。图 2-71 所示为输出功率曲线，图 2-72 所示为增益曲线，实线代表的是仿真值，虚线代表的是测量值，从图中可看出输出功率曲线和增益曲线都有较好的拟合。

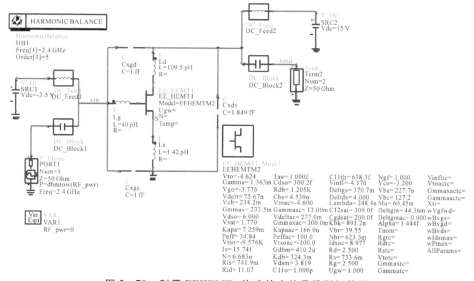

图 2-70　利用 EEHEMT1 构建的大信号模型拓扑图

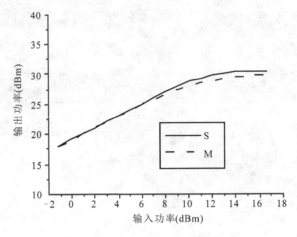

图 2−71　输出功率曲线

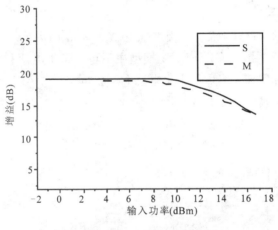

图 2−72　增益曲线

2.2　高线性度 $Al_x Ga_{1-x} N/AlN/Al_y Ga_{1-y} N/GaN$ HEMT 器件的设计与建模

2.2.1　栅长 1 μm 的 $Al_{0.3} Ga_{0.7} N/Al_{0.05} Ga_{0.95} N/GaN$ HEMT 器件

1. 复合沟道 AlGaN/GaN HEMT 器件

在电流较大时，常规 AlGaN/GaN HEMT 器件的跨导会很快减小。导致跨导减小和增益压缩这一现象的主要因素可能是在沟道内异质结界面处存在非常高的横向电场，如图 2 - 73 所示。

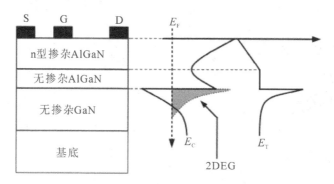

图 2 - 73　常规 AlGaN/GaN HEMT 结构的导带 E_c 和横向电场 E_T

沟道内非常高的横向电场使得二维电子气中的电子被吸引得非常靠近异质结界面，从而使源漏电压较高时，电子散射更加明显，以至于电子迁移率下降，这样便造成了跨导和增益的下降，如图 2 - 74(a) 所示。为了解决这个问题，就需要来改变沟道的能带形状和降低横向电场的强度，而在 AlGaN/GaN HEMT 器件中，横向电场的强度取决于极化效应的强度和异质结界面处的能带差。考虑到需要缩小异质结界面处的能带差，则采用另一种能级差较小的材料来取代 GaN 作为沟道层，如图 2 - 74(b) 所示。通过研究，我们选择了比势垒层中 Al 组分小的 AlGaN 插入其中，作为沟道层，即得到一种新型的结构——复合沟道 $Al_{0.3}Ga_{0.7}N/Al_{0.05}Ga_{0.95}N/GaN$ HEMT(CC - HEMT)结构，如图

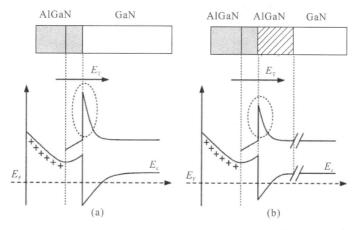

图 2 - 74　常规 AlGaN/GaN HEMT 和 $Al_{0.3}Ga_{0.7}N/Al_{0.05}Ga_{0.95}N/GaN$ HEMT 横向电场的比较

2-75(a)所示。图 2-75(b)所示为复合沟道 $Al_{0.3}Ga_{0.7}N/Al_{0.05}Ga_{0.95}N/GaN$ HEMT 结构的导带能级。

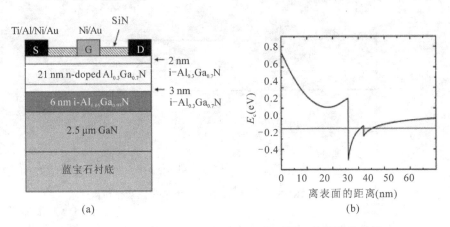

(a)　　　　　　　　　　　　　　　(b)

图 2-75　$Al_{0.3}Ga_{0.7}N/Al_{0.05}Ga_{0.95}N/GaN$ HEMT 结构及能带图

CC-HEMT 的关键在于沟道的设计。它包含了一个 6 nm 厚的 $Al_{0.05}Ga_{0.95}N$ 复合沟道层。它的存在使 $Al_{0.3}Ga_{0.7}N/Al_{0.05}Ga_{0.95}N$ 异质结界面处的导带差减小，横向电场也随之减小，同时散射也将减少，跨导将在小电流变化到大电流时保持基本相同，而且在材料生长上也更容易了。

图 2-76 所示为 $Al_{0.3}Ga_{0.7}N/Al_{0.05}Ga_{0.95}N/GaN$ HEMT 导带形状及沟道

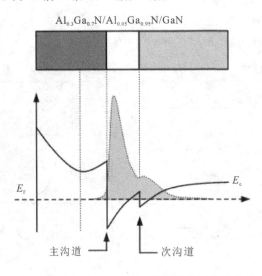

图 2-76　$Al_{0.3}Ga_{0.7}N/Al_{0.05}Ga_{0.95}N/GaN$ HEMT 导带形状及沟道内的二维电子气分布状况

内的二维电子气分布状况。由于导带的不连续性，在导带中形成了两个沟道：一个是在势垒层 $Al_{0.3}Ga_{0.7}N$ 和复合沟道层 $Al_{0.05}Ga_{0.95}N$ 之间，这个沟道因为能带差较大，所以二维电子气浓度较大，称为主沟道；另一个是在复合沟道层 $Al_{0.05}Ga_{0.95}N$ 和缓冲层 GaN 之间，由于导带差较小，相对的电子浓度也较小，称为次沟道。选择 $x=0.3$ 和 $y=0.05$，使得两者势垒的高度有较大差距，保证避免出现两个沟道电流相当，这样反而降低了电流密度，以至于减弱了器件的性能。另一方面，主沟道电场降低了，电子浓度也降低了，次沟道的电子恰好能够补偿主沟道电子浓度的降低。

2. 栅长 1 μm 的 CC - HEMT 生长和制造

1) 栅长 1 μm 的 CC - HEMT 材料生长

复合沟道 $Al_{0.3}Ga_{0.7}N/Al_{0.05}Ga_{0.95}N/GaN$ HEMT 的结构如图 2 - 75(a)所示，通过 Aixtron AIX 2000 HT 系统 MOCVD 方法，在 C 轴方向上生长在蓝宝石衬底上。开始时温度设定为 1200℃ 解吸附，然后在 550℃ 的环境下生长 GaN 成核层。接着在成核层上生长 2.5 μm 厚的非掺杂 GaN 缓冲层，再生长的是提供主沟道的非掺杂 $Al_{0.05}Ga_{0.95}N$ 层，Al 组分为 0.3 的 AlGaN 层最后生长，这一层中包括了盖层、隔离层以及势垒层。

实际测试中，我们要得到 CC - HEMT 器件的载流子迁移率、电子浓度和面电阻等性能参数，需要用到 Hall 测试。它是指在室温下，通过 Hall 桥结合相应的器件版图来测量的方法，如图 2 - 77 所示。

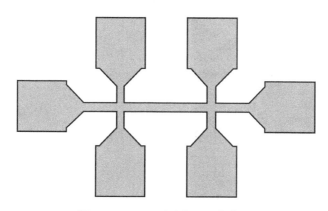

图 2 - 77　Hall 测试的 Hall 桥版图

表 2 - 16 所示为不同结构的 Hall 测试结果，其中包括了常规的 AlGaN/GaN HEMT，复合沟道层厚度分别为 3 nn、6 nm、9 nm 的 CC - HEMT 结构。

表 2 - 16　CC - HEMT 结构 Hall 测试结果

外延层结构	霍耳迁移率/ $(cm^2/(V \cdot s))$	载流子面密度/ $(\times 10^{13}\ cm^{-2})$	面电阻/(sq^{-1})
常规结构	1150	1.4	420
复合沟道层为 3 nm 的 CC - HEMT	1040	1.35	480
复合沟道层为 6 nm 的 CC - HEMT	980	1.25	550
复合沟道层为 9 nm 的 CC - HEMT	940	1.2	600

　　为了表征 CC - HEMTs 中的电子分布情况,可以采用电容-电压(C-V)测量。通常 C-V 测量用于肖特基接触处,在 CC - HEMT 中即为势垒层的最顶端,即金属栅与 $Al_{0.3}Ga_{0.7}N$ 的接触界面,以及在源漏端作为电极的欧姆接触界面,如图 2 - 78 所示。

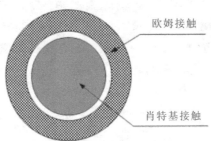

欧姆接触

肖特基接触

图 2 - 78　肖特基接触的 C - V 测量

　　在 CC - HEMT 的电极上加上直流偏置,并输入交流小信号,就能够测量出电容电压特性了。耗尽层的电容可以表达为

$$C = \frac{dQ}{dV} \qquad (2-64)$$

耗尽层电荷可以通过下式得到

$$Q = qN_B WA = AqN_B \sqrt{\frac{2\varepsilon}{qN_B}\left(V_{bi} \pm V - \frac{2k_B T}{q}\right)} = A\sqrt{2\varepsilon qN_B\left(V_{bi} \pm V - \frac{2k_B T}{q}\right)}$$
$$(2-65)$$

式中:A 为耗尽层的面积,W 为耗尽层的厚度,N_B 为载流子密度,V_{bi} 为内建电场,V 为外加电压,k_B 是玻耳兹曼常数,T 是绝对温度,q 为电子电量。把式(2-65)代入式(2-64)中,可以得到

$$C = A\sqrt{\frac{\varepsilon q N_{\mathrm{B}}}{2}} \left(V_{\mathrm{bi}} \pm V - \frac{2k_{\mathrm{B}}T}{q}\right)^{-\frac{1}{2}} \qquad (2-66)$$

变换以后为

$$\frac{1}{\left(\dfrac{C}{A}\right)^2} = \frac{2}{\varepsilon q N_{\mathrm{B}}} \left(V_{\mathrm{bi}} \pm V - \frac{2k_{\mathrm{B}}T}{q}\right) \qquad (2-67)$$

在异质结界面处，载流子面密度 N_{B} 是深度 x 的函数，即

$$N_{\mathrm{B}} = N_{\mathrm{B}}(x) \qquad (2-68)$$

这样可以得到

$$\frac{\mathrm{d}\left(\dfrac{1}{C^2}\right)}{\mathrm{d}V} = \frac{2}{\varepsilon q N_{\mathrm{B}}(x)} \qquad (2-69)$$

载流子密度为

$$N_{\mathrm{B}}(x) = \frac{2}{q\varepsilon}\frac{1}{\dfrac{\mathrm{d}\left(\dfrac{1}{C^2}\right)}{\mathrm{d}V}} = \frac{C^3}{q\varepsilon}\frac{\mathrm{d}C}{\mathrm{d}V} \qquad (2-70)$$

其中深度表示为

$$x = W = \frac{\varepsilon}{C} \qquad (2-71)$$

通过式(2-70)和式(2-71)，可以计算出载流子密度，继而得出 C - V 特性。对 CC - HEMT 进行 C - V 测试，得到的结果如图 2 - 79 所示。

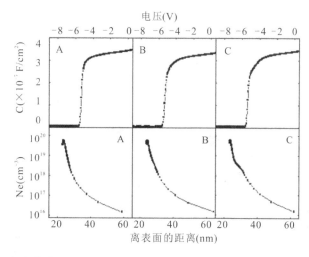

图 2 - 79　不同复合沟道层厚度的 CC - HEMT 结构 C - V 特性和载流子浓度分布：A. 复合沟道层厚度为 3 nm；B. 复合沟道层厚度为 6 nm；C. 复合沟道层厚度为 9 nm

2) 栅长 1 μm 的 CC – HEMT 器件制造

复合沟道 $Al_{0.3}Ga_{0.7}N/Al_{0.05}Ga_{0.95}N/GaN$ HEMT 器件外延层结构生长完成后，接下来更重要的是器件的制造。HEMT 器件的制造过程主要分为以下几步：首先用 ICP – RIE 方法对材料进行刻蚀，采用 Cl_2 作为原料，刻蚀厚度为 300 nm；然后制作源漏端的欧姆接触，一般采用 Ti/Al/Ni/Au 合金作为源漏端的电极，在 850℃ 的环境下对各欧姆接触进行 30 s 的退火工艺；再使用晶片 TLM 方法测量欧姆接触电阻，测量结果基本上为 1 Ω·mm，栅长定为 1 μm，用 Ni/Au 溅射的方法形成栅极；另外，确定完栅极长度后，还有两个距离需要确定，一个是源极与栅极的距离 $L_{sg}=1$ μm，另一个是漏极和栅极的距离 $L_{gd}=1$ μm；最后用 PECVD 法将 SiN 沉淀在器件表面作为钝化层，这一层的作用主要是防止氧化和腐蚀。

栅长为 1 μm 的 CC – HEMT 器件版图如图 2 – 80 所示；图 2 – 81 所示为显微镜下放大的 CC – HEMT 器件。

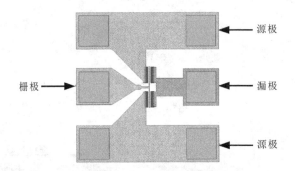

图 2 – 80　$Al_{0.3}Ga_{0.7}N/Al_{0.05}Ga_{0.95}N/GaN$ HEMT 制造版图

 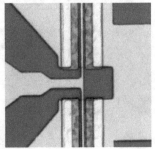

(a) 器件全图　　　　　(b) 晶体管区域的放大景象

图 2 – 81　$Al_{0.3}Ga_{0.7}N/Al_{0.05}Ga_{0.95}N$ /GaN HEMT 器件

3. 栅长 1 μm 的 CC - HEMT 器件的性能

在材料生长和器件制造结束后，经过实际的流片，通过测试仪器的测试后，我们能得到栅长 1 μm 的 CC - HEMT 器件的实际性能。图 2 - 82 所示为 CC - HEMT 器件的直流特性。

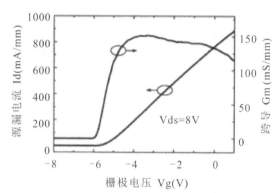

图 2 - 82　栅长 1 μm 的 CC - HEMT 直流特性

从图 2 - 82 中可以看到在大电流时跨导曲线还是比较平坦的，这说明 CC - HEMT 器件比常规的 HEMT 器件的线性度好，更适合用于线性放大器的设计中。

在室温下通过 Hall 测试得到器件的面电子密度为 $1.3 \times 10^{13}\ \text{cm}^{-2}$，电子迁移率为 $950\ \text{cm}^2 / (\text{V} \cdot \text{s})$。1 μm 栅长的 CC - HEMT 器件的截止频率为 12 GHz，最大振荡频率为 30 GHz。

对 CC - HEMT 器件进行双音输入，频率为 2 GHz，则检测到的三阶交调曲线如图 2 - 83 所示，三阶交调的输出功率达到 33.2 dBm。

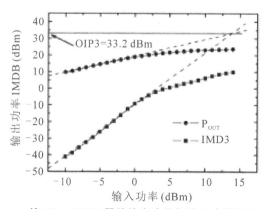

图 2 - 83　栅长 1 μm 的 CC - HEMT 器件输出功率与输入功率的关系以及 IMD3 曲线

噪声问题也是影响射频微波器件性能的主要因素之一。对于 CC - HEMT 器件来说，高频噪声是我们关注的重点。在测量 CC - HEMT 器件的高频噪声时，我们采用的是频率范围在 1～10 GHz 的安捷伦 N8975A 噪声分析仪。图 2 - 84 给出了栅长为 1 μm 的 CC - HEMT 器件的最小噪声系数、相关增益与频率的变化关系。其中，源漏电压 $V_{ds}=6$ V，$I_{ds}=10$ mA(12% 的 I_{dss}，I_{dss} 表示最大源漏饱和电流)。器件的源栅电极间距 $L_{sg}=0.5$ μm，漏栅电极间距 $L_{gd}=1$ μm。从图 2 - 84 中可以看到器件在 1 GHz 频率下的最小噪声系数(NF$_{min}$)为 0.7 dB，相关增益(G_a)为 19 dB；在 10 GHz 频率下最小噪声系数为 3.5 dB，相关增益为 10.8 dB。据目前的文献可知，我们设计的栅长 1 μm 的 CC - HEMT 器件所达到的最小噪声系数性能已经是很好的结果了。这样的结果当然要归功于 CC - HEMT 器件中独特的复合沟道设计。因为复合沟道的存在，横向电场减弱，二维电子气中的载流子分布较异质结界面远，而且 CC - HEMT 在小电流时能够较好地应用于低噪声放大器中。另一方面，电子在主次沟道重新分布，在单个沟道中的电子密度虽然降低了，但是总的电子密度并没有降低，同时这还使得沟道内对电子的散射减少了，散射是噪声的主要成因，因此噪声系数的降低也是情理之中的。

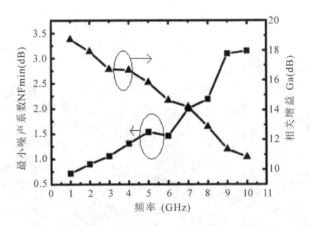

图 2 - 84　栅长 1 μm 的 CC - HEMT 器件的最小噪声系数、相关增益与频率的变化关系

CC - HEMT 器件的最小噪声系数与直流偏置，如源漏电流、源漏电压等都有关系，如图 2 - 85 所示。在图 2 - 85(a)中，可以看到在频率为 2 GHz、源漏电压为 6 V 的条件下最小噪声系数与源漏电流 I_{ds} 的关系。从截止开始，随着电流的增大，信号的增益也在增大，而噪声系数减小了，直至减小到最

小值为 $12\% I_{dss}$。电流继续增大，噪声系数继续增加。这是电子浓度增大，电子热运动加剧导致的。图 2-85(b)所示为在频率为 2 GHz、4 GHz 和 6 GHz 时最小噪声系数的变化情况。

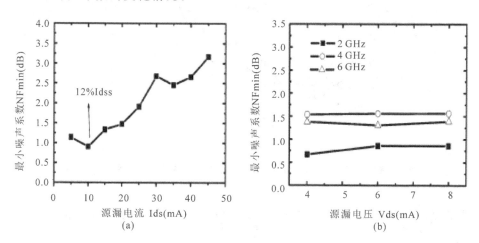

图 2-85　栅长 1 μm 的 CC-HEMT 器件的最小噪声系数与源漏电流、源漏电压的变化关系

　　当然 CC-HEMT 器件的最小噪声还与器件本身的物理参数有关，表 2-17 中列出了不同栅长、栅源间距和漏栅间距的尺寸结构。我们应用具有同样的外延层结构的 CC-HEMT 器件，采用表 2-17 中所列的不同结构进行了材料生长，并进行了流片测试，得到了不同尺寸 CC-HEMT 器件最小器声系数与频率的变化关系，如图 2-86 所示。在图 2-86 中，器件的栅长对器件噪声的影响是相对较大的。栅长为 1.5 μm 的 CC-HEMT 器件的噪声系数最大。栅源间距和栅漏间距影响了接触电阻，所以对噪声系数也有一定的影响，栅源、栅漏间距越小，器件的噪声也越小。

表 2-17　实际测试器件规格

器件编号	栅长/μm	栅源间距/μm	栅漏间距/μm
1-0.5-1-A	1	0.5	1
1-1-1-A	1	1	1
1-1-1.5-A	1	1	1.5
1-1-2-A	1	1	2
1.5-1-1-A	1.5	1	1

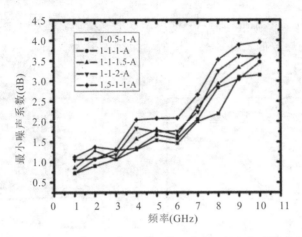

图 2-86　不同尺寸 CC-HEMT 器件最小噪声系数与频率的变化关系

2.2.2　$Al_xGa_{1-x}N/AlN/Al_yGa_{1-y}N/GaN$ HEMT 器件仿真研究

1. $Al_xGa_{1-x}N/AlN/Al_yGa_{1-y}N/GaN$ HEMT 器件的结构

近几年，由于 GaN HEMT 器件良好的微波特性和高功率密度等优点，相关人员对 GaN HEMT 器件的研究已经越来越深入。从以前单一地采用 AlGaN/GaN 接触形成异质结，到后来采用 InGaN/GaN、AlN/GaN 异质结结构等，制成的器件都各有特点。研究发现，用 AlN 作为势垒层形成的 AlN/GaN 异质结，产生的电子浓度更高，迁移率更大，而且在制作工艺上更容易。这主要是因为 AlN 的禁带宽度比 AlGaN 的更大，形成的导带差也就更大，极化效应更加强烈，使得二维电子气浓度比一般的 AlGaN/GaN 异质结更高。AlN 材料表面较为平整，和 GaN 的结合更为容易，产生的缺陷较少，使得沟道内的陷阱较少，以至于散射也随之减小，电子迁移率提高，电流密度大大提高，如图 2-87 所示。

目前更多的研究已经越来越多地倾向于不掺杂的 AlGaN 作为势垒层，因为不掺杂的 AlGaN 同样由于极化效应能够产生相同数量级的二维电子气浓度，所以掺杂与否对器件的总体性能并没有多大影响。另一个原因是，从实际的材料生长经验来看，由于掺杂的 AlGaN 会产生更多的杂质离子，一方面会进入沟道，使得沟道内散射增加，降低电子迁移率；另一方面掺杂浓度的增加，使得 AlGaN 的晶体质量下降，产生更多的缺陷，并且不容易生长，会使得器件的噪声增加。

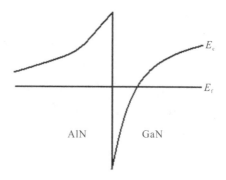

图 2-87　AlN/GaN 异质结结构的能带图

正因为如此，我们的研究紧跟国际发展前沿，对研究的器件进行新的探索。前面经过优化设计得到了栅长为 1 μm 的复合沟道 $Al_{0.31}Ga_{0.69}N/Al_{0.04}Ga_{0.96}N/$ GaN HEMT 器件。结合上面的分析，我们将势垒层改为不掺杂的 AlGaN，并在该层下插入隔离层 AlN，即得到非掺杂的 $Al_xGa_{1-x}N/AlN/Al_yGa_{1-y}N/GaN$ HEMT 器件，再按照前面介绍的方法对该结构层的物理参数进行优化设计。

图 2-88(a)所示是通过优化设计的器件结构剖面图，图中自上而下依次为器件外延层的帽层、势垒层、隔离层、复合沟道层、缓冲层和衬底。图 2-88(b)所示是器件外延层导带能级 E_c 与外延层位置 z 的关系曲线图，z 以外延层的帽层为起始点。在常规的 AlGaN/AlN/GaN HEMT 器件的基础上，在隔离层 AlN 和缓冲层 GaN 之间插入了一层 8 nm 复合沟道层 $Al_{0.04}Ga_{0.96}N$，

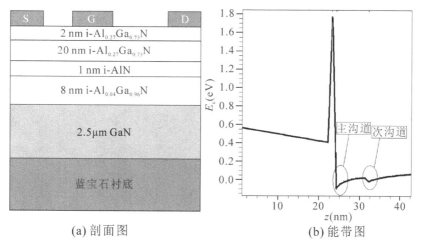

(a) 剖面图　　　　(b) 能带图

图 2-88　$Al_{0.27}Ga_{0.73}N/AlN/Al_{0.04}Ga_{0.96}N/GaN$ HEMT 器件

在能级图上表现出两个沟道(主沟道和次沟道),次沟道的存在降低了主沟道中 $AlN/Al_{0.04}Ga_{0.96}N$ 界面的横向电场和散射,使得栅极电压从小到大变化时(也即漏极电流从小到大变化时)跨导的变化很小,提高了器件的线性度。

2. $Al_xGa_{1-x}N/AlN/Al_yGa_{1-y}N/GaN$ HEMTs 理论计算

下面通过理论计算对上述结构做定量分析。首先采用网格法和差分法求解一维泊松方程式(2-72)和式(2-73):

$$\frac{\partial^2 V}{\partial z^2} = \frac{\Delta E}{dz} = \frac{qN_e}{\varepsilon_0 \varepsilon_1} \tag{2-72}$$

$$\frac{E(z+1)-E(z)}{dz} = \frac{N_e(z)}{\varepsilon_0 \varepsilon_1} q \tag{2-73}$$

即在坐标上分许多分立的网格点,在每一点上计算电子浓度,得到电势能与横向电场。其中 z 为垂直于沟道方向的坐标,V 为电势,E 为横向电场,q 为电子电量,ε_0 为真空介电常数 8.85×10^{-14} (F·cm^{-1}),ε_1 为介质中的相对介电常数,$N_e(z)$ 为 z 处的电子浓度。

其次,求解电子浓度 N_e 的计算公式为

$$N_e(z) = -N_cF\left[\frac{E_f - V(z)}{kT}\right] + \frac{N_d}{1+2e^{\frac{E_f-E_d-V(z)}{kT}}} \tag{2-74}$$

其中只考虑电子,N_c 为导带状态密度,E_g 为禁带宽度,T 为温度,N_d 为掺杂浓度,E_d 为掺杂能级,$F(x)$ 为费米狄拉克函数,E_f 为费米能级。采用电中性理论求解,而在材料中缓冲层接近衬底附近的费米能级即为中性时的能级,所以设最后费米能级统一到 GaN 的费米能级处,则只需求出 GaN 的费米能级,其计算公式为

$$N_v e^{\frac{-E_{gGaN}-E_f}{kT}} + \frac{N_d}{1+2e^{\frac{E_f-E_d}{kT}}} = N_c e^{\frac{E_f}{kT}} \tag{2-75}$$

特别在 $AlN/Al_yGa_{1-y}N$ 和 $Al_yGa_{1-y}N/GaN$ 界面上,解泊松方程时考虑极化效应式(2-76)和式(2-77):

$$\begin{cases} E_{Al_yGa_{1-y}N}(z) = E_{AlN}(z) + \dfrac{qN_p}{\varepsilon_0 \varepsilon_1} \\[2mm] E_{GaN}(z) = E_{Al_yGa_{1-y}N}(z) + \dfrac{qN_p}{\varepsilon_0 \varepsilon_1} \end{cases} \tag{2-76}$$

$$\begin{cases} V_{Al_yGa_{1-y}N}(z) = V_{AlN}(z) + \Delta E_c \\[2mm] V_{GaN}(z) = V_{Al_yGa_{1-y}N}(z) + \Delta E_c \end{cases} \tag{2-77}$$

式中：N_p 为极化电荷浓度，$E(z)$ 为 z 处的电场值，$V(z)$ 为 z 处的电势能，ΔE_c 为导带差。而极化电荷量为

$$N_p = 0.7 \times \frac{[(P_{sp}(k+1) + P_{pe}(k+1)] - [P_{sp}(k) + P_{pe}(k)] \times 10^{-4}}{1.6 \times 10^{-19}}$$

$$(2-78)$$

式中：P_{sp} 为自发极化，P_{pe} 为压电极化，k 为层数。

　　具体的计算方法与 $Al_xGa_{1-x}N/Al_yGa_{1-y}N/GaN$ HEMT 的基本相同。开始时，栅极处初始值设为 $z=0$，电场 $E(z=0)=0$，表面电荷量 $N_e(0)=0$，栅极电压 $V_{gate}=V(0)=1$ V，电子浓度最小值 $N_{e\,min}=-1e^{-16}$，电子浓度最大值 $N_{e\,max}=1e^{16}$。由差分法计算公式即式(2-72)～式(2-76)得到每个网格点 z 处的电子浓度 N_e、横向场 $E(z)$、导带底能级 $V(z)$、面电子密度 N_s。在计算到层与层之间时，采用边界处理。当计算到 $z=t$ 即到衬底与栅极最远端时，判断 $V(z=t)$ 是否等于 0。实际计算中选取 $V(z=t)<10^{-6}$ 代替 $V(z=t)=0$。若 $|V(z=t)|>10^{-6}$，则改变 $N_e(z=0)$ 的值，重复上述计算；若 $|V(z=t)|<10^{-6}$，则改变 $V(0)$，重复上述计算，直到 $V(0)=16$ eV 为止。同理结合上述流程，对式(2-72)～式(2-78)用 C++编程求解，即可求出器件在 z 方向上每个网格上的参数：横向电场 E、导带底能级 V、电子浓度 N_e 以及面电子密度 N_s。

3. $Al_xGa_{1-x}N/Al_yGa_{1-y}N/GaN$ HEMTs 理论分析

　　图 2-89 所示为主次沟道电子浓度随势垒层和复合沟道层 Al 组分的变化

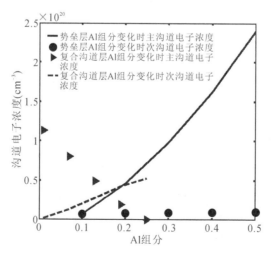

图 2-89　主次沟道电子浓度随势垒层和复合沟道层 Al 组分变化情况

曲线。随着势垒层中 Al 组分的增加，主沟道内电子浓度呈单边上升趋势。增加 Al 组分增大了禁带宽度，使得势垒增高，同时也使自发极化和压电极化增强，增大了导带边的不连续性，使极化电荷密度增大。次沟道电子浓度增加的幅度较小。

随着复合沟道层 Al 组分的增加，主沟道内的电子浓度下降，因为 Al 组分的增加使得复合沟道层与隔离层导带差和极化效应减小，极化电荷浓度减小；而复合沟道与缓冲层导带差增大，所以次沟道的电子浓度反而增加。这里还无法最终确定最佳 Al 组分值，通过 TCAD 软件对器件的直流和交流特性的仿真如图 2 - 90 所示，当势垒层 Al 组分为 0.27 时，跨导值相对较大；随着复合沟道层 Al 组分减小，跨导在栅压为 −1 V 到 1 V 时逐渐增大，在栅压为 −3 V 到 0 V 之间时平坦度改善，但复合沟道层 Al 组分的减小也会使得沟道内电子浓度降低，屏蔽作用减弱，所以复合沟道层 Al 组分折中取值，选为 0.04。

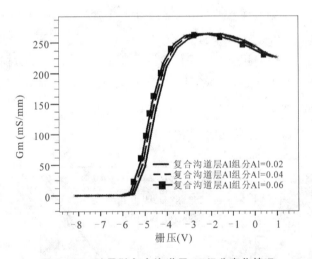

图 2 - 90　跨导随复合沟道层 Al 组分变化情况

图 2 - 91 所示为器件跨导随复合沟道层厚度的变化曲线，从图中可以看出跨导最大值基本相同。随着厚度增加，跨导在栅压为 −1 V 到 1 V 时逐渐增大，在栅压为 −3 V 到 0 V 之间时平坦度改善。因此，选择复合沟道厚度为 8 nm 时保证了主沟道有足够的电子浓度，同时又使次沟道保持在一定的浓度，可以对主沟道形成屏蔽作用，保证良好的线性度。

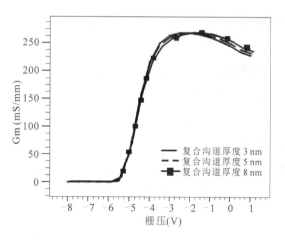

图 2 - 91　跨导随复合沟道层厚度变化情况

　　采用 AlN 作为隔离层，由于其与 AlGaN 接触后所产生的合金散射很弱，增大了沟道内的电子迁移率，器件电流增大，一般取 1 nm 的 AlN 作为隔离层即可。

　　结合理论计算和 TCAD 软件仿真，可确定器件外延层结构的最佳参数：势垒层的厚度为 20 nm，Al 组分为 0.27；复合沟道层的厚度为 8 nm，Al 组分为 0.04，其他参数如图 2 - 88(a) 所示（非掺杂的 $Al_{0.27}Ga_{0.73}N/AlN/Al_{0.04}Ga_{0.96}N/GaN$ HEMT 器件）。用 TCAD 软件对该器件进行仿真，设计器件的栅长为 1 μm，栅宽 100 μm，栅源和栅漏间距均为 1 μm。仿真得到器件的截止频率为 16 GHz，最大振荡频率为 48 GHz，较优化前都有所提高。图 2 - 92 是仿真的器件输出特性曲线，器件在栅压为 1 V 时，最大电流密度为 1400 mA/mm；图

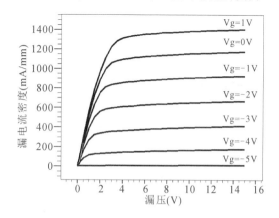

图 2 - 92　器件 $I_d - V_d$ 曲线

2-93 是仿真的器件漏电流和跨导随栅压的变化曲线，由图可知，器件的阈值电压为 -5 V，最大跨导约为 260 mS/mm，器件在栅压为 $-3\sim0$ V 之间的曲线幅度变化很小，表明器件具有较好的线性度。

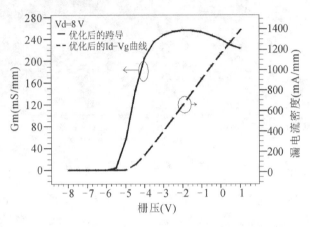

图 2-93　I_d-V_g 和 G_m 曲线

2.2.3　栅长 0.3 μm 的 $Al_{0.27}Ga_{0.73}N/AlN/Al_{0.04}Ga_{0.96}N/GaN$ HEMT 器件

1. 小尺寸效应

为了获得更高的工作频率和集成度，有源器件的栅长需要进一步缩小，GaN HEMT 器件也一样。但是尺寸的变小会导致更多的寄生效应产生，并使得器件的整体性能大大改变，这些效应统称为小尺寸效应。GaN HEMT 器件的栅长目前国内最小可以到 0.25 μm。

将 $Al_{0.27}Ga_{0.73}N/AlN/Al_{0.04}Ga_{0.96}N/GaN$ HEMT 器件从栅长 1 μm 改到 0.3 μm 结构，所引起的寄生效应对器件特性的变化有重要的影响。例如，随着栅长的缩小，沟道长度随之缩小，那么在长沟道器件下忽略的量子效应会随之明显起来。在对栅长 0.3 μm 的 $Al_{0.27}Ga_{0.73}N/AlN/Al_{0.04}Ga_{0.96}N/GaN$ HEMT 器件生长制造之前，我们需要对器件进行 TCAD 软件仿真，考虑到小尺寸效应后，确定最优化的结构参数。

2. 栅长 0.3 μm 的 $Al_{0.27}Ga_{0.73}N/AlN/Al_{0.04}Ga_{0.96}N/GaN$ HEMT 器件结构

通过理论计算和分析，我们得出了 $Al_xGa_{1-x}N/AlN/Al_yGa_{1-y}N/GaN$ HEMT 最优化的外延层结构为 $Al_{0.27}Ga_{0.73}N/AlN/Al_{0.04}Ga_{0.96}N/GaN$ HEMT。同理于

$1~\mu m$ 栅长的 $Al_xGa_{1-x}N/~Al_yGa_{1-y}N/GaN$ HEMT 的验证方法，我们将先对器件进行 TCAD 软件仿真，再实际制成栅长为 $0.3~\mu m$ 非掺杂的 $Al_xGa_{1-x}N/$ $AlN/Al_yGa_{1-y}N/GaN$ HEMT 器件，并对其进行测试验证，最后比较实际测试结果与仿真结果。设计的外延层结构如图 2-94 所示。

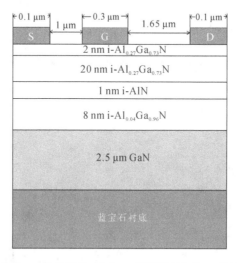

图 2-94　栅长 0.3 μm 的非掺杂 $Al_xGa_{1-x}N/AlN/Al_yGa_{1-y}N/GaN$ HEMT 结构

由于我们以非掺杂的 $Al_xGa_{1-x}N/AlN/Al_yGa_{1-y}N/GaN$ HEMT 为基础，那么可以不考虑势垒层掺杂浓度的影响，只需考虑调整复合沟道层的厚度与 Al 组分参数。图 2-95 给出了改变复合沟道层 Al 组分后非掺杂器件的跨导曲

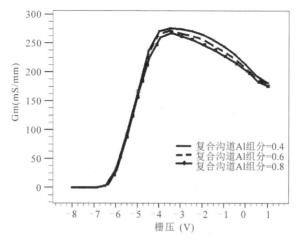

图 2-95　不同复合沟道 Al 组分的非掺杂复合沟道 CC-HEMT 结构跨导

线。从图中可知，随着 Al 组分从 0.4 到 0.8 的增加，跨导的线性度变差，并且跨导略微减小。而对于复合沟道层的厚度选取了从 8 nm 到 16 nm 的范围仿真，结果发现跨导和最大电流值都有减小，在 8 nm 处为最大。综合前面的理论分析和 TCAD 软件仿真结果，最终我们确定了栅长 0.3 μm 的非掺杂 CC - HEMT 器件的结构参数。

2.3 新型常关型 AlGaN/GaN HEMT 器件的设计与建模

近年来，AlGaN/GaN HEMT 器件在微波功率放大器以及高温数字电路领域有着很大的竞争力，它具有功率转换效率高、高开关频率和高温操作等能力，主要原因是 GaN 材料具有高能带隙和高饱和电子迁移率，这些特性使它非常适合应用于大功率设备。AlGaN/GaN 异质结构是 HEMT 器件最常见的结构，它的一个最显著的特征是异质结界面有 2DEG（这是因为自发极化和压电极化的作用使异质结处的界面聚集了很多电荷，这些电荷束缚在一个二维的表面上，即为 2DEG[48]）。

虽然 AlGaN / GaN HEMT 器件已经取得了诸多突破性进展，但它仍然存在一些问题，其中之一就是缺少常关型器件。在电源开关应用方面，增强型（或者说常关型）晶体管被广泛应用于故障安全操作、硅兼容栅极驱动电路和高压开关领域。然而，对 AlGaN/GaN HEMT 来说得到常关型器件是有些困难的，因为极化效应而自然存在二维电子气，所以天然情况下器件是常开型的。

目前国内外实现常关型器件的方法主要有利用功函数工程、AlGaN/GaN 非极化面生长、降低栅极到沟道的距离、降低 AlGaN/GaN 异质结导带差 ΔE_c、生长 InGaN 盖帽层或者生长 p - GaN 盖帽层和 F 基等离子处理等。虽然有些方法已经有了良好的成果，然而每种方法都还有一些缺陷：一方面阈值电压的增大会引起器件饱和电流的减小，另一方面槽栅刻蚀等技术会对异质结造成损伤，工艺的重复性也不高，而且有些方法的成本过于昂贵，不便于广泛应用。所以如何实现常关型 HEMT 器件仍是目前的研究热点。

本设计的 AlGaN/GaN 常关型器件在槽栅刻蚀的基础上进行改进，将势垒层分成薄厚两部分。第一部分和 GaN 接触，此部分的势垒层厚度要足够薄，使其不足以生成 2DEG，第二部分的势垒层中间一段 AlGaN 换成 Si_3N_4 介质，Si_3N_4

和 GaN 界面并不会极化生成二维电子气。而两层 AlGaN 相加而成的势垒层厚度可以生成 2DEG，进而在无栅压的条件下，导电沟道不能形成，异质结处生成的二维电子气不连续，从而实现器件的常关。这样相当于改进了势垒层，对槽栅结构的优化点在于避免了刻蚀对器件性能造成的损伤，降低了制作成本。AlGaN/GaN HEMT 器件结构如图 2-96 所示。

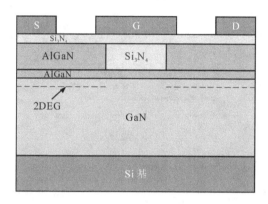

图 2-96　AlGaN/GaN HEMT 器件结构

2.3.1　不同结构参数对器件特性的影响

因为器件的制作工艺条件会限制器件的制作，实际上制备的器件的结构参数往往会和所设计的有所出入。所以需要注意一些会对器件性能尤其是沟道载流子浓度产生影响的因素。以下对几种比较主要的影响因素进行简单的讨论。

1. 势垒层 Al 组分的影响

势垒层的 Al 组分会影响自发极化，而 2DEG 又和极化效应密切相关，二维电子气浓度和 Al 组分 x 近似为线性关系，Al 组分 x 越大，2DEG 浓度也随之变大。2DEG 浓度太大又不易于器件实现常关型，所以需要进行仿真分析。而本设计的 AlGaN/GaN HEMT 器件又有两层 AlGaN 层，第一层较薄，第二层较厚，两部分 AlGaN 层的 Al 组分都会对器件特性产生影响，所以需要分开讨论。

首先分析第一层 AlGaN 层，也就是薄层。分别取 Al 组分为 0.07、0.05、0.03，器件的其他结构保持不变，初步设置厚层 AlGaN 的厚度为 23 nm，Al 组分为 0.15，薄层 AlGaN 的厚度为 2 nm，栅长为 3 μm，介质材料为 Si_3N_4，长度为 2 μm。图 2-97 和图 2-98 所示为改变薄势垒层 Al 组分的仿真结果。

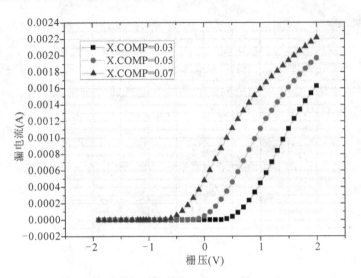

图 2 - 97 V_{ds} ＝ 10 V 时薄势垒层不同 Al 组分下的 I_d - V_g 曲线

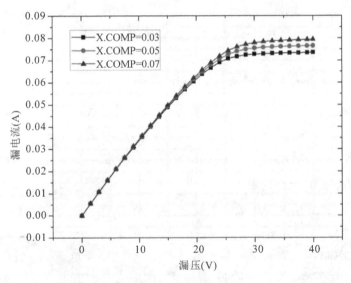

图 2 - 98 V_{gs} ＝ 15 V 时薄势垒层不同 Al 组分下的 I_d - V_d 曲线

从图 2 - 97 中可以很显然地看出，阈值电压随薄层 AlGaN 的 Al 组分变化得比较明显，随着 Al 组分的减少，阈值电压变大。从图 2 - 98 中能够推出，薄势垒层 Al 组分的减少也会引起饱和漏电流的减小。这和理论结果是一致的，因为 Al 组分减小会减小极化效应，从而降低沟道二维电子气浓度，实现阈值电压的正向偏移，但正是由于 2DEG 浓度减小，饱和漏电流也随着减小。综上，我们把薄 AlGaN 势垒层的 Al 组分 x 定为 0.05。

　　接下来分析厚 AlGaN 层 Al 组分对器件特性的影响。依旧保持器件的其他
结构不变，薄层 AlGaN 的 Al 组分取为之前所得的 0.03，厚层 AlGaN 的 Al 组
分分别取为 0.3、0.02、0.15、0.1，仿真结果如图 2-99 和图 2-100 所示。

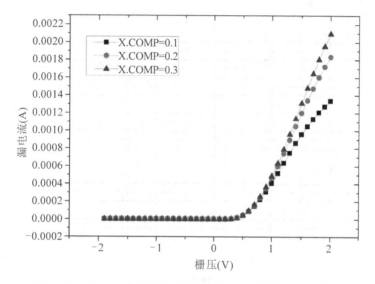

图 2-99　$V_{ds}=10$ V 时厚势垒层不同 Al 组分下的 $I_d - V_g$ 曲线

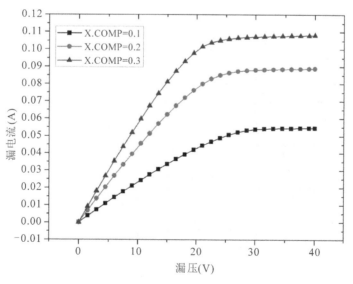

图 2-100　$V_{gs}=15$ V 时厚势垒层不同 Al 组分下的 $I_d - V_d$ 曲线

我们从图 2 - 99 中可以看出，阈值电压的值和厚层 AlGaN 的 Al 组分关系不大，但从图 2 - 100 中可以看出，饱和漏电流的值受厚 AlGaN 势垒层的 Al 组分的影响较大，而 Al 组分的减小也会引起饱和漏电流的值明显减小。综上，我们把厚 AlGaN 势垒层的 Al 组分 x 定为 0.3。

2. 势垒层厚度的影响

势垒层的厚度会影响阈值电压，降低势垒层厚度也就是降低栅极到沟道的距离，可提高阈值电压。所以势垒层的厚度也需要仿真确定，通过比较得出其合适的值。同样，本设计的 AlGaN/GaN HEMT 器件的势垒层有厚薄两层，所以也需要分开讨论。

首先分析薄 AlGaN 势垒层厚度对器件性能的影响。器件的其他结构不变，势垒层的 Al 组分经上述讨论后，厚层定为 0.3，薄层定为 0.05，其他条件不变，薄势垒层的厚度分别设为 1 nm、2 nm、3 nm，仿真结果如图 2 - 101 和图 2 - 102 所示。

从图 2 - 101 中可以看出，薄势垒层的厚度对器件的阈值电压影响不大，转移特性曲线几乎重叠；从图 2 - 102 中可以看出，势垒层厚度越小，饱和漏电流的值越大，但该影响在薄势垒层厚度降为 1 nm 时比较明显。总体来说，薄势垒层的厚度对器件的特性影响不是很大，原因可能在于薄势垒层的厚度本来就不大，也不是直接接触栅极。综上，我们把薄 AlGaN 势垒层的厚度定为 1 nm。

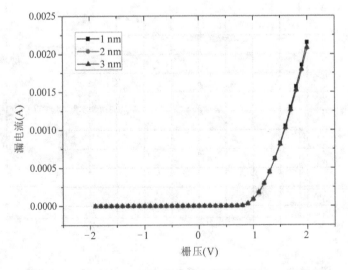

图 2 - 101　$V_{ds} = 10$ V 时不同薄势垒层厚度下的 $I_d - V_g$ 曲线

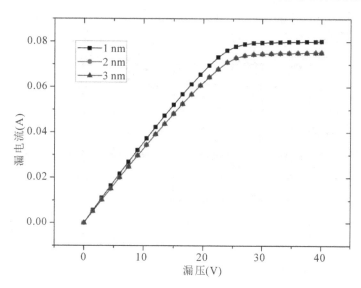

图 2 - 102　$V_{gs}=15$ V 时不同薄势垒层厚度下的 I_d - V_d 曲线

接下来分析厚 AlGaN 势垒层厚度对器件特性的影响。依旧保持器件的其他结构不变，薄 AlGaN 势垒层的厚度取为 1 nm，厚 AlGaN 势垒层的厚度分别取为 30 nm、25 nm、23 nm、20 nm、15 nm，仿真结果如图 2 - 103 和图 2 - 104 所示。

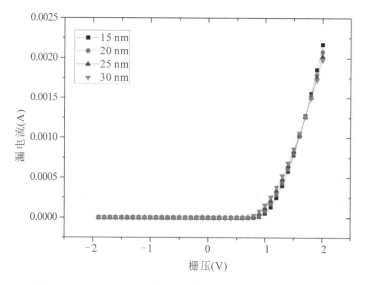

图 2 - 103　$V_{ds}=10$ V 时不同厚势垒层厚度下的 I_d - V_g 曲线

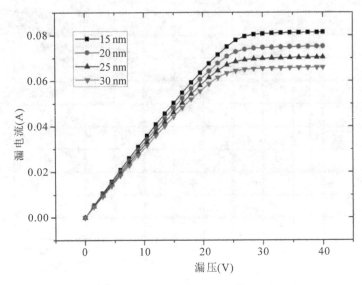

图 2 - 104 V_{gs} = 15 V 时不同厚势垒层厚度下的 I_d - V_d 曲线

从图 2 - 103 来看，随着厚势垒层厚度的减小，器件的阈值电压有所增大，但幅度不是很大；从图 2 - 104 来看，随着厚势垒层厚度的减小，饱和漏电流的值逐渐变大，而且有别于薄势垒层，饱和漏电流的涨幅还是挺明显的。综上，我们把厚 AlGaN 势垒层的厚度定为 15 nm。

3. 介质层长度的影响

本设计的 AlGaN/GaN HEMT 器件是在薄 AlGaN 势垒层上生长一层 Si_3N_4 介质层，使得加介质的这部分不能产生导电沟道，2DEG 不连续。所以需要考虑介质的长度会不会对器件的特性造成影响。控制器件的其他结构不变，厚 AlGaN 势垒层的厚度取为 15 nm，Al 组分取为 0.3，薄 AlGaN 势垒层的厚度取为 1 nm，Al 组分取为 0.15。介质长度分别设为 1.0 μm、1.6 μm、2 μm、2.4 μm 和 2.8 μm。仿真结果如图 2 - 105 和图 2 - 106 所示。

从图 2 - 105 可以看出，器件的阈值电压受介质长度的影响不大，随着介质长度增加，阈值电压稍往正偏。从图 2 - 106 中能够推出，介质长度的减小也会引起饱和漏电流的值变大。所以综合考虑，我们把介质层的长度定为 1.6 nm。

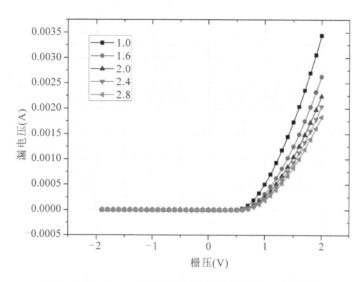

图 2-105　V_{ds}＝10 V 时不同介质长度下的 I_d-V_g 曲线

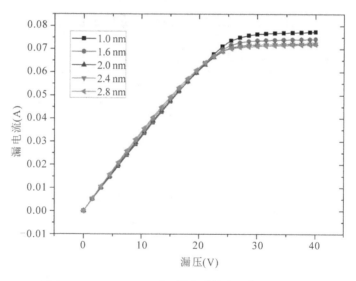

图 2-106　V_{gs}＝15 V 时不同介质长度下的 I_d-V_d 曲线

4. 栅下钝化层的影响

在进行仿真时我们发现，在 I_d-V_g 曲线中，当栅压大于 1.5 V 后，随着栅压的增加，漏电流会下降，这是肖特基导通造成的，所以需要在栅下加一层钝化层，钝化层采用的介质也是 Si_3N_4。控制器件的其他结构不变，钝化层的厚

度取为 20 nm、10 nm、5 nm 和 2 nm，对不同厚度钝化层的器件进行仿真，结果如图 2-107 和图 2-108 所示。

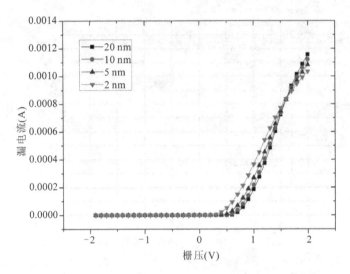

图 2-107 $V_{ds} = 10$ V 时不同钝化层厚度下的 I_d-V_g 曲线

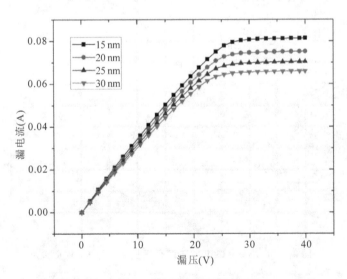

图 2-108 $V_{gs} = 15$ V 时不同钝化层厚度下的 I_d-V_d 曲线

从图 2-107、图 2-108 中可以看出，加了钝化层后，阈值电压会负漂，而且厚度越小，负漂越明显，而饱和漏电流会随着钝化层厚度的增大而减小。所以本设计把钝化层的厚度选为 5 nm。

5. 肖特基势垒高度的影响

从阈值电压的表达式可以看出，肖特基势垒高度的值直接影响着阈值电压。增大肖特基势垒高度可以有效提高阈值电压。取肖特基势垒功函数的值分别为 4.5、5.0 和 5.5，器件结构保持不变，仿真结果如图 2－109 和图 2－110 所示。

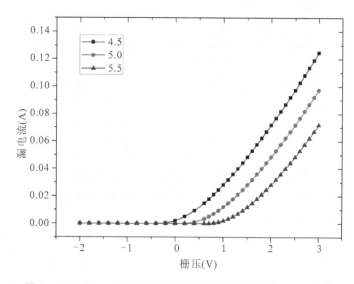

图 2－109　$V_{ds}=10$ V 时不同肖特基势垒高度下的 I_d-V_g 曲线

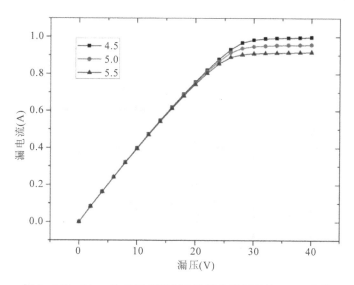

图 2－110　$V_{gs}=15$ V 时不同肖特基势垒高度下的 I_d-V_d 曲线

从图 2-109 中可推出，提高肖特基势垒高度能有效提高器件的阈值电压，而提高肖特基势垒高度的方法有很多，其一是让金属和不含表面态的绝缘层接触，另外降低 AlGaN 表面态密度也是一种较常规的方法。从图 2-110 中可以看出，增加肖特基势垒高度会降低饱和漏电流，因为增加肖特基势垒高度的同时降低了沟道内的载流子浓度。

2.3.2 新型常关型 AlGaN/GaN HEMT 器件特性的仿真

1. 直流特性和频率特性

通过以上势垒层的 Al 组分、势垒层厚度、介质长度、栅下钝化层的厚度和肖特基势垒高度等对器件特性的影响分析，我们知道要取得较大的正向阈值电压并且不过分降低控制饱和漏电流的值，需要综合考虑以上五种因素的影响。对仿真数据进行分析后，基本可以确定器件的大致结构参数。本设计对槽栅结构改进后的新型常关型器件的势垒层分成厚薄两层，厚势垒层厚度为 15 nm，Al 组分为 0.3，薄势垒层厚度为 1 nm，Al 组分为 0.05，中间介质长度为 1.6 μm，栅长(L_g)为 3 μm，栅宽(W_g)为 100 μm，栅极和源极之间的距离(L_{gs})为 2.5 nm，栅极和漏极之间的距离(L_{gd})为 3~5 nm，栅下钝化层的厚度为 5 nm。利用 Silvaco TCAD 软件仿真其转移及输出特性，结果如图 2-111 和图 2-112 所示。

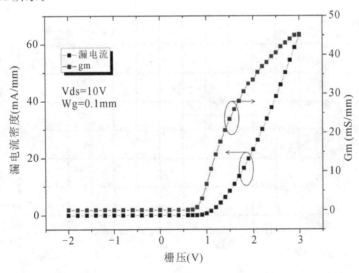

图 2-111 器件在源电压为 10 V 时的 I_d-V_g 曲线

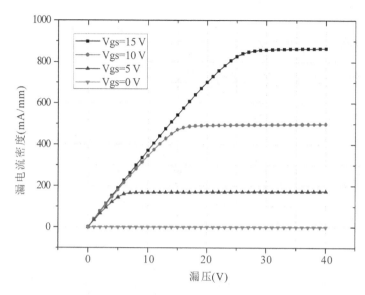

图 2-112　器件在 V_{gs} 为 0 V、5 V、10 V 和 15 V 时的 I_d-V_d 曲线

由图 2-111 可以看出，本设计的新型常关型器件的阈值电压大约为 1 V，当漏源电压为 10 V 时，器件的峰值跨导为 45 mS/mm（W_g=0.1 mm）；由图 2-112 可以看出，器件在栅源电压为 5 V、10 V 和 15 V 时的饱和漏电流分别为 180 mA/mm、500 mA/mm 和 900 mA/mm。

2. 和普通常开型器件的对比

新型常关型器件和普通常开型器件转移特性曲线的对比如图 2-113 所示。图中 gan 1 指的是普通常开型器件，其器件结构的其他参数和我们设计的新型常关型器件类似，AlGaN 势垒层的厚度也是 16 nm，Al 组分为 0.3，栅长（L_g）为 3 μm，栅宽（W_g）为 100 μm，栅极和源极之间的距离（L_{gs}）为 2.5 nm，栅极和漏极之间的距离（L_{gd}）为 3～5 nm，栅下钝化层的厚度为 2 nm。gan 2 指的是新型常关型 AlGaN/GaN HEMT 器件。gan 1 和 gan 2 的区别就在于势垒层没有中间的介质层，所以二维电子气是连续的。从图中可以看出，gan 2 的阈值电压约为 −0.6 V，gan 1 的阈值电压约为 1 V，实现了阈值电压 1.6 V 的正向偏移。但从图中也能明显看出，新型常关型器件的饱和漏电流和普通常开型器件相比有明显下降。

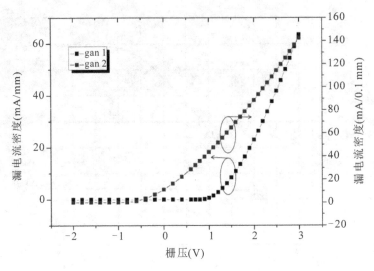

图 2-113　新型常关型器件和普通常开型器件转移曲线的对比

3. 和槽栅刻蚀结构常关型器件的对比

根据现有研究可知，用槽栅刻蚀的方法得到的常关型器件的阈值电压和刻蚀深度有关。如图 2-114 所示，势垒层槽栅刻蚀的深度在 0 nm、5 nm、10 nm

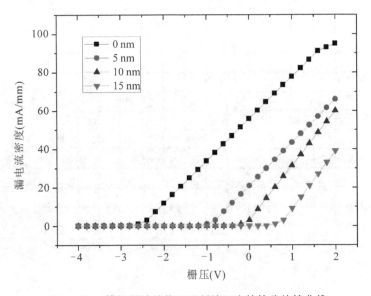

图 2-114　槽栅刻蚀结构不同刻蚀深度的转移特性曲线

和 15 nm 时的阈值电压分别为 -2.2 V、-0.96 V、0.06 V 和 0.75 V。在本设计的新型常关型器件中，介质层的厚度也为 15 nm，阈值电压为 1 V 左右，转移曲线对比如图 2-115 所示，gan 1 为新型常关型器件，gan 3 为槽栅刻蚀深度为 15 nm 的槽栅刻蚀结构常关型器件。从图中可以看出，本设计的新型常关型器件和相同深度槽栅刻蚀结构常关型器件所得的结果相近，但是本设计的常关型器件结构免去了槽栅刻蚀这个工艺步骤，改进了势垒层，避免了刻蚀对器件性能造成的损伤，降低了制作成本。

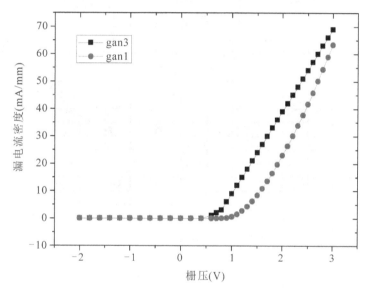

图 2-115　槽栅刻蚀结构和新型常关型结构转移曲线的对比

2.3.3　多介质常关型 AlGaN/GaN HEMT 器件的设计与仿真

2.3.2 节我们已经在槽栅刻蚀常关型器件的基础上设计了一款新型常关型 AlGaN/GaN HEMT 器件，其势垒层只有中间一部分的介质。本节将对新型常关型 AlGaN/GaN HEMT 器件做一些扩展，把一介质拓展为二介质、三介质，并进行仿真分析。

1. 多介质常关型 AlGaN/GaN HEMT 器件的设计

1）二介质常关型 AlGaN/GaN HEMT 器件的设计

我们先把器件的介质扩展成两份，器件的其他结构和 2.3.2 节中所介绍的相同。势垒层分成厚薄两层，器件的厚势垒层厚度为 15 nm，Al 组分为 0.3，薄

势垒层厚度为 1 nm，Al 组分为 0.05，栅长（L_g）为 3 μm，栅宽（W_g）为 100 μm，栅极和源极之间的距离（L_{gs}）为 2.5 nm，栅极和漏极之间的距离（L_{gd}）为 3.5 nm，栅下钝化层厚度为 5 nm，中间介质则分为两部分，每部分的介质长度可取适量值。器件结构如图 2-116 所示。

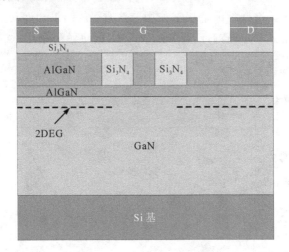

图 2-116　二介质常关型 AlGaN/GaN HEMT 器件的结构 1

还有一种结构如图 2-117 所示，该结构与图 2-116 的区别在于介质边缘是和栅极边缘对齐的。器件的其他结构和图 2-116 相同。

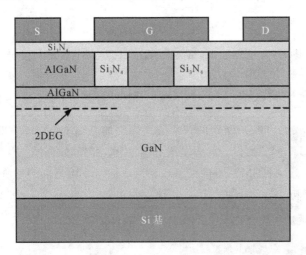

图 2-117　二介质常关型 AlGaN/GaN HEMT 器件的结构 2

2）三介质常关型 AlGaN/GaN HEMT 器件的设计

三介质常关型 AlGaN/GaN HEMT 器件和二介质类似，就是把介质分成三部分，器件的其他结构和二介质器件相同。势垒层分成厚薄两层，器件的厚势垒层厚度为 15 nm，Al 组分为 0.3，薄势垒层厚度为 1 nm，Al 组分为 0.05，栅长（L_g）为 3 μm，栅宽（W_g）为 100 μm，栅极和源极之间的距离（L_{gs}）为 2.5 nm，栅极和漏极之间的距离（L_{gd}）为 3.5 nm，栅下钝化层的厚度为 5 nm。中间介质则分为三部分，器件每部分也可分别取不同的值。器件结构如图 2 - 118 所示。

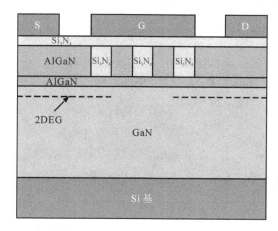

图 2 - 118　三介质常关型 AlGaN/GaN HEMT 器件的结构

2. 多介质常关型 AlGaN/GaN HEMT 器件特性的仿真

1）二介质常关型 AlGaN/GaN HEMT 器件特性的仿真

我们设计了三种二介质常关型 AlGaN/GaN HEMT 器件，第一种为 gan02_0.75，即每部分介质的长度分别为 0.75 μm，器件结构如图 2 - 116 所示；第二种为 gan02_1.5_1，即每部分介质的长度为 1.5 μm，器件结构如图 2 - 117 所示；第三种为 gan02_1.5_2，每部分介质的长度仍为 1.5 μm，但是与第二种的区别在于介质边缘和栅极边缘对齐，器件结构如图 2 - 118 所示。这三种器件的转移特性曲线如图 2 - 119 所示。

从图 2 - 119 中可以看出，每部分介质长度为 1.5 μm 的两个二介质常关型器件的转移特性曲线几乎重叠，而每部分介质长度为 0.75 μm 器件的阈值电压的值和其他两个相比要稍小一点，漏电流也要稍大，这和前述介质长度对器件特性的影响的结果是一致的。

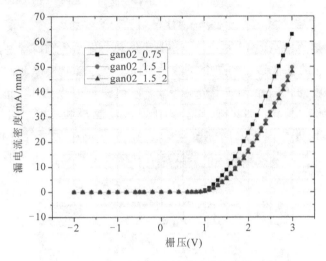

图 2 - 119　二介质器件的转移特性曲线对比

二介质常关型 AlGaN/GaN HEMT 器件在栅压为 10 V 时的输出特性曲线如图 2 - 120 所示。从图中可以看出，输出特性曲线相近，gan02_0.75 的饱和漏电流稍大于 gan02_1.5_1 和 gan02_1.5_2，但并不明显。从转移特性曲线和输出特性曲线也可以看出，介质边缘是否和栅极边缘对齐影响不大。

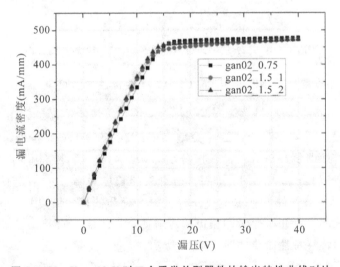

图 2 - 120　V_{gs} ＝ 10 V 时二介质常关型器件的输出特性曲线对比

2）三介质常关型 AlGaN/GaN HEMT 器件特性的仿真

我们设计了两种三介质常关型 AlGaN/GaN HEMT 器件，第一种为

gan03_0.5，即每部分介质的长度为 0.5 μm；第二种为 gan03_1.0，即每部分介质的长度为 1.0 μm，器件结构如图 2-118 所示。这两种器件的转移特性曲线如图 2-121 所示，输出特性曲线如图 2-122 所示。

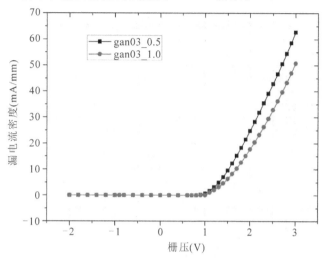

图 2-121　三介质常关型器件的转移特性曲线对比

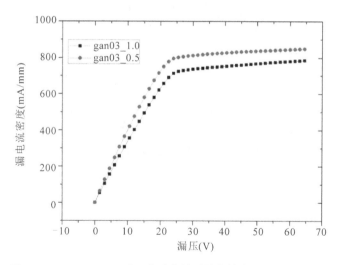

图 2-122　$V_{gs}=15$ V 时三介质常关型器件的输出特性曲线对比

　　从图 2-121 和图 2-122 中可以看出，三介质常关型器件的转移和输出特性和一介质以及二介质常关型器件类似，器件每部分的介质长度越大，阈值电压也会越大，但是饱和漏电流相应地就会小一些，然而其数值相差得并不明显。

3）不同常关型 AlGaN/GaN HEMT 器件特性的对比

接下来把一介质、二介质和三介质常关型器件放在一起做纵向对比，考虑到介质总长度会对器件性能造成影响，所以选取介质总长度为 1.5 μm 的三个器件，一介质器件选取 gan01_1.5，二介质器件选取 gan02_0.75，三介质器件选取 gan03_0.5。对比所得的转移和输出特性曲线如图 2-123 和图 2-124 所示。

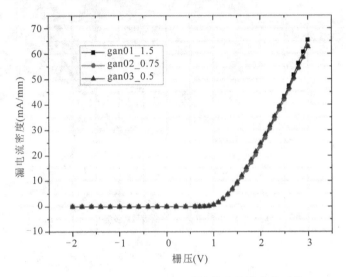

图 2-123　多介质常关型器件的转移特性曲线对比

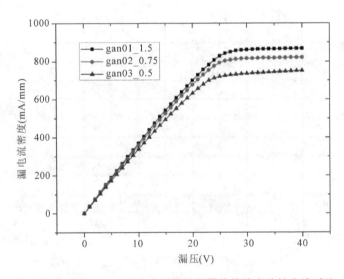

图 2-124　V_{gs} = 15 V 时多介质常关型器件的输出特性曲线对比

从图 2-123 中可以看出，三个器件的转移特性曲线几乎重合，说明器件的转移特性和势垒层中的介质个数无关，只和介质的总长度有关；从图 2-124 中可以看出，在器件的其他结构不变的情况下，器件的饱和漏电流随着器件势垒层中介质个数的增多而减小。综上所述，势垒层中介质的多少对器件的特性影响不是很大，然而介质个数越多，器件的制造就越麻烦，所以一般还是选取一介质常关型器件比较合理。

2.4 GaN HEMT 毫米波器件的设计与建模

2.4.1 神经网络理论

1. 神经网络的组成单元

一个典型的神经网络主要有两个基本组成单元[49]：一个是人工神经元，它是信息处理单元；另一个称作突触，两两神经元之间的连接就是通过突触完成的，而且每个突触都具有相应的权重参数。每个神经元通过和它相连接的突触从其他神经元接受一定的"刺激"，然后进行信息处理并传输给下一个相应的神经元。

根据神经元在神经网络中的不同位置和作用还可以将其分为三种：输入神经元(input neuron)、输出神经元(output neuron)和隐藏神经元(hidden neuron)。其中输入神经元用来接收来自网络外部的刺激；输出神经元用来把信息传输到网络外部；其他的位于网络内部，接收前一层神经元输出的刺激，对信息进行处理后，把信息传输到后一层神经元的神经元是隐藏神经元。使用不同类型的神经元，而且神经元之间采用不同的连接方式就可以构造出不同的神经网络结构。

图 2-125 所示是一个典型的人工神经元的结构模型，它由三种基本元素构成：突触、加法器与传输函数。每个突触均以其权值或者强度作为特征，是一个可调参数，在建模过程中一般待定；输入信号被神经元的相应突触加权后，由加法器计算出所得的和值；传输函数用来限制神经元的输出振幅，它把输出信号限定为允许范围内的某一值。一般来说，一个神经元输出的幅度范围为单位闭区间[0,1]或者[-1,1]；根据偏置 b 的正或负来相应地增加或降低

传输函数的网络输入，也可将偏置 b 作为在神经元模型上另外新加的一个突触，其输入为 $x_0 = 1$，突触权值 $w = b$。

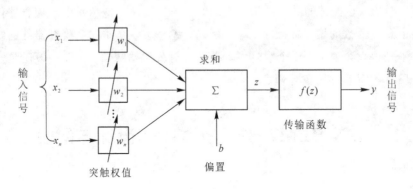

图 2-125　典型的人工神经元结构模型

如图 2-125 所示，若神经元从其他神经元接收到的输入信息分别为 x_1，x_2，$\cdots$，x_n，突触对应的权值参数分别为 w_1，w_2，$\cdots$，w_n，偏置用 b 表示，则输出 y 可表示为

$$y = f(wx + b) \tag{2-79}$$

由式(2-79)可知，人工神经元的本质是一个抽象的数学函数，用来描述输入和输出之间的关系。

对于一个给定的微波器件建模问题，如何确定神经网络隐藏神经元数目还没有一个精确的较好的解决办法。隐藏神经元数目依赖输入和输出之间的非线性程度和多维度数，相对高度非线性和高维度问题就需要比较多的隐藏神经元，反之利用较少的隐藏神经元即可。通常，隐藏神经元数目可以由经验或者尝试—错误(Trial-Error)来决定，只要有一个比较小的网络可以满足要求，那么就不要用更大的网络。

2. 神经网络射频微波器件建模的概念

假设 n 和 m 分别代表输入和输出神经元的个数，x 代表描述射频微波器件输入参数的 n 维矢量(比如 HEMT 器件的栅源电压 V_{gs} 和漏源电压 V_{ds})，y 代表器件响应的 m 维矢量(比如 HEMT 器件的漏源电流 I_{ds})，矢量 x 和矢量 y 之间可能是高度非线性和高维度的关系。这种非线性关系可以通过一个非线性函数来映射，关键在于如何选择映射函数以及用作参数提取的优化方法。神经网络可以实现这种矢量 x 和矢量 y 之间的映射算法，模型参数可以利用训练数据通过优化来提取。这种映射函数如果用神经网络模型来描述可

以表示为

$$y = f_{ANN}(x, w) \tag{2-80}$$

其中：w 为神经网络中的模型参数，也就是权重参数，x 和 y 分别是神经网络模型的输入和输出，f_{ANN} 表示神经网络。

神经网络 f_{ANN} 只有通过反复的训练才能够正确表达器件 x 与 y 之间的映射关系，训练所用的数据是由多个样本对 (x_i, d_i)，$i = 1, 2, \cdots, N$ 构成的，x_i 和 d_i 分别表示输入矢量 x 和输出矢量 y 的第 i 个样本，N 表示样本对的数目。这些训练样本对可以来源于研究对象的测量数据，也可以来源于研究对象的仿真数据。神经网络训练的目的就是通过不断调整权重参数 w，使神经网络的输出 y 能够和训练数据的输出 d 达到最好的匹配，这可以通过将 y 和 d 之间的均方误差（Mean Squared Error，MSE）$E_T(w)$ 最小化来实现。

神经网络的训练通常可以分为两类：逐个样本训练和批处理训练。顾名思义，逐个样本训练就是神经网络每输入一个样本权重就更新一次；批处理训练就是神经网络所有的样本都输入后，才进行一次权重更新。

经过训练后，神经网络模型可以对给定的输入值计算网络的响应，亦即预测其输出值。一般来说，在射频微波领域，输入和输出之间的非线性关系可以用某一连续函数来表示。这时，这种表征输入和输出之间非线性关系的问题即演变为函数逼近或回归问题。

3. 多层感知（Multilayer Perceptron，MLP）神经网络

神经网络中最常用的一类是多层感知神经网络，其结构如图 2-126 所示。多层感知神经网络通常被划分为多个层：第一层是输入层，最后一层是输出层，中间所有的层都被称为隐藏层。输入层没有传输函数，只是将外部激励延迟输送到隐藏层神经元，其余层都有传输函数。最常用的传输函数是 Sigmoid 函数：

$$\sigma(\gamma) = \frac{1}{1 + e^{-\gamma}} \tag{2-81}$$

这是一个非线性的连续单调函数，NeuroModelerPlus_V2.1E 仿真软件中默认使用的就是这个 S 形函数。当然，也可以根据实际需要而选择其他的传输函数，表 2-18 给出了几种常见的传输函数。这些函数都有一个共同点：它们都是平滑的单调开关函数，具有连续可微性。而对于输出层，其传输函数比较适合使用线性函数[51]。

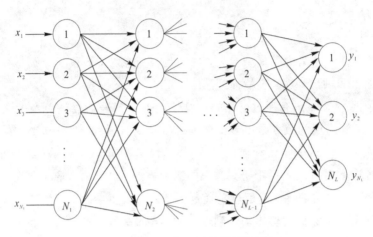

图 2 - 126　多层感知神经网络结构

　　一个两层的感知神经网络通常不能近似为非线性连续函数。根据通用逼近定理，一个三层感知神经网络（只包括一个隐含层）就可以逼近任意一个连续函数。

表 2 - 18　几种常见的传输函数

函数名称	阈值函数	线性函数	对数 Sigmoid 函数	正切 Sigmoid 函数
函数表达式	$f(x)=\begin{cases}1, & x\geqslant 0 \\ 0, & x<0\end{cases}$	$f(x)=kx$	$f(x)=\dfrac{1}{1+\mathrm{e}^{-x}}$	$f(x)=\tanh(x)$
函数形状				

2.4.2　神经网络的训练

1. 训练样本数据

　　在神经网络建模过程中，实验数据可以分为两种，一种是网络训练的样本数据（Training Data），一种是作为验证神经网络模型准确性的测试数据（Test Data）。实验数据可以由实际测量获得，也可以由计算机仿真软件获得。

　　建立神经网络要先确定输入变量 x 和输出变量 y。输入变量一般是器件或电路的参数，如物理参数、几何尺寸、工作频率和偏置电压等。输出变量要根据研究的目标确定。决定输出变量的因素主要有以下两点：第一，数据要容易生成；第二，要有利于神经网络模型与其他电路仿真器件的结合。输入、输出变量确定之后，就要考虑怎样选取样本数据，怎样确定样本数据的范围。如果样本数据的范围过小，则输入与输出的映射关系将不能得到全面的反映；相反，若样本数据的范围过大，则神经网络会训练过度。所以样本数据的选择一定要恰当。数据范围确定之后，要在全部实验数据中进行训练样本的数据选取。常用的选取方法有均匀间隔法、非均匀间隔法、随机选取法和实验设计（Design of Experiments，DOE[51]）选取法等。

2. 学习规则

神经网络的权重变量 w 的初始化是网络训练能否顺利进行优化的关键因素之一。通常在 MLP 网络中，权重 w 的初值可随机选取一些较小的数（在 $-0.5 \sim 0.5$ 范围内）。此外，随机选取初值的范围也可与平均每个神经元突触个数的平方根成反比。学习规则是神经网络训练的核心。在神经网络建模中，神经网络的训练是最重要的部分。学习规则的本质就是优化算法，训练中要一直对权重 w 的大小进行自适应地调整。

目前，在射频微波工程应用中，作为 MLP 网络训练的高效算法之一的 BP（Back Propagation）算法已经成为一种应用最为广泛的神经网络学习算法，据统计有将近 90% 的神经网络应用都是基于 BP 算法的。BP 网络的神经元之间采用的传递函数通常是 S 型可微函数，可以实现输入和输出之间任意非线性关系的映射，这使得 BP 算法在很多领域如函数逼近、模式识别、数据压缩等都有着广泛的应用。BP 算法的学习过程如图 2 - 127 所示。

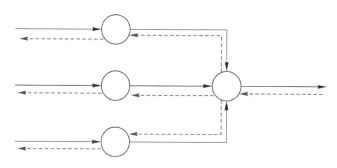

图 2 - 127　BP 算法的学习过程示意图

如图 2 - 217 所示，实线表示工作信号的正向传播，虚线表示误差信号的反向传播。工作信号正向传播就是输入信号从输入层经隐藏层传到输出层以

后，在输出端产生输出信号。在信号正向传递过程中，神经网络的权值 w 是固定不变的，每一层神经元的状态只影响它下一层神经元的状态。若输出层的输出不在期望范围内，误差信号则会反向传播。误差信号是指神经网络的实际输出和人为期望的输出之间的差值，误差信号从输出端开始逐层向输入端的传播就是误差信号的反向传播。在误差信号的反向传播中，不断调节神经网络的权值 w。权值 w 的不断修正可使网络的实际输出更加接近期望输出[52]，也就是神经元权重 w 的修正是从最后一层的权重开始的，利用误差反向递推，一直到第一层的权重为止。

3. 样本训练结果验证

神经网络训练结束以后，要有一套独立于训练样本数据之外的测试数据来验证神经网络的预测能力。测试时会产生测试误差 E_V，即神经网络输出与目标输出之间的均方误差，E_V 可以类似训练误差 E_T 进行定义，只有当神经网络的训练误差 E_T 和测试误差 E_V 都达到较小的值时，才认为这时的神经网络模型质量良好。

2.4.3　微波器件的神经网络建模

1. 神经网络直接建模

神经网络直接建模也称黑盒子建模。在这种建模方式下，开发者不需要了解器件工作的知识，利用神经网络可以直接表征器件的外部电学特性。直流建模把器件的物理、工艺与偏置参数作为神经网络的输入，器件直流数据作为输出。对小信号建模，神经网络的输入也是器件的物理、工艺与偏置参数[53]，输出可以是器件的 S/Y 参数或器件的漏源电流 I_{ds}。对大信号建模，神经网络的输入同样可以是器件的物理、工艺、偏置参数，输出可以是器件终端的输出电流和输出电荷[54]，或者是器件的大信号电流 I_{ds}[55]。

2. 神经网络间接建模

神经网络间接建模就是把已知的等效电路模型和神经网络模型结合起来，这样可以开发更有效、更有弹性的模型。人们使用最多的有源器件的建模方法是利用等效电路进行建模。

开发等效电路模型需要不断地积累经验，还需要一个尝试—错误(Trial-Error)的过程才能找到合适的电路拓扑结构和电路元件值。然而，等效电路模型还可能跟器件的物理、工艺、偏置参数并无直接的联系。尽管前人探索出的经验公式或许能表达这种联系，但是在应用于不同的器件时，其精度却不能得到保证。神经网络具有通过训练样本学习高度非线性关系的能力，把神经网络的这种学习和预测能力与已知的等效电路结合，就可以用来对 MESFET[56] 和 HEMT[57] 的大信号行为进行建模。

3. 基于知识的神经网络建模(Knowledge-Based ANN model)

传统神经网络建模是纯神经网络建模，它是一种黑箱模型，需要大量的训练样本数据来确保模型的精度。对于微波器件建模，训练样本数据主要由电磁仿真或测量获得，仿真或测量必须在材料、尺寸、工艺和输入信号参数的许多不同组合的情况下进行，才能产生大量的训练数据，但这非常耗时。把神经网络和先验知识(如经验函数或等效电路等)结合起来可使模型的开发更快速，也更精确，这就是基于知识的神经网络的特点。先验知识可以提供附加信息，用来弥补有限的训练数据的不足。神经网络可以学习实际的器件行为和经验模型之间的差异，因为在模型中已经嵌入了先验知识，所以也增加了模型的预测能力。

1) 源差分法(Source Difference，SD)

源差分法就是对每个输入样本 x_k，计算它的精确模型(如测量数据或者电磁仿真数据等)，输出 y_k 与粗糙模型(如经验公式或者等效电路等)输出 y'_k 的差 $\Delta y_k = y_k - y'_k$，再将 $(x_k, \Delta y_k)$ 样本当作训练数据对神经网络进行训练[58]，源差分法模型的结构如图 2-128 所示。粗糙模型计算原始问题的输入近似值和神经网络预测之间的差值，对应输入的输出值可取二者之和。这样就很好地利用了粗糙模型里的信息来简化神经网络训练的输入与输出关系，不仅减少了所需训练的数据，而且模型的精度也得以提高。

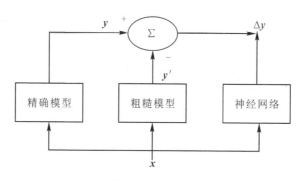

图 2-128　源差分法模型结构

2）先验知识输入法（Prior Knowledge Input Method，PKI）

先验知识输入法不仅将原始问题的输入作为神经网络的输入，还将已知的粗糙模型的输出作为神经网络的输入，这样对于每个输入样本 x_k，计算粗糙模型的输出 y'_k，以（$[x_k，y'_k]，y_k$）样本对作为训练数据训练神经网络[59]。

训练时，先让粗糙模型计算原始问题输入的输出值，再把该输出值和原始问题的输入一起作为神经网络的输入，把神经网络的输出作为整个模型的输出。这种方法包含了粗糙模型可能表达的知识，不但可以减少训练样本数据，还可以提高神经网络模型的精度。文献[60]将这种方法用于无源器件建模，所得到的模型和 EM 仿真对比具有更快的速度。先验知识输入法的模型结构如图2-129 所示。

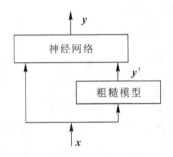

图 2-129　先验知识输入法的模型结构

3）基于知识的神经网络（Knowledge Based Neural Network，KBNN）

基于知识的神经网络即以经验函数或半分析函数将微波经验知识嵌入到神经网络内部结构中，把微波经验知识和神经网络的学习能力结合起来，这些微波知识可以很好地提供原始问题的附加信息，这样可以有效减少所需训练的数据量，并且使得神经网络具有较高的精度和较强的外推能力（如图 2-130 所示）。基于知识的神经网络由六层组成：输入层（input layer）x，边界层（boundary layer）b，区域层（region layer）r，标准化区域层（normalized region layer）r'，知识层（kowledge layer）z，输出层（output layer）y。微波领域的知识包含在知识层，故可将作为神经网络内部一部分的微波知识嵌入到神经网络中。

对于知识层的神经元 i，有

$$z_i = \Psi_i(x, w_i)，i = 1, 2, \cdots, N_z \qquad (2-82)$$

式中：z_i 是认知层 z 的第 i 个神经元输出；x 是包含神经网络输入 $x_i(i=1, 2, \cdots, n)$ 的输入向量；w_i 是经验公式中的参数向量；N_z 是知识层神经元的个数；

Ψ_i 为 Ψ 知识函数，在微波领域，一般称之为经验函数或者半分析函数，例如 FET(Field Effecet Transistor)漏电流一般为栅长、栅宽、掺杂浓度、沟道厚度、漏压和栅压的函数。

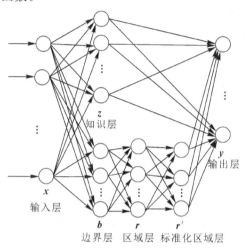

图 2 - 130　基于知识的神经网络结构图

边界层 b 可以包含特定问题的边界函数 $b(\cdot)$，若特定问题的边界知识不存在，则 $b(\cdot)$ 是线性函数。对于边界层神经元 i，有

$$b_i = b_i(\boldsymbol{x}, \boldsymbol{v}_i), \; i = 1, 2, \cdots, N_b \tag{2-83}$$

式中：b_i 是边界层的第 i 个神经元输出，$\boldsymbol{x}$ 是神经网络的输入向量，$\boldsymbol{v}_i$ 是 b_i 的参数向量，N_b 是边界层神经元的数目。

对于区域层的神经元 i，有

$$r_i = \prod_{j=1}^{N_b} \sigma(\alpha_{ij} + \theta_{ij}), \; i = 1, 2, \cdots, N_r \tag{2-84}$$

式中：r_i 为区域层第 i 个神经元输出，θ_{ij} 和 α_{ij} 分别是偏置参数和缩放参数，$\sigma(\cdot)$ 是区域层函数，一般是 Sigmoid 函数，N_r 是区域层神经元的数目。标准化区域层 r'_i 的神经元包含使区域层的输出标准化的有理函数：

$$r'_i = \frac{r_i}{\displaystyle\sum_{j=1}^{N_r} r_j}, \; i = 1, 2, \cdots, N_{r'}, \; N_r = N_{r'} \tag{2-85}$$

式中：r_i 是标准化区域层第 i 个神经元的输出，N_r 是标准化区域层神经元的数目。

对于输出层的神经元有

$$y_j = \sum_{i=1}^{N_z} \beta_{ji} z_i (\sum_{k=1}^{N_r} \rho_{jik} r'_k) + \beta_{j0}, \ j = 1, 2, \cdots, N_y \qquad (2-86)$$

式中：β_{ji} 表示知识层的第 i 个神经元对输出层的第 j 个神经元 y_j 的影响，β_{j0} 是偏置参数 N_z 表示知识层神经元的数目，N_y 表示输出层神经元的数目。如果 ρ_{jik} 的值取 1，就表示区域 r_k 是对输出层第 j 个神经元有影响的知识层的第 i 个神经元的有效区域。

4）神经网络—空间映射（Neuro-Space Mapping）

空间映射技术是 Bandler 提出的，空间映射主要是采用参数空间的变换来完成器件和系统设计与建模的一种方法。这种方法能够结合粗糙模型的计算效率与精确模型的精度。这里的粗糙模型是指已有的经验函数或者等效电路模型，它的精度较差但仿真速度比较快。通过电磁仿真或者直接测量得到的精确模型的精度较高，但比较耗时。从这两者各自的优缺点出发，空间映射技术通过寻找粗糙模型和精确模型之间存在的数学联系，经过空间映射，获得了精确模型的代理，它不仅有着类似精确模型的精度，还具有类似粗糙模型的计算速度。

空间映射技术实现的结构图如图 2-131 所示。假设 $\boldsymbol{x}_c$ 和 $\boldsymbol{x}_f$ 分别代表粗糙模型的输入空间矢量以及精确模型的输入空间矢量，$R_c(\boldsymbol{x}_c)$ 和 $R_f(\boldsymbol{x}_f)$ 分别表示粗糙模型和精确模型的相应输出，p 表示从精确模型的输入空间矢量 $\boldsymbol{x}_f$ 到粗糙模型的输入空间矢量 $\boldsymbol{x}_c$ 的映射，$\boldsymbol{x}_c = p(\boldsymbol{x}_f)$。空间映射的目的是找到一个适当的映射关系 p，使得

$$R_c(p(\boldsymbol{x}_f)) \approx R_f(\boldsymbol{x}_f) \qquad (2-87)$$

这样，一旦映射 p 找到了，精确模型的代理也就找到了。

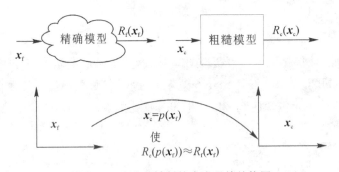

图 2-131 空间映射技术实现的结构图

神经网络可以提供精确模型输入空间 $\boldsymbol{x}_f$ 到粗糙模型输入空间 $\boldsymbol{x}_c$ 的映射 p，继而确定精确模型和粗糙模型之间的数学关系，完成神经网络—空间映射。神

经网络—空间映射如图 2 - 132 所示。精确模型的输入空间矢量 $\boldsymbol{x}_f$ 向粗糙模型的输入空间矢量 $\boldsymbol{x}_c$ 的映射 p 为 $f_{\text{ANN}}(\cdot)$，即 $\boldsymbol{x}_c = f_{\text{ANN}}(\boldsymbol{x}_f, w)$，这里的 w 表示神经网络权重参数。经过神经网络的训练，可完成对权重参数 w 的不断调整，使粗糙模型的输出 $R_c(\boldsymbol{x}_c)$ 满足如下关系式：

$$R_c(\boldsymbol{x}_c) = R_c(f_{\text{ANN}}(\boldsymbol{x}_f, w)) \approx R_f(\boldsymbol{x}_f) \tag{2-88}$$

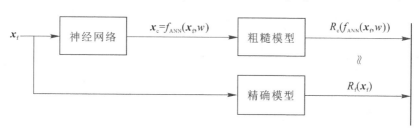

图 2 - 132 神经网络—空间映射

本设计采取神经网络—空间映射（Neuro-Space Map）方法对由 IC - CAP 建立的 EEHEMT 1 模型进行优化，建立新的模型。图 2 - 133 所示是神经网络建模的流程图。

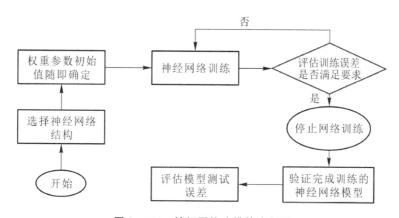

图 2 - 133 神经网络建模的流程图

本设计采用三层的 MLP 神经网络。首先要确定神经网络的结构以及网络的输入输出。然后代入训练样本数据，对神经网络进行训练，训练完成以后，评估训练误差是否达到预定要求；如果没有达到要求，则重复上一步，重复训练直到误差在允许范围内。再代入测试数据，对训练完成的模型进行验证。最后评估模型的测试误差来反映模型的准确度。

在前面的内容中已经按照 IC - CAP 的测试数据建立了 EEHEMT 1 模型，这里把 EEHEMT 1 模型作为粗糙模型，建立具有神经空间路线图的 ANN（人工神经网络）模型。采用 Neuro-SM 技术建立粗糙模型的基极和集电极电压，使经过神经网络后的信号激励粗糙模型，产生一个改进的集电极电流的值。使用 Neuro-SM 技术，可以通过空间路线图新的公式来自动修改已经存在的器件行为，与新的器件数据实现精确匹配。这样就可以利用神经网络路线图来修改电压和电流信号，如图 2-134 所示。本设计所做的工作是利用 Neuro-SM 技术建立 AlGaN/GaN HEMT 器件的模型，包括表征其非线性的直流行为和多偏置下的 S 参数。

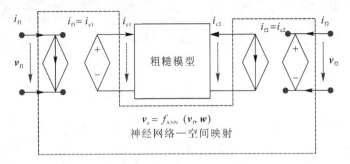

图 2-134　二端口神经网络—空间映射路线图(2-port Neuro-SM)

以建立的 EEHEMT 1 模型作为粗糙模型，再在输入和输出端用单位路线图（unit mapping）对神经网络进行优化，建立新的模型。神经网络接收到输入电压信号，将输出神经元作为粗糙模型的电压信号，即 $v_c = f_{ANN}(v_f, w)$，其中 f_{ANN} 表示多层正向反馈神经网络，被用来提供从粗糙模型输入信号 v_c 到最后信号 v_f 的路线图，w 是包含神经网络所有内部权重的矢量。神经网络被嵌入作为电压控制电压源的函数。电流控制电流源是由 i_c 控制 i_f。

粗糙模型的 DC 电压信号 $\mathbf{V}_{c, DC}$ 到最后的 DC 电压信号 $\mathbf{V}_{f, DC}$ 路线图可以直接从神经网络得到。假设 DC 对神经网络空间路线图的响应是 $\mathbf{I}_f$，神经网络空间路线图要求在接收到修改的信号后，将粗糙模型的输出作为最后输出信号的近似。这样，神经网络空间路线图的 DC 输出电流作为最后 DC 输入电压信号 $\mathbf{V}_{f, DC}$ 的函数为

$$\mathbf{I}_f = \mathbf{I}_f(\mathbf{V}_{f, DC}) = \mathbf{I}_c(\mathbf{V}_{c, DC}) = f_{ANN}(\mathbf{V}_{f, DC}, w) \qquad (2-89)$$

小信号 S 参数通过粗糙模型 $\mathbf{Y}_c$ 和新的模型 $\mathbf{Y}_f$ 之间的 Y 矩阵得到：

$$\mathbf{Y}_f = \mathbf{Y}_c \big|_{\mathbf{V}_{c, Bias}} = f_{ANN}(\mathbf{V}_{f, Bias}, w) \left[\frac{\partial f_{ANN}^T(\mathbf{V}_{f, w})}{\partial \mathbf{V}_f} \Big|_{v_f = v_{f, Bias}} \right]^T \qquad (2-90)$$

式中：$\mathbf{Y}_c$ 在偏置 $\mathbf{V}_{c, Bias}$ 下给出，对 f_{ANN} 的求导在新的模型偏置 $\mathbf{V}_{f, Bias}$ 下进行。

2.4.4 基于神经网络间接建模方法的 $Al_{0.27}Ga_{0.73}N/AlN/GaN$ HEMT 模型

1. $Al_{0.27}Ga_{0.73}N/AlN/GaN$ HEMT 直流模型

首先构建一个直流神经网络模型，如图 2-135 所示，采用的是 ANN 中最常用的三层 MLP 网络结构。偏置电压 V_{gs} 和 V_{ds} 是输入层的两个神经元；电流 I_{ds} 是输出层的一个神经元；隐藏层神经元个数为 24，根据输入输出神经元的数目，软件默认设置的隐藏层神经元个数是 8。经过神经网络的不断训练，不断增加隐藏层神经元的个数，训练误差不断减小，当误差达到很小（在 1‰ 以内）时，最终确定的中间隐藏层的神经元个数为 24。隐藏层神经元的传输函数是前面已经介绍过的 S 形函数。实验数据是栅长为 0.3 μm、栅宽为 $2\times$ 75 μm 的 GaN HEMT 的静态 $I-V$ 数据。V_{gs} 为 -5.0 V~0.0 V，步长为 0.5 V，V_{ds} 为 0 V~25.00 V，步长为 0.5 V，共有 286 个 I_{ds} 数据值。这个实验数据既可以作为训练样本数据，也可以作为测试数据。

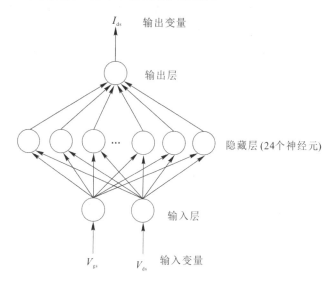

图 2-135 GaN HEMT 直流神经网络模型

虽然使用的神经网络的结构比较简单，但是对其进行适当的训练后，神经网络还是可以有效地描述输入 V_{gs}、V_{ds} 和输出 I_{ds} 之间的非线性关系的。在软件中进行训练，训练误差随着训练周期的增加而减小，最终不再随着训练周期的变化而变化，而是保持为一个固定的数值，即使继续对神经网络进行重复训练，训练误差也不会再发生改变。这说明所建立的神经网络已经能够模仿 I-V 数据之间的关系，可以选择停止训练并转向下一步测试模型，得到的最终训练误差是 0.0042。

接下来还需要测试和评估平均误差和最大误差，以便验证该神经网络已经训练得足够好。如果这两个误差不能满足预期，就要再返回上一步骤，采用新的训练样本数据重新训练神经网络。测试误差见表 2-19。最后从 NeuroModeler-Plus_V2.1E 中导出神经网络的 M 文件，M 文件提供了软件仿真的具体数据，在 Origin 环境下可以画出 V_{ds} 和 I_{ds} 之间的曲线图。图 2-136(a) 所示为神经网络拟合 I-V 曲线和测试 I-V 曲线的对比结果，图中方块曲线表示测试结果，圆圈曲线表示优化结果，可以看出测试和优化后的 I-V 曲线吻合得很好；图 2-136(b) 是 EEHEMT 1 粗糙模型 I-V 曲线和测试 I-V 曲线的对比结果，图中方块曲线表示测试结果，圆圈曲线表示粗糙模型的仿真结果。从图 2-136(a) 和图 2-136(b) 之间的对比可以看出，神经网络方法的精确度更高。

表 2-19 模型测试平均误差和最大误差

平均误差	最大误差
0.421 78%	2.0144%

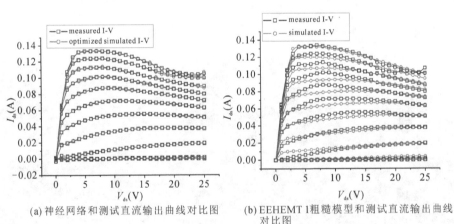

(a) 神经网络和测试直流输出曲线对比图　(b) EEHEMT 1 粗糙模型和测试直流输出曲线对比图

图 2-136 神经网络和 EEHEMT 1 粗糙模型对比

2. $Al_{0.27}Ga_{0.73}N/AlN/GaN$ HEMT 交流模型

构建的 GaN HEMT 交流神经网络结构如图 2-137 所示。同直流神经网络一样，交流神经网络采用的是 ANN 中最常用的三层 MLP 网络结构：偏置

电压 V_{gs} 和 V_{ds} 是输入层的两个神经元；输出层的两个神经元仍然是 V_{gs} 和 V_{ds}；隐藏层神经元个数为 20，根据输入输出神经元的数目，软件默认设置的隐藏层神经元个数是 8。经过神经网络的不断训练，不断增加隐藏层神经元个数，训练误差不断减小，当误差达到很小（在 1% 以内）时，最终确定中间隐藏层的神经元个数为 20 个。隐藏层神经元的传输函数是前面已经介绍过的 S 形函数。实验数据是 V_{gs} 为 -5.0 V$\sim$0.0 V，步长为 1.0 V，V_{ds} 为 0 V$\sim$24.0 V，步长为 3 V。这个实验数据既可以作为训练样本数据，也可以作为测试数据，得到的最终训练误差是 0.0050。

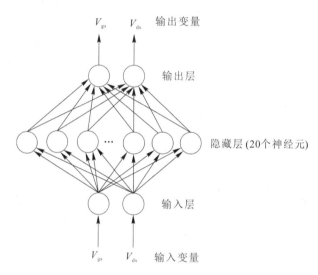

图 2－137　GaN HEMT 交流神经网络结构

两个输出变量的平均误差和最大误差如表 2－20 所示。

表 2－20　两个输出变量的平均误差和最大误差

输出变量	平均误差	最大误差
V_{ds}	0.0043	0.015
V_{gs}	0.0057	0.022

基于空间映射技术，在 ADS 软件中建立基于空间映射技术的交流神经网络模型，其电路如图 2－138 所示。

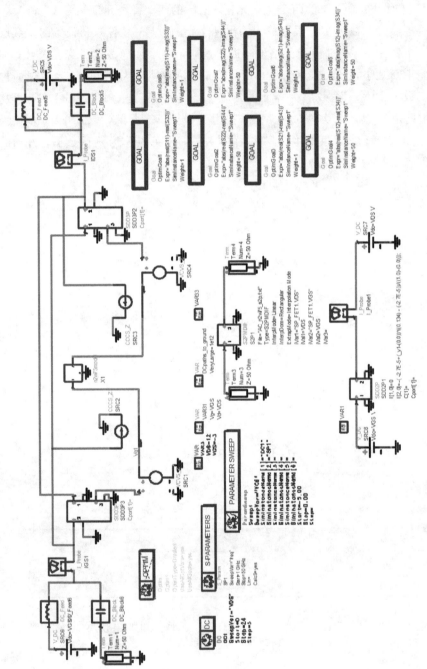

图2-138 基于空间映射技术的交流神经网络优化电路

应用神经网络对 EEHEMT1 粗糙模型进行优化，主要是通过神经网络对 V_d 和 V_g 两个电压进行微调来改变 HEMT 晶体管的交流特性。粗糙模型中的 $n_2 w_{75}$_model 的栅极和漏极分别通过元器件 SDD3P（Symbolically Defined Device 3 Ports）连接到两个电流源，V_g 在 -5 V 到 0 V 之间线性变化，步长为 1 V，固定 V_{ds} 的值等于 12 V。神经网络训练的两个电压的数据转换到 S2P 格式的数据被内置在元器件 S2PMDIF 内，它的两个端口定义为端口 3 和端口 4，在优化目标 Goal 中把 S_{11} 和 S_{33}、S_{12} 和 S_{34}、S_{21} 和 S_{43}、S_{22} 和 S_{44} 进行比较，优化目标设置为这四组 S 参数的虚部和实部之差的绝对值为 0。经过反复的优化，改变神经网络内部的权重值和参数，也就是对 V_{gs} 和 V_{ds} 进行微调，以便尽量接近设置的优化目标，使神经网络训练的 S 参数和粗糙模型的 S 参数尽量吻合，达到利用神经网络对粗糙模型优化的目的。

神经网络—空间映射方法的优化结果和测试结果的对比如图 2－139～图 2－142 中(a)图所示，图中方块曲线表示测试结果，实线表示优化结果；粗糙模型拟合结果和测试结果的对比如图 2－139～图 2－142 中(b)图所示，图中方块曲线表示测试结果，实线表示粗糙模型的仿真结果。从图 2－139～图 2－142(a) 图和(b)图的比较可以看出，采用神经网络—空间映射方法优化以后，模型的精度比优化前建立的 EEHEMT1 模型有所提高，但是还存在一定的误差。为了进一步提高模型的精度，拟采用神经网络直接建模方法，下一小节将详细描述该建模方法和结果。

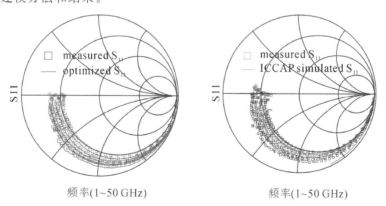

(a) 神经网络—空间映射的 S_{11} 优化结果和测试结果对比

(b) 粗糙模型拟合的 S_{11} 和测试结果对比

图 2－139　S_{11} 的对比

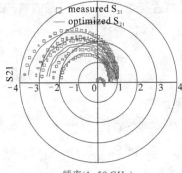

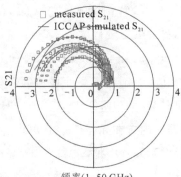

(a) 神经网络—空间映射的S_{21}优化结果和
　　测试结果对比

(b) 粗糙模型拟合的S_{21}和测试结果
　　对比

图 2 - 140　S_{21} 的对比

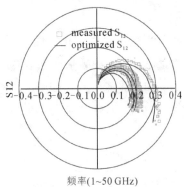

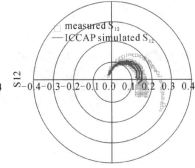

(a) 神经网络—空间映射的S_{12}优化结果和
　　测试结果对比

(b) 粗糙模型拟合的S_{12}和测试结果
　　对比

图 2 - 141　S_{12} 的对比

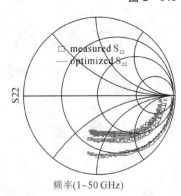

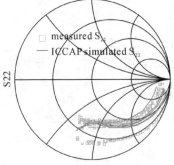

(a) 神经网络—空间映射的S_{22}优化结果和
　　测试结果对比

(b) 粗糙模型拟合的S_{22}和测试结果
　　对比

图 2 - 142　S_{22} 的对比

2.4.5　基于神经网络直接建模方法的 $Al_{0.27}Ga_{0.73}N/AlN/GaN$ HEMT 模型

本小节将采用神经网络直接建模方法建立 $Al_{0.27}Ga_{0.73}N/AlN/GaN$ HEMT 模型，采用的直流神经网络结构和 2.4.4 小节中的直流神经网络结构一样，交流神经网络的结构有所变化：以 V_{gs}、V_{ds} 和频率三个参数作为神经网络的输入，以 4 个 S 参数的实部虚部共 8 个参数作为神经网络的输出。

1. 神经网络结构的建立

如图 2-143 所示，同样采用 ANN 中最常用的三层 MLP 网络结构：偏置电压 V_{gs} 和 V_{ds} 以及频率(frequency)三个参数作为输入；输出有 8 个变量，分别是 4 个 S 参数的幅度和角度；隐藏层神经元个数为 17。

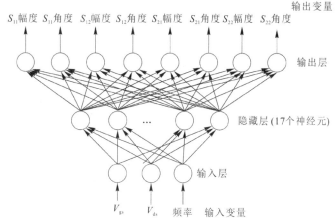

图 2-143　神经网络结构

根据输入输出神经元的数目，软件默认设置的隐藏层神经元个数是 12，经过对神经网络的训练，不断增加隐藏层神经元个数，训练误差不断减小，当误差达到很小(在 1% 以内)时，最终确定中间隐藏层的神经元个数为 17。训练数据仍然是测试数据，不过为了减轻曲线的密集度，选取了测试数据中的一部分，即在偏置为

V_{gs}：$-5.0\sim0.0$ V，步长为 1 V；

V_{ds}：$12\sim18$ V，步长为 3 V；

频率：$1\sim49$ GHz，步长为 2 GHz

条件下测试的 S 参数的数据，得到的最终训练误差是 0.0099。训练之后要进行测试，表 2-21 所示为 8 个输出变量的平均误差和最大误差。

测试完成后，发现 S_{11} 角度的最大误差为 51%。在 Simith 圆图里，S_{11} 曲线在高频部分 47 GHz 和 49 GHz 处有大幅度的折线，属于非正常现象。后来又发现 S_{11} 角度的测试数据在相应高频部分有大幅度的跳变，比如从 $-178°$ 跳变到了 165°，这是测试带来的误差。而在神经网络进行训练的过程中，神经网络不能很好地识别数据这样的大幅度跳变，所以就出现了较大的误差，导致 S_{11} 在高频部分出现了不正常的大幅度折线。这时应对相应的测试数据进行修正，消除这种跳变，本小节中使用的测试数据以及所有的图都是基于修正的数据进行的。

表 2-21　8 个输出变量的平均误差和最大误差

输出变量	平均误差	最大误差
S_{11} 的幅度	1.25%	10.61%
S_{11} 的角度	2.10%	51.55%
S_{12} 的幅度	1.05%	5.18%
S_{12} 的角度	0.58%	3.26%
S_{21} 的幅度	0.66%	4.21%
S_{21} 的角度	0.48%	3.26%
S_{22} 的幅度	1.01%	3.80%
S_{22} 的角度	0.81%	6.55%

2. $Al_{0.27}Ga_{0.73}N/AlN/GaN$ HEMT 神经网络模型的仿真结果与分析

在 ADS 软件中建立神经网络模型的内部电路，如图 2-144 所示。

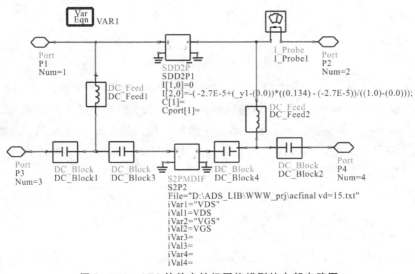

图 2-144　ADS 软件中神经网络模型的内部电路图

把直流神经网络的输出 I_{ds} 和输出神经元之间的关系式内置在元件 SDD2P 中，把从直流神经网络导出的各层神经元之间的关系式文件放在元件 Var Equ(VAR1) 中，把由交流神经网络导出的输入输出的数据转化为 S2P 格式后放在元件 S2PMDIF 中，直流和交流两部分之间用模块 DC_BLOCK 隔开。

之后将这个内部电路转化为一个符号来表示建立的神经网络模型，如图 2-145 所示，将模型命名为 neural_network_model。模型的端口 1 外接直流电压作为栅压，端口 2 外接直流电压作为漏压，端口 3 和端口 4 均外接交流端口 term。

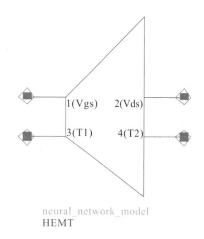

neural_network_model
HEMT

图 2-145 生成的神经网络模型的符号

模型生成以后就可以对模型进行仿真，模型的仿真电路如图 2-146 所示。DC1 中设置了直流仿真的漏压 V_{DC} 的条件，Param Sweep(Sweep1) 设置了直流仿真的栅压 V_{gs} 的扫描值，VAR2 设置了直流仿真的电压值，交流神经网络导出的输入输出的数据转化为 S2P 格式后，放在元件 S2PMDIF 中，然后在 S_Param 中设置交流仿真用到的频率范围，即 ParamSweep(Sweep2) 的范围。在对直流进行仿真时，需要关闭交流的仿真设置，同时导出直流仿真得到的 I-V 特性数据，在 Oringe 软件中可得到仿真结果与测试结果的比较，如图 2-147 所示。图中方块曲线表示测试结果，圆圈曲线表示仿真结果，可以看出仿真的 I-V 曲线和测试的 I-V 曲线拟合得很好。

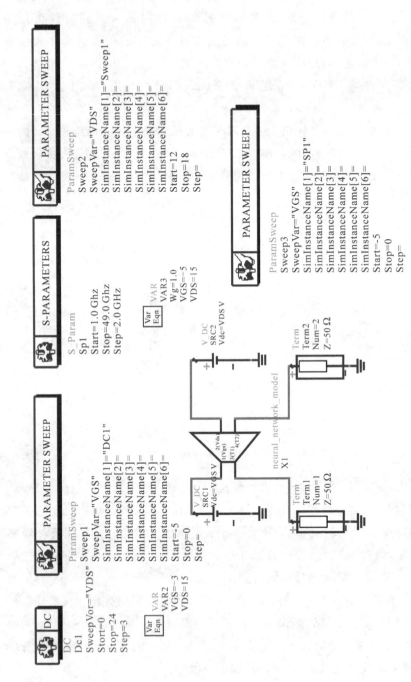

图2-146 神经网络模型的仿真电路

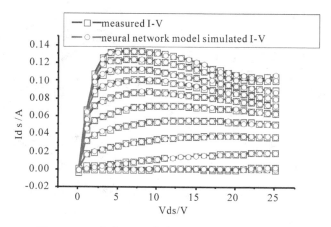

图 2 - 147　仿真 I - V 曲线和测试 I - V 曲线的比较

图 2 - 148～图 2 - 151 分别是仿真的四个 S 参数的 Smith 圆图，这里每个 S 参数有 18 根曲线(V_{ds}：12 V，步长为 3 V；V_{gs}：—5 V，步长为 1 V)，而且

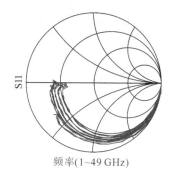

图 2 - 148　S_{11} 的仿真结果

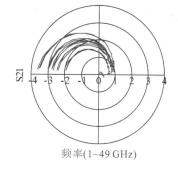

图 2 - 149　S_{21} 的仿真结果

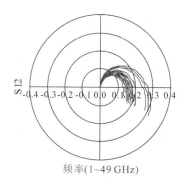

图 2 - 150　S_{12} 的仿真结果

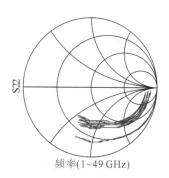

图 2 - 151　S_{22} 的仿真结果

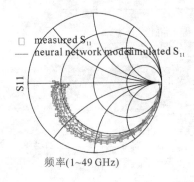

图 2-152　S_{11} 的仿真结果和测试结果的对比 ($V_{ds} = 15$ V)

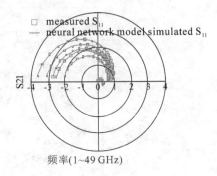

图 2-153　S_{21} 的仿真结果和测试结果的对比 ($V_{ds} = 15$ V)

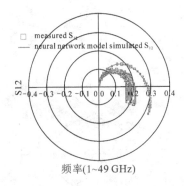

图 2-154　S_{12} 的仿真结果和测试结果的对比 ($V_{ds} = 15$ V)

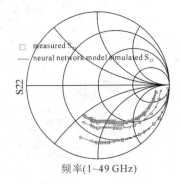

图 2-155　S_{22} 的仿真结果和测试结果的对比 ($V_{ds} = 15$ V)

V_{ds} 在 12 V、15 V、18 V 这三个偏置电压下，S 参数的值比较接近，所以曲线明显密集，因此，在之前的仿真结果和测试结果的对比中选取了 V_{ds} 等于 15 V 时的曲线，这样每个 S 参数有 6 根曲线，看起来就更清楚一些。如图 2-152～图 2-155 所示。图中，方块曲线表示测试结果，实线表示仿真结果。

从图 2-147 中直流特性的对比以及图 2-152～图 2-155 中在 V_{ds} 等于 15 V 条件下 S_{11}、S_{21}、S_{12} 和 S_{22} 的对比，可以很明显地看出两种对比曲线吻合得很好，说明用神经网络直接建模方法建立的 $Al_{0.27}Ga_{0.73}N/AlN/GaN$ HEMT 模型可以很好地反映其直流特性和小信号交流特性，也说明神经网络直接建模方法建立的模型的精度比 IC-CAP 建模和空间映射方法优化的模型高，神经网络为毫米波器件建模的精度提高提供了新的方法。由于没有对大信号特性进行测试，所以这里用神经网络直接建模方法建立的模型不包括 $Al_{0.27}Ga_{0.73}N/AlN/GaN$ HEMT 的大信号非线性特性。

本章小结

本章详细介绍了四种新型氮化镓器件的设计与建模。第 1 节首先设计了能满足线性功率器件应用的亚微米复合沟道 GaN HEMT 结构，并结合 Silvaco TCAD 软件仿真器件的 $I-V$ 特性，最终确定了最佳外延结构为 $Al_{0.27}Ga_{0.73}N/AlN/Al_{0.04}Ga_{0.96}N/GaN$ HEMT。对栅长为 $0.3~\mu m$、栅宽为 $100~\mu m$ 的器件的仿真结果表明，在栅压为 $-4 \sim -2.5$ V 的范围内，跨导的变化很小，对亚微米结构的 HEMT 器件来说，表现了良好的线性度，并且在这个器件结构的基础上仿真了器件的热效应。然后，从建模的角度考虑，设计了不同尺寸的系列器件并进行了流片和测试分析。通过比较复合沟道器件 $Al_{0.27}Ga_{0.73}N/AlN/Al_{0.04}Ga_{0.96}N/GaN$ HEMT 与常规器件 $Al_{0.27}Ga_{0.73}N/AlN/GaN$ HEMT 的直流特性、小信号特性和大信号特性，表明设计的新型器件比常规器件确实表现出更好的线性度。最后，从小信号入手，讨论了用于微波电路设计的 HEMT 等效电路模型，分析模型的参数提取方法，给出了 S 参数法提取寄生元件和本征元件的详细过程，并利用 EEHEMT1 模型建立了该器件的大信号模型。通过验证发现，这种模型可以满足精度要求。

第 2 节采用新型的缓变沟道器件结构 $Al_xGa_{1-x}N/Al_yGa_{1-y}N/GaN$ HEMT (CC - HEMT)来设计器件，即在势垒层和缓冲层之间插入的是 $Al_yGa_{1-y}N$。首先给出了在蓝宝石衬底上外延生长最佳外延层结构的 $1~\mu m$ 栅长的 CC-HEMT 的研制过程和测试结果；然后根据目前国际上的最新发展，提出了 $Al_xGa_{1-x}N/AlN/GaN$ 结构，探讨了 AlN 作为隔离层的作用，并加以仿真，验证了其线性度和直流特性。通过优化设计和仿真，得到了一种高线性度的 CC-HEMT 器件结构，为器件的研制奠定了理论基础；最后仿真了在蓝宝石衬底上外延生长最佳外延层结构的 $0.3~\mu m$ 栅长的非掺杂 $Al_xGa_{1-x}N/AlN/Al_yGa_{1-y}N/GaN$ HEMT。

第 3 节在槽栅刻蚀的基础上设计了一款新型的常关型 AlGaN/GaN HEMT 器件。用 Silvaco 软件对器件进行仿真，分析各参数对器件性能的影响，包括 Al 组分、势垒层厚度、介质长度、肖特基势垒高度和栅下介质层厚度等，从仿真结果确定各个参数最合适的值。在势垒层中加入一段 Si_3N_4 介质层，使极化生成的二维电子气（2DEG）不连续，从而实现增强型器件。该常关型器件AlGaN势垒层分为两部分，第一部分的厚度为 15 nm，Al 组分为 0.3，第二部分的厚度为 1 nm，Al 组分为 0.05，栅宽（W_g）为 100 μm，栅长（L_g）为 3 μm，栅源极间距（L_{gs}）为 2.5 nm，栅极和漏极之间的距离（L_{gd}）为 3.5 nm。阈值电压为 1 V，当 V_{ds} ＝10 V 时，器件的峰值跨导为 45 mS/mm（W_g＝0.1 mm，V_{gs}＝3 V）。当栅压为 10 V 时，电流和饱和电流密度分别达到 50 mA 和 500 mA/mm（W_g＝0.1 mm），特征导通电阻为 2 mΩ·cm^2。

第 4 节首先介绍了采用加拿大卡尔顿大学张教授提供的神经网络软件 NeuroModelerPlus_V2.1E，对建立的 EEHEMT1 模型进行了优化，再利用神经网络—空间映射（Neuro Mapping）的方法，在 Aglient 公司研发的 ADS 软件中，以建立的 EEHEMT 1 为粗糙模型，对电路的偏置电压利用神经网络—空间映射优化粗糙模型，对神经网络模型进行反复训练，使得拟合的仿真值与样品值的误差最小；然后，应用神经网络直接建模方法建立了高精度的 Al$_{0.27}$Ga$_{0.73}$N/AlN/GaN HEMT 模型；最后，把建立的直流和交流模型一起嵌入到 ADS 软件中，建立包括直流和交流的 Al$_{0.27}$Ga$_{0.73}$N/AlN/GaN HEMT 模型。结果表明，仿真和测试结果吻合得很好，表明神经网络直接建模方法建立的模型有更高的精度，为毫米波器件建模提供了一种新的方法。

第 3 章

高回退下高效率 Doherty 功率放大器的设计

通信系统为了实现更高的数据吞吐量,往往采用复杂的调制方案,这就造成了调制信号具有较高峰均功率比(PAPR)。高峰均比的信号迫使功率放大器在较大的功率回退范围内工作,以维持系统所需要的线性,这就造成了功率放大器的平均效率低下。因此,以高回退效率著称的 Doherty 架构的功率放大器引起了工程师们的关注,并一度成为移动通信基站功率放大器的主流。

连续工作模式作为提高效率的一种有效手段,已经被广泛地应用在单级功率放大器中,但是目前对连续型 Doherty 功率放大器的研究却很少。传统的 Doherty 功率放大器的主要工作在于基波阻抗在输出功率饱和与回退时的准确匹配,如果将连续工作模式理论应用于 Doherty 功率放大器,则需要在原有的输出匹配电路中加入谐波控制网络,并且不能影响基波阻抗的匹配。

本章将介绍三个基于新型改进结构和连续工作模式搭建的高回退下高效率 Doherty 功率放大器的设计实例,并对整个设计方案、设计指标、电路的仿真设计、实物的加工与测试等做出详细的介绍。

3.1 新型双偏置网络结构的高效率线性 Doherty 功率放大器的设计

新型双偏置网络结构在降低基带阻抗的同时,能有效地提高视频带宽。下面就以新型双偏置网络结构来设计一款工作在 $3.4\sim3.6\ \text{GHz}$(5G 基础频段)的高效率高线性度 Doherty 功率放大器。

3.1.1 新型双偏置网络结构

场效应晶体管管芯的输出端处有一个寄生电容 C_{ds}(内部匹配),在靠近输出的地方由于要馈电,需等效引入一个电感,具体可以由微带或者直接绕线电感等效。此时,对于整个系统,由于 LC 谐振会在比较低的频率下产生一个谐振点,整个谐振点的频率就是 VBW,它代表着功率放大器能正常工作所允许的最大调制信号的带宽。

为了使移动通信系统具有更大的数据容量,通常采用宽带多载波调制方式来调制信号。然而,射频功率放大器的 VBW 限制了调制信号的带宽。图 3-1(a)

所示是晶体管和传统偏置电路结构，其偏置等效电感与晶体管内匹配的等效谐振频率可以表示为

$$f = \frac{1}{2\pi \sqrt{L_m C_{shunt}}} \tag{3-1}$$

其中 $L_m = L_{shunt} + L_{series} + L_{bias}$。

一般来说，L_{bias} 的电感值比 L_{shunt} 和 L_{series} 至少高两个数量级，所以我们可以得到 $L_m \approx L_{bias}$。由式(3-1)可知，只要减小偏置电路的等效电感，就可以增大偏置等效电感与内匹配之间的谐振频率，从而实现 VBW 的展宽。

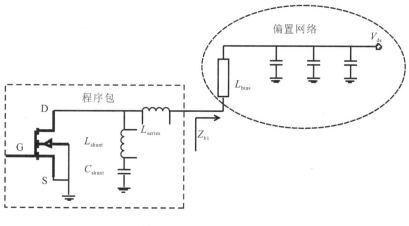

(a) 晶体管和传统偏置电路结构图

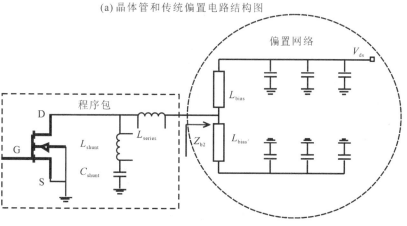

(b) 晶体管和双偏置电路结构图

图 3-1　传统偏置电路和新型双偏置电路结构图

至此，通过对晶体管记忆效应和视频带宽的分析，可得出一个结论，即优化记忆效应需要减小基带阻抗，扩展视频带宽需要增大等效 LC 谐振。

由此提出的新颖的双偏置电路结构，如图 3-1(b) 所示。与图 3-1(a) 所示的传统偏置电路结构相比，双偏置电路由两个完全相同的偏置电路并联形成。从并联电路的原理可以看出：

$$Z_{b1} = 2Z_{b2} \qquad (3-2)$$

其中 Z_{b1} 和 Z_{b2} 分别是图 3-1(a) 和图 3-1(b) 中的漏极偏置阻抗。由于双偏置网络的漏极节点阻抗仅为传统偏置电路的一半，因此可以大大减小基带阻抗，从而降低记忆效应。

另外，根据图 3-1(b) 所示的晶体管和双偏置电路结构，由于双偏置电路由两个相同的常规偏置电路并联组成，其中两个偏置电路中四分之一波长微带线在基带频率的等效电感 L_{bias} 和 L_{bias}' 是并联的关系。根据电感的并联原理，它们的并联等效电感是 $\frac{1}{2}L_{bias}$，其等效谐振频率可以表示为

$$f = \frac{1}{2\pi \sqrt{L_n C_{shunt}}} \qquad (3-3)$$

其中 $L_n = L_{shunt} + L_{series} + \frac{1}{2}L_{bias}$。

以 CGH40010F 晶体管为例，在 3.5 GHz 的中心频率下，通过晶体管等效模型和 $\lambda/4$ 微带线等效电感的计算，可以得到 L_{shunt} 和 L_{series} 的电感值比 L_{bias} 低一个数量级，表达式如下：

$$L_n = L_{shunt} + C_{shunt} + \frac{1}{2}L_{bias} \qquad (3-4)$$

因此，从理论上可以得出双偏置电路结构可以使视频带宽加倍。利用 ADS 软件对两个偏置电路进行仿真，可得到由晶体管内部匹配和偏置电路谐振产生的谐振频率。

仿真结果如图 3-2 所示。从图中可以看出，本文提出的双偏置网络的谐振频率约为 1 GHz，是传统单偏置网络谐振频率 471 MHz 的两倍多。仿真结果表明，所提出的双偏置网络在降低基带阻抗的同时，能有效地提高视频带宽。

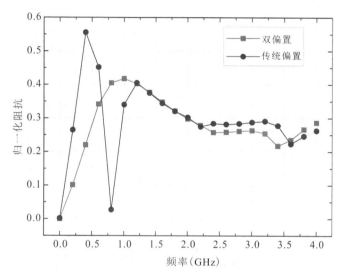

图 3 - 2　传统偏置和双偏置谐振仿真

3.1.2　设计指标

根据国内外研究进展及现状，本设计的指标如表 3 - 1 所示。

表 3 - 1　Doherty 功率放大器设计指标

指标	参数
工作频段	3.4～3.6 GHz
饱和输出功率	≥43 dBm
漏极效率	≥65%
回退效率	≥45%（−6 dB）
增益	≥10 dB
ACLR	≤−30 dBc

3.1.3　晶体管和介质板材的选择

1. 晶体管的选择

在功率放大器的设计中，选择合适的晶体管会对整个设计过程起到事半功倍的效果。晶体管的选用往往要考虑以下几点：首先要了解晶体管的频率范

围，看它是否满足要设计的功率放大器的工作频带的要求，每种晶体管适用频率的范围各不相同，在晶体管适用工作频率之外，其性能指标的恶化是十分严重的，因此选型中要特别注意；其次，要注意晶体管的输出功率是否满足功放的输出功率指标的要求，可以根据晶体管的数据手册查阅它的输出功率；最后还需要了解晶体管的封装和尺寸，看其是否满足设计要求。目前比较主流的射频晶体管有 LDMOS 晶体管和 GaN 晶体管。两者相比 GaN 晶体管具有较宽的禁带和较高的击穿电压，这就使得 GaN 晶体管比 LDMOS 晶体管的额定功率密度高，在两种晶体管拥有相同的输出功率时，GaN 晶体管具有更少的单胞数量，这就意味着其具有较小的寄生参数电容，这就是 GaN 晶体管具有宽带宽的原因。

　　综合以上设计要求，本设计最终选取了 CREE 半导体公司提供的 GaN HEMT 功放管 CGH40010F，如图 3－3 所示。根据该晶体管的数据手册了解到 CGH40010F 的工作频带为 DC 到 6 GHz，满足本次设计工作频段，并且其最高饱和输出功率可达 44 dBm，能够满足

图 3－3　CGH40010F 晶体管封装实物照

输出功率的设计要求。图 3－4 所示是在该晶体管功率匹配的条件下，用 3.6 GHz 连续波驱动所得到的漏极效率和增益随输出功率变化的曲线图，从图中可以看出其增益和效率均能满足设计要求。

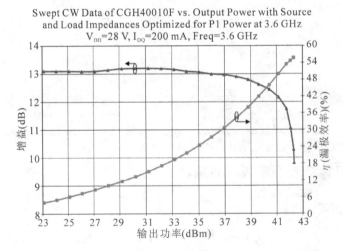

图 3－4　CGH40010F 晶体管在 3.6 GHz 处的增益和效率参数

2. 介质板材的选择

在进行晶体管的选型之后就需要对功率放大器的介质板材进行选择了，这是因为设计射频 PA 时，都需要用到微带线实现电路的连接、阻抗匹配以及阻抗变换。不同的板材参数所对应的具有相同物理电气参数的微带线的尺寸是不同的，不同板材的损耗和精确度也有所不同；另外，还需要注意介质板材的频率范围，以及板材的热导率、损耗角正切、热膨胀系数等[61-63]。因此需要根据系统要求的设计指标来选择合适的介质板材。根据设计要求，本设计中的板材选用 Rogers4350B，该板材的厚度是 0.762 mm，介电常数为 3.66。

3.1.4　高效率线性 Doherty 功率放大器的电路设计

功率放大器是射频发射机的核心组成部分，它的设计也是相对复杂的，往往包括一系列的设计步骤。这些步骤包括功率晶体管的选择、直流扫描分析、稳定性分析，以及偏置电路的设计、Load-pull、阻抗匹配、Source-pull、原理图仿真和版图仿真等。此节将介绍高效率线性 Doherty 功率放大器的电路设计过程。

1. 直流扫描分析

直流扫描的目的是给要设计的功放寻找合适的静态工作点，合适的静态工作点对于功率放大器来说非常重要，因为静态工作点决定着功率放大器的工作状态，它严重影响着整体的效率和功率。只有给功率放大器设置一个合适的静态工作点，功率放大器的各个设计指标才会有保障。

ADS 软件具有丰富的模板，在对晶体管做直流扫描时可以很方便地调用 DC 扫描模板，然后只需要将模板中的晶体管换成选型的晶体管，设置参数后就可以仿真出该晶体管的直流特性曲线，进而确定晶体管的静态工作点。图 3-5 和图 3-6 所示分别是直流扫描的原理图和原理图仿真后得到的直流特性曲线。

本设计的 Doherty 功率放大器的主功放偏置在 AB 类，辅助功放偏置在 C 类，最终选取主功放偏置电压为 $V_{gs} = -2.75$ V，$V_{ds} = 28$ V，辅助功放偏置电压为 $V_{gs} = -6$ V，$V_{ds} = 28$ V，低于晶体管的夹断电压。对比 CREE 公司 CGH40010F 晶体管的数据手册，此偏置的设置较为合理。

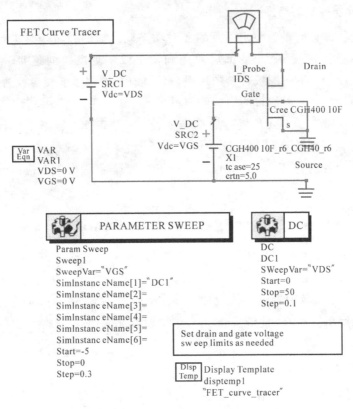

图 3-5　CGH40010F 晶体管直流扫描原理图

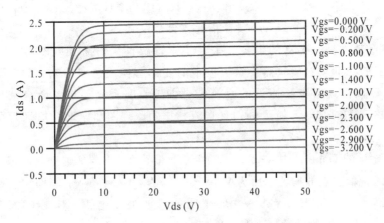

图 3-6　CGH40010F 晶体管的直流特性曲线

2. 偏置电路的设计

功率放大器的直流偏置电路主要由栅极偏置电路和漏极偏置电路组成，旨在向射频晶体管提供栅压和漏压，一方面控制晶体管的工作状态（栅压），另一方面为晶体管放大射频信号提供直流电能（漏压）。其次，偏置电路还要将射频信号与直流电源隔离，以防止射频信号进入直流电源，保护直流电源，基于功率放大器中心频率的四分之一波长的传输线可以用作射频扼流圈，它对需要供给栅极和漏极的直流电短路，对功放管输入和输出端的射频信号表现为开路，这样就做到了射频信号与直流电源隔离。另外偏置电路中的并联电容可以吸收电源纹波引起的电流尖峰，同时还可将射频信号去耦，防止射频信号泄漏到电源中，保护电源电路。

本设计的 Doherty 功率放大器中的主功放偏置电路如图 3-7 所示（辅功放的偏置电路与主功放相同）。值得注意的是，为了提高本设计 Doherty 功放的视频带宽，减小功放的记忆效应并改善功放的非线性失真，本设计的漏极偏置电路采用双偏置电路结构。从图中可以看出，在双偏置电路结构中，仅有一路偏置电路向功率晶体管供电，另一路偏置与供电偏置相同，只是其不连接电源。

从图 3-7 中可以看出，漏极偏置与栅极偏置有着相似的结构，两种电路结构不同的是，栅极偏置电路中串联了一个 10 Ω 的小电阻用以提高功放的稳定因子。那么电阻加到偏置电路上会不会消耗电能产生热量呢？事实上 GaN 场效应晶体管的栅极是几乎没有电流的，所以并不会耗能产热。本设计的偏置电路均采用 Murata 电容。

3. 3 dB 定向耦合器的设计

传统的 Doherty 功率放大器通常利用 Wilkinson 功分器将输入的射频功率分配给主辅功率放大器，本设计为了缩减电路的尺寸，节约设计成本，采用 3 dB 定向耦合器来代替传统 Doherty 功率放大器中的功分器，3 dB 定向耦合器的设计原理如图 3-8 所示。其四个端口分别连接输入信号、50 Ω 负载、主功放以及辅功放。由于此 3 dB 定向耦合器（3 dB 电桥）由两段对称的四分之一波长微带线组成，输入信号进入主功放要比进入辅功放多走一段四分之一波长微带线，根据 Doherty 功率放大器的结构框图，其辅功放输入端有一段四分之一波长微带线，所以利用 3 dB 定向耦合器分配射频功率时可以省略一段四分之一波长微带线。

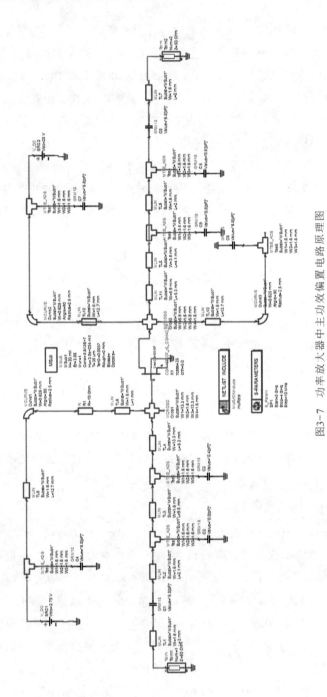

图3-7 功率放大器中主功效偏置电路原理图

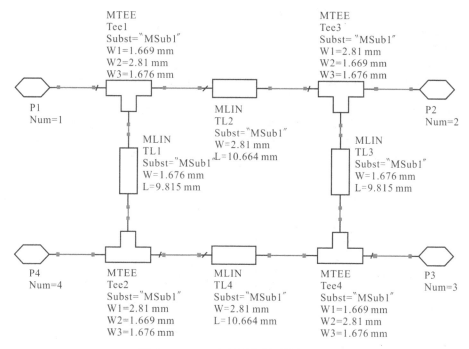

图 3-8　3 dB 定向耦合器设计原理图

4. 输入输出阻抗匹配电路的设计

在射频电路的设计中需要降低反射功率，实现最大化功率传输，这就需要进行阻抗匹配。对于功率放大器来说，其输入输出阻抗匹配更为重要，若阻抗匹配设计得不合理，就会引起功放无法正常工作，甚至引起电路发生振荡而损坏晶体管。一个性能完好的射频功率放大器的阻抗一定是匹配良好的。

在设计输入和输出阻抗匹配电路时，首先要对 CGH40010F 晶体管进行源牵引和负载牵引，然后对源阻抗和输出阻抗进行匹配，将其匹配到 50 Ω。此时可以利用 ADS 软件中的 Smith 原图进行阻抗匹配，最后得到的输入和输出匹配电路分别如图 3-9 和图 3-10 所示。

从图 3-10 中可以看出，本设计输入和输出阻抗的匹配采用分布参数电路的设计方法，仅用微带线和少数的电容进行阻抗匹配，而不用电感进行设计，这是因为电感元件具有较多的寄生参数。

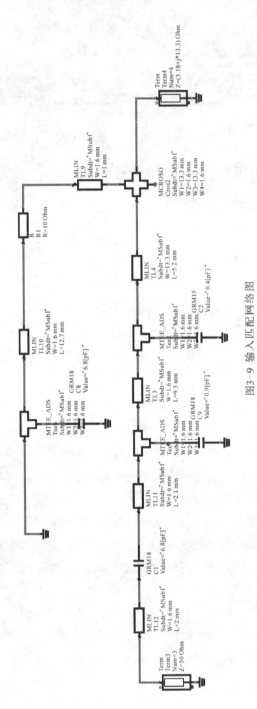

图3-9 输入匹配网络图

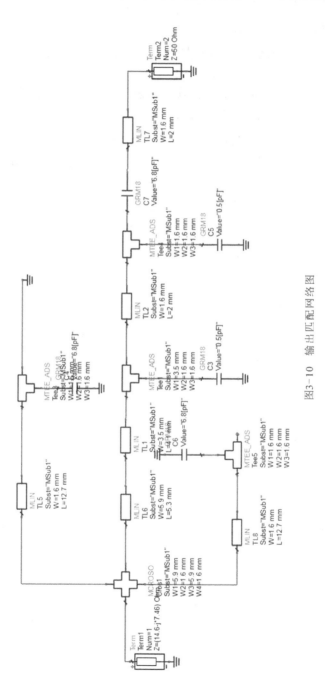

图3-10　输出匹配网络图

5. 负载调制网络的设计

在设计负载调制网络时，可以从理想的电路的设计开始，理想的电路模型能够帮助定义无源电路的特性，然后就可以将这个理想的电路设计模型转换为实际的物理设计。首先要做的是设计主功放工作在低功率状态时的阻抗变压器。根据传统 Doherty 功放的负载调制网络，可以使用 35 Ω 四分之一波长阻抗变换器将 50 Ω 的负载阻抗转换成 25 Ω，然后将 50 Ω 四分之一波长阻抗变换器的一端与 35 Ω 变压器连接，另一端连接到主功率放大器的输出端。

本设计的负载调制网络如图 3-11 所示，相比于传统 Doherty 功放，本设计的负载调制网络的合路端由两段四分之一波长微带线代替 35 Ω 四分之一波长阻抗变换器，其特征阻抗分别为 30 Ω 和 42 Ω，这是为了减小阻抗变换比，从而降低四分之一波长微带线的带宽限制效应。

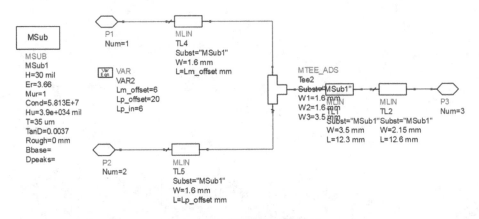

图 3-11 负载调制网络原理图

3.1.5 高效率线性 Doherty 功率放大器的原理图和版图的联合仿真

1. 原理图和版图

整个 Doherty 功率放大器的各个电路模块设计已经完成，接下来需要将各个电路模块组合起来构成完整的 Doherty 功放原理图。此时可对原理图进行电路参数仿真，一般情况下，当仿真结果如 S 参数、输出功率、增益或效率等不能满足设计要求时，就需要对原理图进行反复优化，直到满足设计要求。为了使电路仿真结果更加接近加工出来的实物，优化原理图之后，还要对它进行电磁仿真生成版图。接着对版图进行联合仿真，版图的联合仿真结果比较接近实物，这样才能将设计的功放误差降到最小。但是版图的联合仿真往往是最烦琐的过程，需要反复地进行电路调整再联合仿真，直到达到目标为止。

　　经过一系列的仿真调整优化，最终得到的 Doherty 功率放大器的电路参数拓扑图和版图分别如图 3－12 和图 3－13 所示。从图 3－13 中可以看出，本设计的版图中涉及微带线弯折 90°的地方，也就是直角处都采用削尖后的直角微带线，这样减少了电路中的尖峰，达到了降低电磁辐射的目的。当然如果在拐角处利用圆弧微带线，那么理论上更能降低电磁辐射。

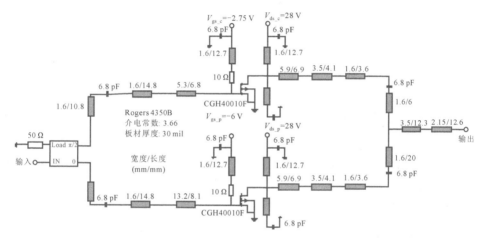

图 3－12　Doherty 功率放大器电路参数拓扑图

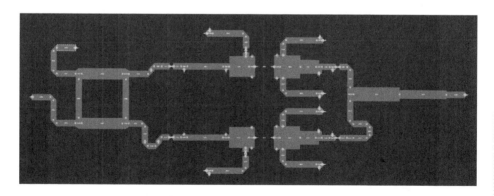

图 3－13　Doherty 功率放大器设计版图

2. 版图联合仿真结果分析

　　经过调试仿真，得到满足设计指标的版图之后，将电磁仿真后的版图生成 EM 模型 Symbol，接着回到原理图，将已经生成的电磁仿真后的 Symbol 模型添加到原理图中，并连接好电路进行联合仿真。仿真得到的 Doherty 功率放大器的 S 参数如图 3－14 所示。从图中可以看出，在 3.4～3.6 GHz 的频率范围内，S_{11} 的值基本上保持在－6 dB 以下，说明电路的反射情况在可接受范围之内，并且在该频率范围内，S_{21} 基本保持在 12～13 dB 之间，也就是说小信号增益在 12 dB 以上，满足设计要求。

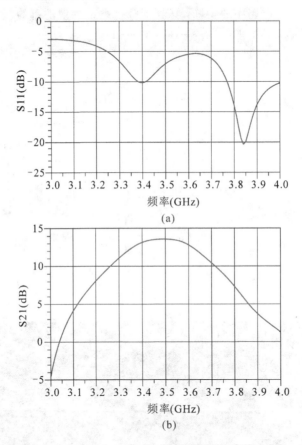

图 3－14　Doherty 功率放大器版图联合仿真的 S 参数

　　对版图进行大信号联合仿真的结果如图 3－15 所示，图中曲线分别表示 3.4 GHz、3.5 GHz、3.6 GHz 频率的信号驱动下测得的 Doherty 功率放大器的性能参数。图 3－15(a)所示是三种不同频率下 Doherty 功率放大器的增益随输出功率变换的曲线，根据增益仿真结果图，本设计的 Doherty 功率放大器的大信号增益为 10 dB 以上，根据曲线可以知道，在功率放大器接近饱和输出时，增益压缩较为严重，这应是功率放大器的正常情况；图 3－15(b)所示是三种不同频率下功率放大器输出功率随输入功率变化的曲线，由仿真结果可以看出饱和输出功率可以达到44 dBm；图 3－15(c)所示是三种不同频率下功率放大器的效率随输出功率变化的曲线，由图中可以看出，本设计的高效率线性 Doherty 功率放大器的饱和漏极效率可达到70％以上，且功率回退 6 dB 时漏极效率可以达到55％以上，功率回退 8 dB 时效率在40％以上。

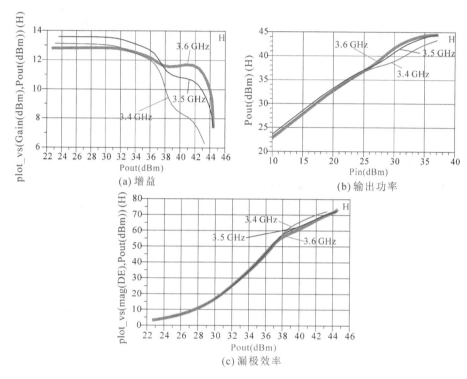

图 3－15　Doherty 功率放大器版图联合仿真结果

联合仿真结果的具体参数见表 3－2，从仿真结果可以看出，本设计的 Doherty 功率放大器的版图在 3.4～3.6 GHz 的频率范围内完全满足设计指标。

表 3－2　Doherty 功率放大器版图联合仿真参数

频率/GHz	3.4	3.5	3.6
P_{out}(dBm)	44.072	44.232	44.232
DE(%)	73.47	72.09	72.09
DE(−6 dB)	58.35	58.38	58.38
DE(−8 dB)	41.54	43.57	43.57

3.1.6　高效率线性 Doherty 功率放大器的实物测试与性能分析

3.1.5 节介绍了整个 Doherty 功率放大器的设计过程及版图仿真后得到的优良性能，经过加工组装之后，接下来就是实物测试。本设计功率放大器的大信号测试是在罗德施瓦茨公司旗下的仪器环境中测试的，测试使用的矢量信号发生器为 SMW200A，频谱分析仪为 FSV(10 Hz～30 GHz)，小信号测试使用的是 Agilent 的矢量网络分析仪。射频电路通常是比较敏感的，所以在测试时要格外注意一些测试规范，以免在测试过程中对电路造成损坏。在功率放大器的测试过程中需要注意以下事项：

(1) 静电防护。射频晶体管是非常敏感的有源器件，对静电的防御力是很弱的，因此在测试过程中一定要做好静电防护。例如，测试人员需要带静电手环，并且测试仪器的金属外壳一定要接地。

(2) 在给功率放大器加电以前一定要确认好电源电压是否正确，并注意上电的顺序，即先接地线，再接栅压，最后接漏压。并且在上电之后要再次测量功率放大器板上的电压是否正确。测试完成后的去电顺序也非常重要，一定要先去掉漏极电压。操作不当容易使电路发生损坏。

(3) 测试时要注意频谱分析仪的最大输入功率，如果功率放大器的输出功率比较接近或超过频谱分析仪的最大输入功率，就一定要在频谱分析仪之前接衰减器，保证进入频谱分析仪的功率不超过其最大输入功率以免损坏仪器；另外在信号发生器的信号输出端先接隔离器，防止功率放大器电路反射的信号进入信号源。

1. 功率放大器的组装

本设计 Doherty 功率放大器 PCB 的板材选用 Rogers4350B，板材厚度 $H=30$ mil，介电常数 $\varepsilon_r=3.66$，加工后该新型宽带 Doherty 功率放大器 PCB 的尺寸为 113 mm×59 mm，PCB 是用 Altium Designer 设计的，这是因为它在 PCB 布线和铺地上较为方便。

经过 PCB 与散热块的组装以及元器件的焊接之后，得到的完整的 Doherty 功率放大器模块如图 3-16 所示。PCB 上除了连接线之外还预留了微带线，方便后期的电路调试，如果电路的测试结果不理想就可以利用这些预留的微带线进行电路调试。PCB 下方的散热块是由铜板加工而成的，它的主要作用是用来给晶体管散热降温，另外它作为 PCB 的底座，也起到了支撑和固定的作用。接下来介绍晶体管的小信号测试和大信号测试。

图 3-16　基于双偏置网络的高效率线性 Doherty 功率放大器实物图

2. 性能测试与结果分析

1) 效率与增益测试

此时我们设计的 Doherty 功率放大器已经准备就绪，首先要进行的是小信号测试，这里利用 Agilent 矢量网络分析仪进行测试。需要注意的是，在进行小信号测试前一定要进行矢量网络分析仪的校准，这样才能保证测得的 S 参数准确可靠。

本设计的主辅功放均采用 CREE 公司的 CGH40010F 功放管，主功放偏置电压为 $V_{gs} = -2.75$ V，$V_{ds} = 28$ V，辅功放偏置电压为 $V_{gs} = -6$ V，$V_{ds} = 28$ V。对经过校准后的矢量网络分析仪进行测试后发现，在 3.4～3.6 GHz 的频带内 S_{21} 保持在 10 dB 以上；S_{11} 在整个频带内都低于 -5 dB；从小信号测试结果来看，S 参数与仿真结果差别不大，且满足指标要求。

接下来要搭建测试平台，所需要的设备包括：矢量信号源、宽带驱动功放、频谱分析仪、两个直流电源、隔离器、衰减器、同轴电缆和电源线若干等。测试平台的搭建如图 3-17 所示。

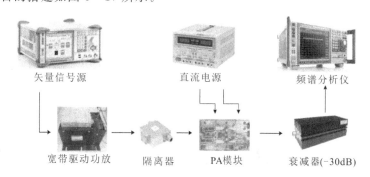

矢量信号源　　　　　直流电源　　　　　频谱分析仪

宽带驱动功放　　隔离器　　PA 模块　　衰减器(-30dB)

图 3-17　大信号测试平台搭建

小信号测得的 S 参数性能良好，基本上可以说明 Doherty 功率放大器不存在振荡的问题，这样就可以进行下一步的测试。为了得到 Doherty 功率放大器随输出功率增大到饱和过程中增益和效率的参数，首先使用单音连续波信号驱动功率放大器，在 3.4～3.6 GHz 频带内进行测试并记录数据。大信号测试平台照片如图 3-18 所示。

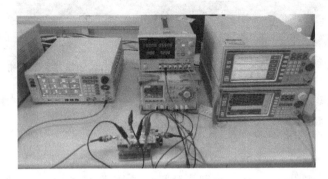

图 3-18　大信号测试平台照片

测试完成后，经过后期的数据处理，并整合仿真数据，绘制了本设计功率放大器漏极效率和增益在不同频率(3.4 GHz、3.5 GHz、3.6 GHz)处随输出功率变化的曲线图，分别如图 3-19(a)和图 3-19(b)所示。为了便于比较，图中分别标注了在不同频率(3.4 GHz、3.5 GHz、3.6 GHz)处的实测结果曲线和仿真结果曲线。

从图 3-19(a)中可以看出，实测效率和仿真效率在误差所允许的范围内，基本保持一致，饱和输出功率均可达到 43 dBm 以上，并且相对于仿真结果，实测效率在低输出功率时相对较高，而在较高输出功率时实测效率比仿真效率

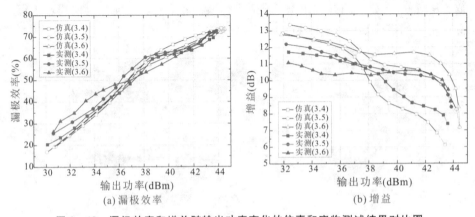

图 3-19　漏极效率和增益随输出功率变化的仿真和实物测试结果对比图

低三个百分点左右；在实测功率放大器输出功率饱和时的漏极效率大于 70％；功率回退 6 dB 时的漏极效率在 51％～55％间，功率回退 8 dB 处效率高于 43％，满足设计要求。

从图 3-19(b)中可以看出，实测增益比仿真增益略低，在接近饱和输出功率时增益出现了可接受范围内的压缩，但总体增益基本上维持在 10 dB 以上，满足设计要求。

2）ACLR 测试

为测试本设计应用于 5G 移动通信的高效率线性功率放大器的线性度，需测试功率放大器的邻近信道功率泄漏比(ACLR)。在 Doherty 功率放大器中心频率(3.5 GHz)处，向功率放大器输入 20 MHz 带宽峰均比为 7.5 dB 的 LTE 调制信号，在功率放大器输出功率为 42.5 dBm 时，测得的 ACLR 如图 3-20 所示。

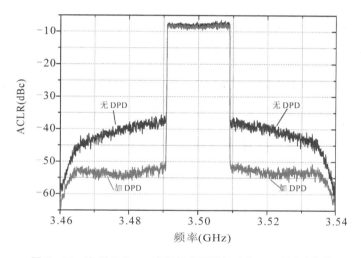

图 3-20　实测 Doherty 功率放大器线性度(ACLR)测试曲线

由图 3-20 可以看出，未加数字预失真(DPD)的 ACLR 的上边带和下边带分别为 -32.08 dBc、-31.86 dBc；加入 DPD 后测得 ACLR 的上下边带分别为 -46.55 dBc 和 -47.45 dBc。由 ACLR 的测试结果可以看出，本设计的高效率线性功率放大器具有良好的线性度。

表 3-3 所示为本设计的高效率线性 Doherty 功率放大器与近几年国外已发表的 Doherty 功率放大器之间的性能比较。从表中可以看出，本设计具有更好的综合性能，尤其是当工作在 20 MHz 带宽 LTE 调制信号时，本设计的高效率线性 Doherty 功率放大器在保证高漏极效率的同时仍然具有很好的线性度。

表 3-3　本设计与近几年国外发表论文中 Doherty 功率放大器的性能比较

参考文献	频率/GHz	增益/dB	P_{out}/dBm	DE*/(%)	ACLR/dBc	PAPR/dB	BW**/MHz	信号模式
[64]	3~3.6	10	43~44	55~66	N/A	N/A	N/A	CW
[65]	2.6	7~10	51.7	60.4	-35.5	8.3	5	WiMAX
[66]	2.14	16.6	36.9	57.0	-25.0	6.5	10	LTE
[67]	2.2~2.3	11.6~13.6	45	62.9~71	-30.0	N/A	N/A	N/A
[68]	2.9	10~15	43.8	64.9	-21.0	N/A	5	WCDMA
[69]	0.7~0.86	10~14	49.3	42	-30	7.2	100	LTE
[70]	3.4~3.6	7~9.5	49.5	60	-29	8.5	100	LTE
本设计	3.4~3.6	8.5~12.2	43.8	>70	-32.0	7.1	20	LTE

注：DE*，漏极效率；BW**，基带信号的带宽。

3.2　基于改进谐波控制结构的连续型 Doherty 功率放大器设计

连续型 Doherty 功率放大器的设计不仅要满足基波阻抗的匹配要求，还要保证谐波阻抗匹配良好。所以在设计时，需要在传统的 Doherty 功率放大器中加入额外的电路进行谐波阻抗匹配。现有的研究中主要有两种结构：前级谐波控制结构[71]和后级谐波调谐结构[72]。在现有研究的基础上，本节提出了一种改进的谐波控制结构。

3.2.1　改进的谐波控制结构

图 3-21 所示为改进的谐波控制结构。载波阻抗逆变网络与传统的 Doherty 功率放大器保持一致，载波谐波电流可以通过载波阻抗逆变网络。峰值谐波抑制/匹配网络和峰值基波调谐网络合起来组成了峰值输出匹配网络。载波谐波匹配网络和后匹配调谐网络合起来组成了后匹配网络。

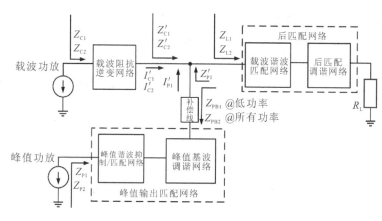

图 3 - 21　改进的谐波控制结构

由于峰值功率放大器只需要在饱和输出功率时将基波阻抗 Z_{P1} 和二次谐波阻抗 Z_{P2} 匹配至最优阻抗，因此只需要用单级连续型功率放大器的设计方法来设计峰值谐波抑制/匹配网络和峰值基波调谐网络，此时终端负载为峰值功率放大器的有效基波负载阻抗 Z'_{P1}。但是需要注意的是，为了防止二次谐波电流流入后匹配网络，必须对峰值谐波抑制/匹配网络进行严格的设计，从而使二次谐波阻抗的阻抗特性为纯电抗。为了使峰值反向基波阻抗 Z_{PB1} 在最大输出功率回退处为无穷大，通常会在峰值输出匹配网络的后端添加一段补偿线。在实际应用中，只有中心频率处的峰值反向基波阻抗为无穷大[73]，当频率从中心向两端偏移时，峰值反向基波阻抗从无穷大逐渐变小，因此在进行基波匹配时，峰值反向基波阻抗需要被考虑进去。

载波阻抗逆变网络的设计需要同时匹配饱和输出功率和最大输出功率回退时的最优阻抗。在饱和输出功率时，以有效基波负载阻抗 Z'_{C1} 为终端负载，将载波基波阻抗 Z_{C1} 匹配至 R_{opt}；在最大输出功率回退时，以有效基波负载阻抗 Z'_{C1} 和峰值反向基波阻抗 Z_{PB1} 的并联作为终端负载，将载波基波阻抗 Z_{C1} 匹配至 $2R_{opt}$。假设设计好的载波阻抗逆变网络的传输矩阵为

$$\boldsymbol{A}_{\mathrm{CIIN}} = \begin{bmatrix} A & B \\ C & D \end{bmatrix} \qquad (3-5)$$

那么载波二次谐波阻抗 Z_{C2} 可由如下公式求得：

$$Z_{C2} = \frac{Z'_{C2} A + B}{Z'_{C2} C + D} \qquad (3-6)$$

其中 Z'_{C2} 为载波功率放大器的有效二次谐波负载阻抗。由式(3-6)可知，当传输矩阵的参数 A、B、C、D 保持不变时，可以通过改变 Z'_{C2} 的值来控制 Z_{C2} 的大

小。换句话说，当载波阻抗逆变网络设计好后，可以通过改变载波功率放大器的有效二次谐波负载阻抗 Z'_{C2} 的大小来匹配载波二次谐波阻抗 Z_{C2}。

由于峰值输出匹配网络中存在谐波抑制电路，因此很容易得到 $I'_{P2}=0$ 和 $I'_{C2}\neq0$，其中 I'_{P2} 和 I'_{C2} 分别为峰值功率放大器和载波功率放大器流入后匹配网络的二次谐波电流。根据有源负载调制原理，载波功率放大器的有效二次谐波负载阻抗 Z'_{C2} 为

$$Z'_{C2}=Z_{L2}\left(1+\frac{I'_{P2}}{I'_{C2}}\right)=Z_{L2} \tag{3-7}$$

其中 Z_{L2} 为合路点处的实际二次谐波负载阻抗。可以看出，由于峰值功率放大器的二次谐波电流被抑制，即 $I'_{P2}=0$，有效二次谐波负载阻抗 Z'_{C2} 没有任何变化，与实际二次谐波负载阻抗 Z_{L2} 保持一致。然而，有效二次谐波负载阻抗 Z'_{C2} 位于合路点处，所以峰值功率放大器对它仍有影响。峰值输出匹配网络中的谐波抑制网络使得峰值反向二次谐波阻抗 Z_{PB2} 的阻抗特性为纯电抗，所以在整个输出功率回退范围内，它都要被考虑。因此，Z'_{C2} 将修正为

$$Z'_{C2}=\frac{Z_{L2}\cdot Z_{PB2}}{Z_{L2}+Z_{PB2}} \tag{3-8}$$

从式(3-8)中可以看出，一旦峰值输出匹配网络和补偿线设计完成，Z_{PB2} 将保持不变。因此，合路点处的实际二次谐波负载阻抗 Z_{L2} 决定了有效二次谐波负载阻抗 Z'_{C2} 的取值。将式(3-6)和式(3-8)联立便可以计算出实际二次谐波负载阻抗 Z_{L2} 的最优值。

得到实际二次谐波负载阻抗 Z_{L2} 的最优值后，便可以在后匹配网络中用载波谐波匹配网络进行匹配。至于实际基波负载阻抗 Z_{L1}，只需要在后端加入后匹配调谐网络进行匹配即可，基本上与单级连续型功率放大器的设计方法一样。

3.2.2 连续型 Doherty 功率放大器的电路设计

基于 3.2.1 节所阐述的改进的谐波控制结构，可使用 CGH40010F 10W GaN HEMT 封装器件设计一个连续型 Doherty 功率放大器。两路功率放大器的漏压偏置全部设成 28 V，载波栅压偏置设成 −3 V，峰值栅压偏置设成 −6 V。基板采用 Rogers4350B，其板材参数为：$\varepsilon_r=3.66$，$H=0.762\ \text{mm}$。

本设计的目标频段为 1.6～2.1 GHz，峰值输出匹配网络和后匹配网络都采用上面提出的多级二次谐波控制输出匹配网络，本设计选取 1.7 GHz 和 2.0 GHz 两个频率作为匹配电路设计的目标频率。

1. 阻抗设计空间的获取

为了得到载波功率放大器与峰值功率放大器在外部封装参考面的阻抗设计空间，使用 ADS 仿真软件对 CGH40010F 的大信号模型进行负载牵引：载波功率放大器需要对饱和输出功率和低输出功率两种情况分别进行负载牵引，而峰值功率放大器仅需要对饱和输出功率情况进行负载牵引。图 3 - 22 所示为在 1.7 GHz 和 2.0 GHz 处两路功率放大器在外部封装参考面的阻抗设计空间。由于载波二次谐波阻抗 Z_{C2} 不随输出功率回退而变化，因此可以将饱和输出功率和 6 dB 输出功率回退两种情况下的公共区域作为载波二次谐波阻抗 Z_{C2} 的阻抗设计空间，这样就可以保证两种情况下载波功率放大器都能获得较高的效率。

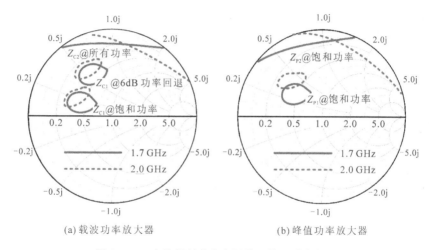

(a) 载波功率放大器　　　　　　　　(b) 峰值功率放大器

图 3 - 22　在外部封装参考面的阻抗设计空间

2. 峰值输出匹配网络的设计

基于传统的 Doherty 功率放大器的配置，合路点处的实际基波负载阻抗 Z_{L1} 可设置为 25 Ω，因此在饱和输出功率时有效基波负载阻抗 Z'_{P1} 为 $2Z_{L1}$（50 Ω）。图 3 - 23 所示为峰值输出匹配网络的电路结构和尺寸参数。图 3 - 24 所示为峰值输出匹配电路的阻抗仿真结果。由图 3 - 24 可以看出，峰值二次谐波阻抗 Z_{P2} 的阻抗特性基本上全部是纯电抗，所以二次谐波电流的抑制度满足要求。此外，在峰值功率放大器不工作时，必须要保证峰值反向基波阻抗 Z_{PB1} 趋于无穷大，所以在峰值输出匹配电路后端加入了一段相位补偿线。

图 3 - 25 所示为仿真的峰值反向基波阻抗 Z_{PB1} 和峰值反向二次谐波阻抗 Z_{PB2}。从图中可以看到，Z_{PB1} 趋于无穷大，整个目标频段都满足了设计要求。

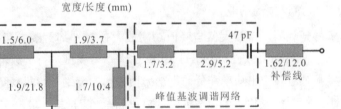

图 3 - 23   峰值输出匹配网络的电路结构和尺寸参数图

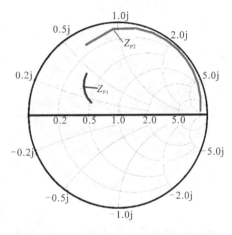

图 3 - 24   峰值输出匹配电路的阻抗仿真结果

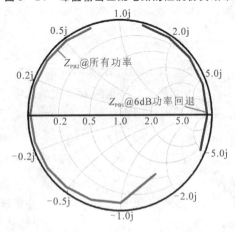

图 3 - 25   峰值反向基波阻抗 Z_{PB1} 和峰值反向二次谐波阻抗 Z_{PB2} 的仿真结果

3. 载波阻抗逆变网络的设计

载波阻抗逆变网络采用双阻抗设计方法，在低功率情况下，以 Z_{L1} (25 Ω) 和 Z_{PB1} 的并联作为有效基波负载阻抗；在饱和输出功率时，以 $2Z_{L1}$ (50 Ω) 作为有效基波负载阻抗。图 3-26 所示为载波阻抗逆变网络的电路结构和尺寸参数。图 3-27 所示为饱和输出功率和 6 dB 输出功率回退两种情况下载波阻抗逆变网络的阻抗仿真结果。

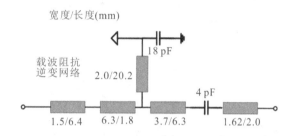

图 3-26　载波阻抗逆变网络的电路结构和尺寸参数图

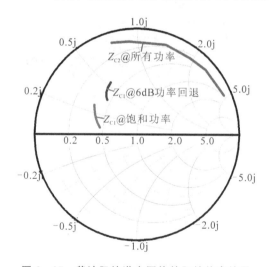

图 3-27　载波阻抗逆变网络的阻抗仿真结果

4. 后匹配网络的设计

根据负载牵引得到的载波二次谐波阻抗 Z_{C2} 的阻抗设计空间和仿真的峰值反向二次谐波阻抗 Z_{PB2}，将式(3-6)和式(3-8)结合便能得到各频点的实际二次谐波负载阻抗 Z_{L2} 的阻抗设计空间，如图 3-28 所示。首先设计载波谐波匹配网络来匹配实际二次谐波负载阻抗 Z_{L2}，然后加入后匹配调谐网络将终端负载(50 Ω)匹配至实际基波负载阻抗 Z_{L1}(25 Ω)，电路结构和尺寸参数如图 3-29 所示。图 3-30 给出了整体后匹配网络的阻抗仿真结果。

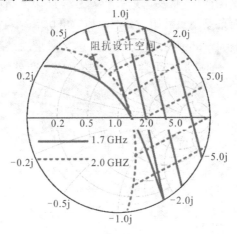

图 3-28　实际二次谐波负载阻抗 Z_{L2} 的阻抗设计空间

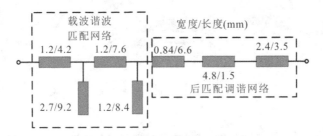

图 3-29　后匹配网络的电路结构和尺寸参数图

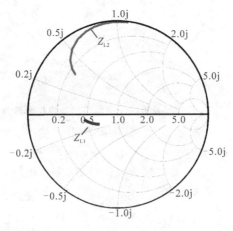

图 3-30　后匹配网络的阻抗仿真结果

由图 3-30 可以看到，二次谐波阻抗匹配满足要求，基波阻抗略有偏移，但可以近似为 25 Ω。后匹配网络设计完毕后，对载波二次谐波阻抗 Z_{C2} 进行了仿真，如图 3-27 所示。可以看到，负载牵引得到的阻抗设计空间包含了仿真的载波二次谐波阻抗 Z_{C2}，说明载波二次谐波阻抗 Z_{C2} 的匹配达到了设计要求。

5. 整体电路设计与制作

本设计中功分器采用等分结构，两路功率放大器的输入匹配采用相同的结构进行设计，然后结合设计出来的峰值输出匹配网络、载波阻抗逆变网络和后匹配网络，最终设计出完整的连续型 Doherty 功率放大器，如图 3-31 所示。图 3-32 所示为加工制作的连续型 Doherty 功率放大器。

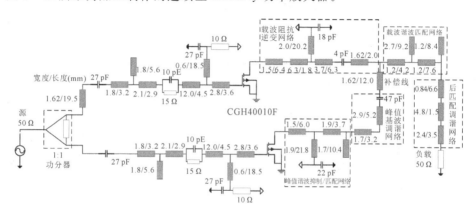

图 3-31　设计的完整连续型 Doherty 功率放大器

图 3-32　加工制作的连续型 Doherty 功率放大器

3.2.3　连续型 Doherty 功率放大器的仿真与实物测试结果

首先对功率放大器进行单音正弦波信号测试,测试的漏极效率和大信号增益如图 3-33 所示。

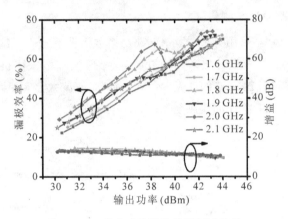

图 3-33　单音正弦波信号的测试结果

从图 3-33 中,可以看到,工作频率(Freq)在 1.6 GHz 到 2.1 GHz 之间,相对带宽(FBW)大约为 27%。饱和输出功率 P_{sat} 在 43.2 dBm 到 44.5 dBm 之间,此时的漏极效率(DE)在 68.1% 到 72.1% 之间。当功率降低 6 dB(6 dB OBO)时,效率超过 48.4%,最高能达到 63.5%。图 3-34 所示为仿真与测试结果的比较。表 3-4 所示为当前工作与以前一些优异的 Doherty 功率放大器结果的比较。

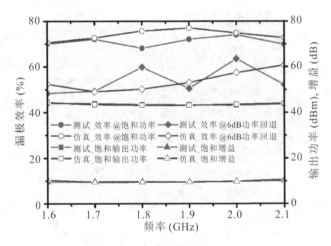

图 3-34　仿真与测试结果比较

表 3 - 4　当前设计与之前优异设计的比较

参考文献	Freq/GHz	FBW(%)	P_{sat}/dBm	DE(%) @P_{sat}	DE(%) @6 dB OBO
[74]	1.72~2.27	27.5	42.5	58~72	48~55
[75]	3.3~3.75	12.7	48~48.8	58~71	48~60
[76]	0.75~0.95	23.5	48~48.8	55.4~64.7	51.5~63.8
[77]	2.7~4.3	45.7	38.5~39.2	48~61	40~43
此设计	1.6~2.1	27	43.2~44.5	68.1~72.1	48.4~63.5

　　为了评估效率和线性度，使用调制信号作为激励来测试制作的连续型 Doherty 功率放大器。采用 20 MHz LTE 信号作为激励，其峰均功率比为 7.5 dB。如图 3 - 35 所示，平均漏极效率为 44.7%~54.2%，平均输出功率在 35.9 dBm 到 36.7 dBm 之间。在 1.6~2.1 GHz 的频带内，相邻信道功率比（ACPR）在 -25.6 dBc 到 -23.6 dBc 之间。

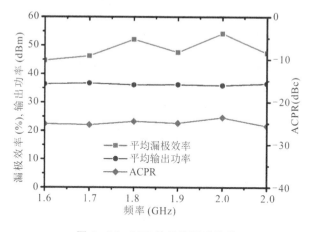

图 3 - 35　LTE 信号的测试结果

3.3　基于连续逆 F 类和 J 类混合工作模式的 Doherty 功率放大器的设计

　　3.2 节中提出了一种应用于连续型 Doherty 功率放大器的改进的谐波控

制结构，仿真和测试结果显示该结构对效率提升具有促进作用。但是在设计时，阻抗设计空间的获取完全是基于负载牵引的，没有利用传统的高效率连续工作模式。传统的连续工作模式的分析是在饱和输出功率情况下进行的，然而 Doherty 功率放大器需要在整个回退范围内具有较高的效率，所以传统的连续工作模式直接应用在 Doherty 功率放大器上必然会有一些变化[75]。

本节首先介绍连续逆 F 类和 J 类工作模式在 Doherty 功率放大器中的理论分析，然后提出一种连续逆 F 类和 J 类混合工作模式，最后通过电路的仿真设计与实物的加工测试对理论进行验证。

3.3.1 Doherty 功率放大器的连续工作模式理论分析

实际的 Doherty 功率放大器的结构如图 3-36 所示，其中主要包含了载波阻抗逆变网络、峰值输出匹配网络和后匹配网络。根据理论，两路功率放大器的有效基波负载阻抗 Z_C' 和 Z_P' 为

$$Z_C' = \begin{cases} Z_L\left(1 + \dfrac{I_P'}{I_C'}\right), & 0 \leqslant \text{OBO} < \beta \\ Z_L, & \beta \leqslant \text{OBO} \end{cases} \quad (3-9)$$

$$Z_P' = \begin{cases} Z_L\left(1 + \dfrac{I_C'}{I_P'}\right), & 0 \leqslant \text{OBO} < \beta \\ \infty, & \beta \leqslant \text{OBO} \end{cases} \quad (3-10)$$

其中，I_C' 和 I_P' 分别为载波功放和峰值功放流入后匹配网络的基波电流，OBO 代表输出功率回退等级，β 为最大输出功率回退等级。当 OBO＝0 时，两路功率放大器的基波阻抗都匹配至电阻性的最优阻抗 R_{opt}。当 OBO＝β 时，峰值功率

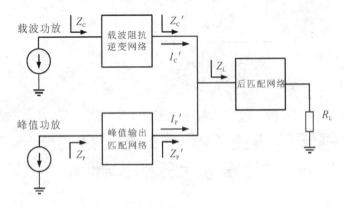

图 3-36　实际的 Doherty 功率放大器

放大器晶体管截止，而载波功率放大器的基波阻抗变为 αR_{opt}，其中 α 可以通过如下公式计算：

$$\beta = 10 \lg(2\alpha) \tag{3-11}$$

在 3.2 节提出的改进的谐波控制结构中，在峰值输出匹配网络中加入了谐波抑制电路，消除了负载调制对载波功率放大器的谐波阻抗的影响。也就是说，在整个输出功率回退范围内，载波功率放大器的谐波阻抗保持不变，然而它的基波阻抗却随着功率回退增大，这就会导致传统的单一连续工作模式发生一些变化。

1. J 类工作模式理论分析

假设载波功率放大器在整个输出功率回退范围内都工作于单一 J 类工作模式[78]。当 OBO＝0 时，基波阻抗和谐波阻抗为

$$Z_1 = (1 + j\gamma) \cdot R_{\text{opt}} \tag{3-12}$$

$$Z_2 = -j\frac{3\pi}{8}\gamma \cdot R_{\text{opt}} \tag{3-13}$$

$$Z_3 = 0 \tag{3-14}$$

其中，γ 的取值范围为 -1 到 1。图 3-37 所示为饱和输出功率时 J 类工作模式在内部电流源参考面的阻抗设计空间。

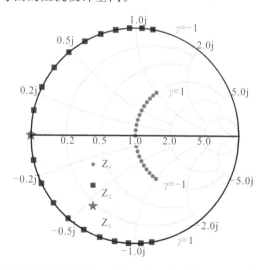

图 3-37　饱和输出功率时 J 类工作模式在内部电流源参考面的阻抗设计空间

当 OBO 增加至 β 时，基波阻抗变大，但谐波阻抗没有发生变化。因此，此时的基波阻抗和谐波阻抗变为

$$Z_{1^*} = (1+\mathrm{j}\eta) \cdot \alpha R_{\mathrm{opt}} \tag{3-15}$$

$$Z_{2^*} = -\mathrm{j}\frac{3\pi}{8}\eta \cdot \alpha R_{\mathrm{opt}} \tag{3-16}$$

$$Z_{3^*} = 0 \tag{3-17}$$

为了保证 $Z_2 = Z_{2^*}$，必须满足 $-1/\alpha \leqslant \eta \leqslant 1/\alpha$。显然，阻抗设计空间的大小已经减小到标准 J 类工作模式的 $1/\alpha$。图 3-38 所示为当 $\alpha=2$ 和 $\alpha=3$ 时 J 类工作模式在内部电流源参考面的阻抗设计空间，这代表着 Doherty 功率放大器有 6 dB 和 8 dB 输出功率回退。

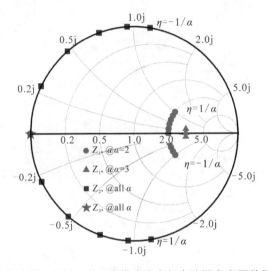

图 3-38　输出功率回退时 J 类工作模式在内部电流源参考面的阻抗设计空间

2. 连续逆 F 类工作模式理论分析

假设载波功率放大器在整个输出功率回退范围内都工作于单一连续逆 F 类工作模式[79]。当 OBO$=\beta$ 时，基波导纳和谐波导纳为

$$Y_{1^*} = \sqrt{2} \cdot \frac{G_{\mathrm{opt}}}{\alpha} \cdot 0.43 + \mathrm{j}\sqrt{2} \cdot \frac{G_{\mathrm{opt}}}{\alpha} \cdot 0.37 \cdot \lambda \tag{3-18}$$

$$Y_{2^*} = -\mathrm{j}2 \cdot \frac{G_{\mathrm{opt}}}{\alpha} \cdot 0.49 \cdot \lambda \tag{3-19}$$

$$Y_{3^*} = \infty \tag{3-20}$$

其中，G_{opt} 为最优电导，是最优电阻 R_{opt} 的倒数，λ 的取值范围为 -1 到 1。图 3-39 所示为输出功率回退时连续逆 F 类工作模式在内部电流源参考面的阻抗设计空间。

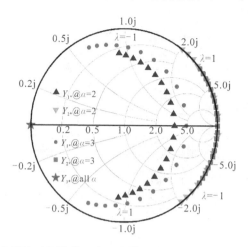

图 3 - 39　输出功率回退时连续逆 F 类工作模式在内部电流源参考面的阻抗设计空间

当 OBO 减小至 0 时，基波导纳变大，但谐波导纳没有发生变化。因此，此时的基波导纳和谐波导纳变为

$$Y_1 = \sqrt{2} \cdot G_{opt} \cdot 0.43 + \mathrm{j}\sqrt{2} \cdot G_{opt} \cdot 0.37 \cdot \mu \qquad (3-21)$$

$$Y_2 = -\mathrm{j}2 \cdot G_{opt} \cdot 0.49 \cdot \mu \qquad (3-22)$$

$$Y_3 = \infty \qquad (3-23)$$

为了保证 $Y_2 = Y_{2^*}$，必须满足 $-1/\alpha \leqslant \mu \leqslant 1/\alpha$。显然，阻抗设计空间的大小已经减小到标准连续逆 F 类工作模式的 $1/\alpha$。图 3 - 40 所示为饱和输出功率时连续逆 F 类工作模式在内部电流源参考面的阻抗设计空间。

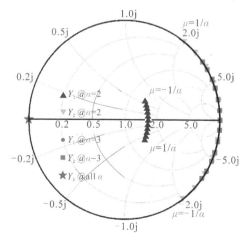

图 3 - 40　饱和输出功率时连续逆 F 类工作模式在内部电流源参考面的阻抗设计空间

3.3.2　连续逆 F 类和 J 类混合工作模式理论分析

　　前面的分析表明连续型 Doherty 功率放大器在整个输出功率回退范围内工作于单一连续工作模式将导致饱和输出功率或最大输出功率回退处的阻抗设计空间减小。因此，应当研究混合连续工作模式来扩展阻抗设计空间。在实际应用中，J 类工作模式和连续逆 F 类工作模式有许多相似的地方：三次及三次以上的谐波阻抗为短路，基波阻抗设计空间位于相邻区域。J 类与连续逆 F 类工作模式的主要区别在于：在 J 类工作模式中，二次谐波电抗位于 Smith 圆图中的左半边缘区域，表示较小的二次谐波电抗，而在连续逆 F 类工作模式中，二次谐波电抗位于 Smith 圆图中的右半边缘区域，表示较大的二次谐波电抗。换句话说，后者的二次谐波电抗的大小是前者的若干倍。巧合的是，在载波功率放大器中，最大输出功率回退情况下需要匹配的基波阻抗是输出功率饱和情况下需要匹配的基波阻抗的若干倍。通过结合这两个特征，我们可以将连续逆 F 类工作模式和 J 类工作模式搭配起来使用，来解决阻抗设计空间减小的问题。

　　当输出功率饱和，即 OBO＝0 时，基波导纳和谐波导纳可以表示为

$$Y_1 = \sqrt{2} \cdot G_{\mathrm{opt}} \cdot 0.43 + \mathrm{j}\sqrt{2} \cdot G_{\mathrm{opt}} \cdot 0.37 \cdot \mu \qquad (3-24)$$

$$Y_2 = -\mathrm{j}2 \cdot G_{\mathrm{opt}} \cdot 0.49 \cdot \mu \qquad (3-25)$$

$$Y_3 = \infty \qquad (3-26)$$

此时的载波功率放大器工作于连续逆 F 类工作模式。当输出功率回退 β dB，即 OBO＝β 时，基波阻抗和谐波阻抗可以表示为

$$Z_{1^*} = (1+\mathrm{j}\eta) \cdot \alpha R_{\mathrm{opt}} \qquad (3-27)$$

$$Z_{2^*} = -\mathrm{j}\frac{3\pi}{8}\eta \cdot \alpha R_{\mathrm{opt}} \qquad (3-28)$$

$$Z_{3^*} = 0 \qquad (3-29)$$

此时的载波功率放大器工作于 J 类工作模式。为了确保 $Y_2 = 1/Z_{2^*}$，μ 和 η 必须满足：

$$\mu \cdot \eta = -\frac{4}{3\pi \cdot 0.49 \cdot \alpha} \qquad (3-30)$$

因此能够得到 μ 和 η 在如下的范围内变化：

$$\begin{cases} -1 \leqslant \mu \leqslant -\dfrac{4}{3\pi \cdot 0.49 \cdot \alpha} \\[3mm] \dfrac{4}{3\pi \cdot 0.49 \cdot \alpha} \leqslant \eta \leqslant 1 \end{cases} \qquad (3-31)$$

$$\begin{cases} -1 \leqslant \eta \leqslant -\dfrac{4}{3\pi \cdot 0.49 \cdot \alpha} \\ \dfrac{4}{3\pi \cdot 0.49 \cdot \alpha} \leqslant \mu \leqslant 1 \end{cases} \qquad (3-32)$$

显然，随着参数 α 增大，阻抗设计空间会越来越大。图 3 - 41 所示为当 $\alpha = 2$ 和 $\alpha = 3$ 时连续逆 F 类和 J 类混合工作模式在内部电流源参考面的阻抗设计空间。

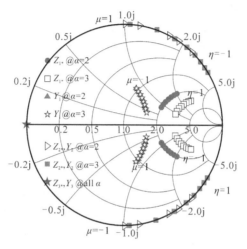

图 3 - 41　连续逆 F 类和 J 类混合工作模式在内部电流源参考面的阻抗设计空间

当 OBO 从 0 增加到 β 时，工作模式由连续逆 F 类逐渐地变成 J 类，可以近似地看作文献[80]中提出的一系列与 J 类和连续逆 F 类相邻的高效率连续工作模式。此外，连续逆 F 类和 J 类混合工作模式可以与单一 J 类工作模式和单一连续逆 F 类工作模式相结合，以获得更大的阻抗设计空间，从而简化连续型 Doherty 功率放大器的设计。

拓展的连续逆 F 类和 J 类混合工作模式如表 3 - 5 所示，目标频段可分为 3 个子频段。频段 1 和频段 3 分别工作于单一连续逆 F 类工作模式和单一 J 类工作模式，频段 2 工作于连续逆 F 类和 J 类混合工作模式。无论是在饱和输出功率，还是在最大输出功率回退处，在整个频段上都表现为连续逆 F 类工作模式向 J 类工作模式过渡的混合工作模式。

表 3 - 5　拓展的连续逆 F 类和 J 类混合工作模式

	频段 1	频段 2	频段 3
饱和输出功率	连续逆 F 类	连续逆 F 类	J 类
β dB 功率回退	连续逆 F 类	J 类	J 类

氮化镓射频功率放大器的设计实践与研究

3.3.3　混合连续工作模式 Doherty 功率放大器的电路设计

基于 3.3.2 节所阐述的连续逆 F 类和 J 类混合工作模式理论，使用 CGH40010F 10W GaN HEMT 封装器件设计了一个连续型 Doherty 功率放大器，如图 3-42 所示。两路功率放大器的漏压偏置全部设成 28 V，载波栅压偏置设成 -3 V，峰值栅压偏置设成 -6 V。Doherty 功率放大器在 Rogers4350B 基板上加工制作，其板材参数为：$\varepsilon_r = 3.66$，$H = 0.762$ mm。加工制作的 Doherty 功率放大器如图 3-43 所示。

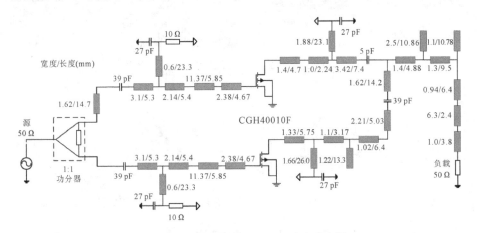

图 3-42　设计的完整 Doherty 功率放大器

图 3-43　加工制作的 Doherty 功率放大器

3.3.4　混合连续工作模式 Doherty 功率放大器的仿真分析与实物测试结果

1. 仿真分析

图 3-44 所示为载波功率放大器在内部电流源参考面的阻抗仿真结果，基波频率为 1.5～2.1 GHz，最优基波阻抗 R_{opt} 大约为 35 Ω。从图中可以看出，二次谐波阻抗匹配在 $0.55 \leqslant \eta \leqslant 1$ 的区域内。尽管基波阻抗和三次谐波阻抗轻微地偏移于理论值，但是基本不会影响功率放大器的性能。峰值功率放大器在内部电流源参考面的阻抗仿真结果如图 3-45 所示。从图中可以看到，二次谐波阻抗的阻抗

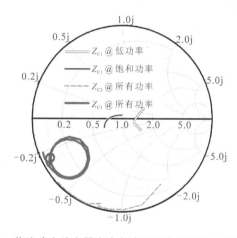

图 3-44　载波功率放大器在内部电流源参考面的阻抗仿真结果

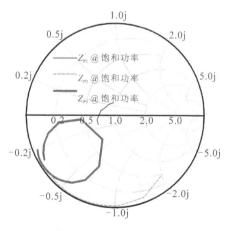

图 3-45　峰值功率放大器在内部电流源参考面的阻抗仿真结果

特性几乎全部是纯电抗，满足了设计要求。三次谐波阻抗并没有准确地匹配在短路点，但是它对功率放大器的性能影响很小，所以此处忽略其影响。

图 3-46 所示为仿真的载波功率放大器在内部电流源参考面的电压电流波形，频率为 1.8 GHz。从图中可以看到，在饱和功率情况下，载波功率放大器工作于连续逆 F 类工作模式；在低功率情况下，与理想 J 类工作模式相比存在些许差异，但是可以近似地看作 J 类工作模式。图 3-47 所示为载波功率放大器的电压、电流傅里叶系数随输出功率变化的仿真结果，频率为 1.8 GHz（电压傅里叶系数归一化于 28 V，电流傅里叶系数归一化于 1.5 A）。基波电压傅里叶系数随着输出功率回退几乎保持不变，说明电压是饱和的，如图 3-47(a)所示。从图 3-47(b) 中可以看到，三次谐波电流大于二次谐波电流，主要是因

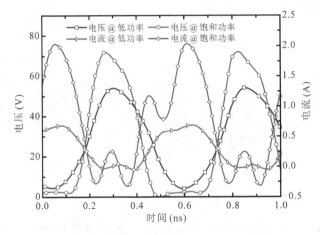

图 3-46　载波功率放大器在内部电流源参考面的电压电流波形

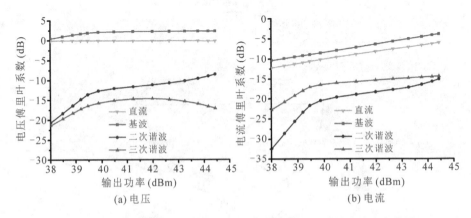

(a) 电压　　　　　　　　　　　　(b) 电流

图 3-47　载波功率放大器的电压、电流傅里叶系数随输出功率变化图

为晶体管受到曲膝电压 V_{knee} 的影响。因为电压是饱和的，所以电压的最小值低于 V_{knee}，导致电流的顶部被切掉，且有更多的三次谐波电流产生。

2. 实物测试结果

首先对功率放大器进行单音正弦波信号测试，测试的漏极效率和大信号增益如图 3-48 所示。

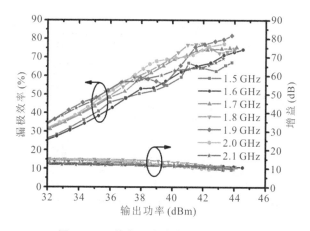

图 3-48　单音正弦波信号的测试结果

从图 3-48 中可以看到，工作频率(Freq)在 1.5 GHz 到 2.1 GHz 之间，相对带宽(FBW)大约为 33.3%。饱和输出功率(P_{sat})在 43.3 dBm 到 44.6 dBm 之间，此时的漏极效率(DE)在 67.2% 到 81.7% 之间。当功率降低 6 dB(6 dB OBO)时，效率超过 50.4%，最高能达到 60.1%。图 3-49 所示为仿真与测试结果的比较。

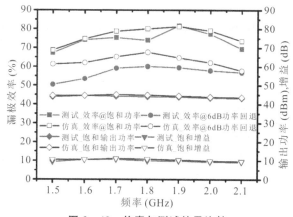

图 3-49　仿真与测试结果比较

表 3-6 所示为当前设计与之前一些优异的 Doherty 功率放大器结果的比较。

表 3-6 当前设计与之前优异设计的比较

参考文献	Freq/GHz	FBW(%)	DE(%) @P_{sat}	DE(%) @6dB OBO	P_{sat}/dBm
[73]	1.65~2.7	48.2	55.8~72.2	41~59.6	43.1~45.2
[74]	1.72~2.27	27.5	58~72	48~55	42.5
[75]	3.3~3.75	12.8	58~71	48~60	48~48.8
[77]	2.7~4.3	45.7	48~61	40~43	38.5~39.2
[81]	0.55~1.1	67	56~72	40~52	42~43.5
此设计	1.5~2.1	33.3	67.2~81.7	50.4~60.1	43.3~44.6

文献[75]中提出的连续型 Doherty 功率放大器在低功率时工作在改进的 J 类工作模式，饱和功率时工作在 J 类工作模式。改进的 J 类工作模式的效率低于 J 类工作模式，而 J 类工作模式的效率低于连续逆 F 类工作模式。因此，相较于文章[75]提出的连续型 Doherty 功率放大器，本节所提出的使用连续逆 F 类与 J 类混合工作模式的连续型 Doherty 功率放大器具有更高的效率。相较于其他未考虑谐波阻抗匹配的 Doherty 功率放大器，效率提升更加明显，主要是因为本节提出的连续逆 F 类和 J 类混合工作模式中具有合适的基波阻抗和谐波阻抗。然而，谐波匹配网络的引入使得峰值输出匹配网络的相移变大。在低功率状态，峰值功率放大器的反向阻抗很难在更宽的频带内满足设计要求，这一问题限制了它的带宽。

为了评估效率和线性度，使用调制信号作为激励来测试制作的连续型 Doherty 功率放大器。采用 20 MHz LTE 信号作为激励，其峰均功率比为 7.5 dB。LTE 信号的测试结果如图 3-50 所示，平均漏极效率为 48.3%~58.2%，平均输出功率在 35.8 dBm 到 36.7 dBm 之间。在 1.5~2.1 GHz 的频带内，相邻信道功率比(ACPR)在 −27.1 dBc 到 −23.1 dBc 之间。

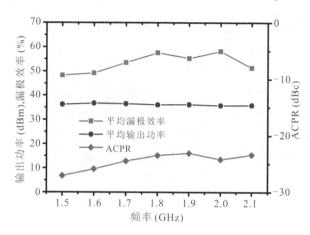

图 3 - 50　　LTE 信号的测试结果

本章小结

　　本章主要介绍的是三个高回退下高效率 Doherty 功率放大器的设计实例。第一节介绍了一款工作在 5 G 低频段（3.4～3.6 GHz）的高效率线性 Doherty 功率放大器的设计。为了提升功率放大器的效率，提高线性度，创新性地采用双偏置网络结构用以提高功率放大器的视频带宽及降低晶体管记忆效应，利用新型合路器降低阻抗变换比，以及利用 3 dB 定向耦合器代替传统的 Wilkinson 功分器以减小电路尺寸，节约设计成本。从晶体管和电路板材的选型、定向耦合器的设计、输入输出阻抗的匹配、负载调制网络的设计到原理图和版图的仿真，介绍了整个 Doherty 功率放大器的设计过程。经过实物测试，功率放大器的饱和输出功率为 43～44 dBm，饱和漏极效率超过 70%，功率回退 6 dB 处的效率在 51%～55%，功率回退 8 dB 处的效率高于 43%。加入数字预失真后，在平均输出功率达到 42.5 dBm 时的邻近信道功率泄露比低于－46.5 dBc。对比当前国内外功率放大器指标，该设计的功率放大器效果良好。

　　第二节介绍了一款基于改进的谐波控制结构的连续性 Doherty 功率放大器的设计。该结构能够消除谐波负载调制的影响，并且能准确地匹配谐波阻抗，而不影响基波阻抗的匹配。最后通过电路的仿真设计与实物的加工测试对理论进行验证。测试结果显示：从 1.6 GHz 到 2.1 GHz 的频带内，饱和输出功率在 43.2 dBm 到 44.5 dBm 之间，此时的漏极效率在 68.1% 到 72.1% 之间。

当功率降低 6 dB 时，效率超过 48.4%，最高能达到 63.5%，表明采用这种结构设计的连续型 Doherty 功率放大器对效率的提升非常明显。

第三节介绍了一款基于连续逆 F 类和 J 类混合工作模式的 Doherty 功率放大器的设计。针对应用于载波功率放大器的连续工作模式的阻抗设计空间减小的问题，提出了一种连续逆 F 类和 J 类混合工作模式，扩展了传统单一连续工作模式的阻抗设计空间，并通过电路的仿真设计与实物的加工测试对理论进行验证。测试结果显示：从 1.5 GHz 到 2.1 GHz 的频带内，饱和输出功率在 43.3 dBm 到 44.6 dBm 之间，此时的漏极效率在 67.2% 到 81.7% 之间。当功率降低 6 dB 时，效率超过 50.4%，最高能达到 60.1%。良好的测试结果表明，本节所提出的混合工作模式对 Doherty 功率放大器的设计具有非常大的帮助。

第 4 章

宽频带高效率连续型功率放大器的设计

功率放大器作为发射机最重要的一个功能模块，同时也是重要的有源模块，它的性能直接决定着发射机的性能。从通信系统制造商的角度来看，拥有一个覆盖多个射频频带的宽频带高效率功率放大器是一直以来的追求。考虑到功率放大器在无线通信技术中所起的关键作用，对功率和效率的要求不能为了追求带宽而被降低，特别是对于电池供电的系统。低效率功率放大器不仅需要消耗更多的能源，而且需要更大的散热模块，这对空间有限的发射机结构是不能实现的。因此，宽频带高效率的功率放大器一直是研究的热点问题。

传统功率放大器已无法满足现代无线移动通信技术的要求。随着技术的发展，出现了开关类功率放大器，包括 E 类、F 类、逆 F 类、EF 类功率放大器等。通过对波形进行控制，减少电压与电流波形之间的重叠以降低功率管的热损耗，使它们在理论上可以具有 100％ 的效率。虽然 F 类、逆 F 类、EF 类等开关类功率放大器的效率很高，但它们的最优基波阻抗和谐波阻抗都位于单个阻抗点，很难实现宽频带匹配。因此，连续工作模式理论被提出，并在实践中不断地发展。

本章将基于逆 F 类、EF 类工作原理和连续型功率放大器的设计理论，详细介绍两个宽频带高效率连续型功率放大器的设计实例，并对整个设计方案、设计指标、电路的仿真设计、实物的加工与测试等做出详细的介绍。

4.1 基于多级二次谐波控制输出匹配网络的连续逆 F 类功率放大器的设计

到目前为止，宽频带高效率功率放大器的设计主要基于连续工作模式理论。在连续工作模式理论中，基波阻抗和谐波阻抗具有了更大的阻抗设计空间，缓解了宽频带输出匹配电路的设计压力[82-85]。但是，这些连续工作模式在分析时并未考虑到晶体管内部寄生参数的影响，在实际设计时，一段宽频带中的各频点在封装面具有不同的阻抗设计空间。此外，由于连续型功率放大器输出匹配电路有其自身固有的频率响应特性，因此很难在一段很宽的频带范围内把各个频率的基波和谐波阻抗准确地匹配至最优阻抗上。

本节首先介绍几种传统的连续型功率放大器的输出匹配电路，然后提出一种基于阻抗缓冲概念的多级二次谐波控制输出匹配网络，最后通过电路的仿真设计与实物的加工测试对理论进行验证。

4.1.1　传统的连续型功率放大器的输出匹配电路

一般情况下，高效率连续工作模式的谐波阻抗为纯电抗，基波阻抗同时具有电阻和电抗，从频率响应特性来看，其具有低通特性。因此，设计连续型功率放大器输出匹配电路最直接的方法是使用低通滤波器，目前使用较多的为切比雪夫低通滤波器。除此之外，简化实频技术也被广泛地应用在连续型功率放大器的设计中，通过网络综合与算法优化可实现准确的基波阻抗和谐波阻抗匹配。

1. 基于切比雪夫低通滤波器的输出匹配电路

首先，利用切比雪夫多项式来描述所需设计的匹配电路的衰减特性[86]：

$$IL = 10 \log[1 + a^2 T_n^2(\Omega)] \tag{4-1}$$

其中，切比雪夫多项式可以表示为：

$$T_n(\Omega) = \cos[n(\arccos(\Omega))], \ |\Omega| \leqslant 1 \tag{4-2}$$

$$T_n(\Omega) = \cosh[n(\mathrm{arccosh}(\Omega))], \ |\Omega| \geqslant 1 \tag{4-3}$$

当 $-1 \leqslant \Omega \leqslant 1$ 时，切比雪夫多项式为

$$T_0 = 1 \tag{4-4}$$

$$T_2 = \Omega \tag{4-5}$$

$$T_2 = -1 + 2\Omega^2 \tag{4-6}$$

$$T_3 = -3\Omega + 4\Omega^3 \tag{4-7}$$

$$T_4 = 1 - 8\Omega^2 + 8\Omega^4 \tag{4-8}$$

图 4-1 所示为 1～4 阶切比雪夫多项式的函数图。

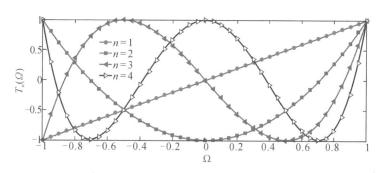

图 4-1　1～4 阶切比雪夫多项式的函数图

将切比雪夫低通滤波器表示成低通滤波器的一般形式[87]，其结构如图 4-2 所示。

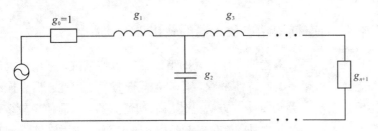

图 4-2 归一化标准低通滤波器的结构

根据衰减特性表达式，不同的阶数和最大衰减量决定了表达式的形式，所以可以根据阶数与最大衰减量这两个指标来确定衰减特性表达式，然后计算出低通滤波器中各个元件的参数。

为了方便设计，这些元件的参数已经被整理在表格中，在设计时只需要根据设计指标来查找表格中的元件参数即可。然后通过频率和阻抗反归一化，便能得到实际的元件参数。

最终设计出来的电路的基波阻抗与源阻抗相匹配，谐波阻抗的阻抗特性为纯电抗，初步满足输出匹配电路的设计要求。然而，晶体管的寄生参数使得基波阻抗在不同频率处不相同。此外，谐波阻抗仅仅满足纯电抗条件，还需要与基波阻抗相互对应，所以设计出来的切比雪夫低通滤波匹配网络需要额外的调谐优化。

2. 基于简化实频技术的输出匹配电路

简化实频（SRFT）综合算法首先由 Yarman 和 Carlin 提出[88]，它的最初形式主要是集总参数 LC 网络综合，后来逐渐改进成分布参数网络综合[89]，分布参数形式的 SRFT 能够实现基波阻抗的匹配和谐波阻抗的直接控制。通过识别符合设计目标的功率和效率等高线，简化实频算法可以用来设计最优的匹配网络[90]。

为了量化待测器件（DUT）与 50 Ω 负载在工作频带上的匹配度，引入转换功率增益（TPG）这一概念，简化实频技术的原理结构如图 4-3 所示。

图 4-3 简化实频技术的原理结构图

如图 4 - 3 所示，转换功率增益可以表示为

$$\mathrm{TPG}(\omega)=\frac{|S_{21}|^2(1-|\varGamma_\mathrm{L}|^2)}{|1-S_{11}\varGamma_\mathrm{L}|^2} \qquad (4-9)$$

式中：S_{21} 是输出匹配网络的正向传输系数，$\varGamma_\mathrm{L}$ 是输出端反射系数，S_{11} 是输入端反射系数。

复数理查德变量的定义如下：

$$\lambda=\mathrm{j}\varOmega=\mathrm{j}\tan\omega\tau \qquad (4-10)$$

其中，延时常量设置为

$$\tau=\frac{1}{4f_{\mathrm{end}}\kappa} \qquad (4-11)$$

式中：f_{end} 为优化的最高频率，变量 κ 用来控制传输线的电长度，可以调节此参数来控制谐波电抗在电抗平面的高效率区域内。

基于传输线的无损两端口匹配网络，S 参数便可以写成 λ 的函数，保证网络不受有限传输零点的影响，并得到 S 参数矩阵：

$$\boldsymbol{S}=\begin{bmatrix} \dfrac{h(\lambda)}{g(\lambda)} & \dfrac{(-1)^q\lambda^q\,(1-\lambda^2)^{\frac{k}{2}}}{g(\lambda)} \\[3mm] \dfrac{(-1)^q\lambda^q\,(1-\lambda^2)^{\frac{k}{2}}}{g(\lambda)} & (-1)^{1+q}\dfrac{h(-\lambda)}{g(\lambda)} \end{bmatrix} \qquad (4-12)$$

其中，q 为直流零点的数量，k 为级联节点的数量。根据式(4 - 9)和式(4 - 12)，转换功率增益便可以重新写成：

$$\mathrm{TPG}(\omega)=\frac{f\cdot f^*\,|1-|\varGamma_\mathrm{L}|^2|}{h\cdot h^*\,(1+|\varGamma_\mathrm{L}|^2)+f\cdot f^*-2\mathrm{Re}(\varGamma_\mathrm{L}\cdot h\cdot g^*)} \qquad (4-13)$$

其中

$$f(\lambda)=(-1)^q\lambda^q\,(1-\lambda^2)^{\frac{k}{2}} \qquad (4-14)$$

对多项式 $h(\lambda)$ 的系数进行初始化，并选择合适的 $f(\lambda)$。基于网络的无损耗条件，可以得到对应的多项式 $g(\lambda)$：

$$g(\lambda)\cdot g(-\lambda)=h(\lambda)\cdot h(-\lambda)+f(\lambda)\cdot f(-\lambda) \qquad (4-15)$$

通过计算 $g(\lambda)\cdot h(\lambda)$ 的根值可得到赫维茨多项式，然后定义唯一的 TPG，并且可以通过系数的非线性优化在整个频带内最大化 TPG。当 $h(\lambda)$ 被确定后，便可以通过公式 $S_{11}=h(\lambda)/g(\lambda)$ 来计算匹配网络中的 S_{11}。然后可以使用归一化和理查德转换进行网络综合，这样就能得到最优匹配网络中传输线的特征阻抗[91]。

4.1.2　多级二次谐波控制输出匹配网络

对于一个连续型功率放大器来说，若想获得宽频带高效率的性能指标，关键是要保证在匹配好基波阻抗的同时，准确地匹配谐波阻抗。现有的几种连续工作模式中，谐波阻抗的匹配主要针对的是二次谐波阻抗和三次谐波阻抗。然而，三次谐波阻抗通常是一个固定的阻抗值（连续 F 类工作模式为开路，连续逆 F 类工作模式为短路）。所以很难在一段宽频带范围内将三次谐波阻抗准确地匹配在开路或短路。此外，三次谐波阻抗对效率的影响远远小于基波阻抗和二次谐波阻抗，这意味着即使三次谐波阻抗被准确地匹配在开路或短路，效率提升也非常小，而且将极大地提升设计难度和输出匹配电路的复杂性。因此在设计输出匹配电路时，应当首先满足基波阻抗和二次谐波阻抗条件，同时尽量使三次谐波阻抗保持在开路或短路阻抗点附近。

如图 4 - 4 所示，本设计提出了一种实现基波阻抗和二次谐波阻抗准确匹配的新结构。该结构基于"阻抗缓冲"概念[92]，它的核心思想是在匹配网络的若干参考节点处引入多个频率的短路阻抗，参考节点后的电路将不会影响该节点的阻抗，这些频率的阻抗可由前级电路进行控制。

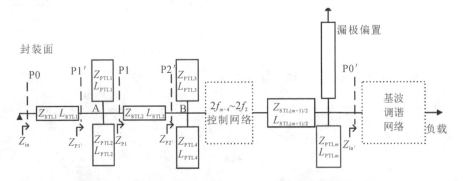

图 4 - 4　多级二次谐波控制输出匹配网络的结构

首先要确定连续型功率放大器的目标工作频带 $f_1 \sim f_m$，为了确保基波阻抗和二次谐波阻抗之间没有重叠，需要满足条件：$f_m < 2f_1$。通过选取其中的 m 个频点 f_1、f_2、f_3、$\cdots$、f_{m-1} 和 f_m，将整个频段等分为 $m-1$ 个子频段。其中，$f_2 = f_1 + (f_m - f_1)/(m-1)$，$f_3 = f_1 + 2(f_m - f_1)/(m-1)$，$\cdots$，$f_{m-1} = f_m - (f_m - f_1)/(m-1)$。为了方便电路设计，设定 $m = 2k+1$，$k \geqslant 1$，k 的取值由实际的带宽 $f_m - f_1$ 决定。

在第一级电路中，两段并联的终端开路传输线 PTL1 和 PTL2 的物理长度

L_{PTL1} 和 L_{PTL2} 可由如下公式计算：

$$L_{PTL1} = \frac{\lambda_{@2f_m}}{4} \qquad\qquad (4-16)$$

$$L_{PTL2} = \frac{\lambda_{@2f_{m-1}}}{4} \qquad\qquad (4-17)$$

其中，$\lambda_{@2f_m}$ 和 $\lambda_{@2f_{m-1}}$ 分别为频率 $2f_m$ 和 $2f_{m-1}$ 在介质中的波长。在参考节点 A 处，$2f_m$ 和 $2f_{m-1}$ 两个频率向 PTL1 和 PTL2 端看过去的阻抗为 0。我们知道，任何阻抗与零阻抗并联后得到的阻抗都是零阻抗，所以在参考节点后级的电路无论阻抗是多大，都不会改变 $2f_m$ 和 $2f_{m-1}$ 这两个频率在参考节点 A 处的零阻抗特性。得到参考节点 A 处的零阻抗后，便可以在前端加入一段串联的传输线 STL1。此传输线的阻抗特性是在等反射系数圆上顺时针移动，起点为短路点，通过调节传输线的长度，便可以得到想要的电抗。这就是所谓的"阻抗缓冲"思想。STL1 的特征阻抗 Z_{STL1} 和物理长度 L_{STL1} 可由如下公式计算：

$$Z_{in}(2f_m) = jZ_{STL1}\tan(\beta_{@2f_m}L_{STL1}) \qquad\qquad (4-18)$$

$$Z_{in}(2f_{m-1}) = jZ_{STL1}\tan(\beta_{@2f_{m-1}}L_{STL1}) \qquad\qquad (4-19)$$

其中，$Z_{in}(2f_m)$ 和 $Z_{in}(2f_{m-1})$ 分别为频率 $2f_m$ 和 $2f_{m-1}$ 的最优输出阻抗，$\beta_{@2f_m}$ 和 $\beta_{@2f_{m-1}}$ 分别为频率 $2f_m$ 和 $2f_{m-1}$ 在介质中的传输常数。通过式（4-18）和式（4-19）计算出 STL1 的参数后，$2f_m$ 和 $2f_{m-1}$ 两个频率的阻抗匹配完成，并且不会被后级电路影响。PTL1、PTL2 的特征阻抗 Z_{PTL1}、Z_{PTL2} 为自由的设计参数。

在第二级电路中，两段并联的终端开路传输线 PTL3 和 PTL4 的物理长度 L_{PTL3} 和 L_{PTL4} 可由如下公式计算：

$$L_{PTL3} = \frac{\lambda_{@2f_{m-2}}}{4} \qquad\qquad (4-20)$$

$$L_{PTL4} = \frac{\lambda_{@2f_{m-3}}}{4} \qquad\qquad (4-21)$$

其中，$\lambda_{@2f_{m-2}}$ 和 $\lambda_{@2f_{m-3}}$ 分别为频率 $2f_{m-2}$ 和 $2f_{m-3}$ 在介质中的波长。在参考节点 B 处，$2f_{m-2}$ 和 $2f_{m-3}$ 两个频率向 PTL3 和 PTL4 端看过去的阻抗也为 0，后级的电路无论阻抗是多大，都不会改变 $2f_{m-2}$ 和 $2f_{m-3}$ 这两个频率在参考节点 B 处的零阻抗特性。得到参考节点 B 处的零阻抗后，可以在前端加入一段串联的传输线 STL2。频率 $2f_{m-2}$ 和 $2f_{m-3}$ 在参考面 P1 处的阻抗 $Z_{P1}(2f_{m-2})$ 和 $Z_{P1}(2f_{m-3})$ 可由如下公式计算：

$$Z_{P1}(2f_{m-2}) = jZ_{STL2}\tan(\beta_{@2f_{m-2}}L_{STL2}) \qquad\qquad (4-22)$$

$$Z_{P1}(2f_{m-3})=jZ_{STL2}\tan(\beta_{@2f_{m-3}}L_{STL2}) \qquad (4-23)$$

其中，Z_{STL2} 和 L_{STL2} 为 STL2 的特征阻抗和物理长度，$\beta_{@2f_{m-2}}$ 和 $\beta_{@2f_{m-3}}$ 分别为频率 $2f_{m-2}$ 和 $2f_{m-3}$ 在介质中的传输常数。"阻抗缓冲"针对的只是后级电路，前级电路对阻抗的影响仍然存在，所以第二级电路的设计必须要考虑第一级电路的影响。在第一级电路中，PTL1、PTL2 和 STL1 对频率 $2f_{m-2}$ 和 $2f_{m-3}$ 的阻抗具有阻抗变换作用。频率 $2f_{m-2}$ 和 $2f_{m-3}$ 在参考面 P1′ 处的阻抗 $Z_{P1'}(2f_{m-2})$ 和 $Z'_{P1}(2f_{m-3})$ 可通过三个阻抗的并联计算得到：

$$Z_{P1'}(2f_{m-2})=Z_{P1}(2f_{m-2})/\!/(-jZ_{PTL1}\cot(\beta_{@2f_{m-2}}L_{PTL1}))/\!/(-jZ_{PTL2}\cot(\beta_{@2f_{m-2}}L_{PTL2}))$$
$$(4-24)$$

$$Z_{P1'}(2f_{m-3})=Z_{P1}(2f_{m-3})/\!/(-jZ_{PTL1}\cot(\beta_{@2f_{m-3}}L_{PTL1}))/\!/(-jZ_{PTL2}\cot(\beta_{@2f_{m-3}}L_{PTL2}))$$
$$(4-25)$$

若 $Z_{in}(2f_{m-2})$ 和 $Z_{in}(2f_{m-3})$ 为频率 $2f_{m-2}$ 和 $2f_{m-3}$ 的最优输出阻抗，则可以得到如下等式：

$$Z_{in}(2f_{m-2})=Z_{STL1}\frac{Z_{P1'}(2f_{m-2})+jZ_{STL1}\tan(\beta_{@2f_{m-2}}L_{STL1})}{Z_{STL1}+jZ_{P1'}(2f_{m-2})\cdot\tan(\beta_{@2f_{m-2}}L_{STL1})} \qquad (4-26)$$

$$Z_{in}(2f_{m-3})=Z_{STL1}\frac{Z_{P1'}(2f_{m-3})+jZ_{STL1}\tan(\beta_{@2f_{m-3}}L_{STL1})}{Z_{STL1}+jZ_{P1'}(2f_{m-3})\cdot\tan(\beta_{@2f_{m-3}}L_{STL1})} \qquad (4-27)$$

通过联立式(4-22)～式(4-27)可计算出 PTL1、PTL2 的特征阻抗 Z_{PTL1}、Z_{PTL2} 和 STL2 的特征阻抗 Z_{STL2} 和物理长度 L_{STL2}。由于 $Z_{in}(2f_{m-2})$ 和 $Z_{in}(2f_{m-3})$ 可由 4 个参数 Z_{PTL1}、Z_{PTL2}、Z_{STL2}、L_{STL2} 控制，而这 4 个参数具有较大的变化范围，因此 $Z_{in}(2f_{m-2})$ 和 $Z_{in}(2f_{m-3})$ 具有非常高的灵活性。

同样地，其他的频率 $2f_{m-4}$、$2f_{m-5}$、…、$2f_2$、$2f_1$ 的阻抗可由前面所示的方法进行控制。具体的设计方法与第二级电路一样，必须要将前级设计好的电路考虑进去，本结构中的谐波控制是从最高频率开始设计的，后级的谐波频率依次递减，所以高谐波频率的 $\lambda/4$ 开路线对于低谐波频率来说相当于一个电容。

当所有频率的二次谐波阻抗全部都匹配好以后，它们全都受到"阻抗缓冲"的影响，从而不会被后级电路改变。此时，可以在后级电路中加入基波调谐网络来匹配外部封装参考面 P_0 处基波频率 f_1、f_2、…、f_{m-1}、f_m 的最优基波阻抗 Z_{in}。前级的二次谐波控制网络也是输出匹配电路的一部分，所以在设计基波调谐网络时要把它考虑进去。基波调谐网络需要匹配 m 个频率的基波阻抗，可以利用并联多枝节结构或者阶跃阻抗传输线结构来进行匹配。此处一共有 m 个频率，所以必然有 m 个阻抗变换方程式。若要保证 m 个方程有解，则需要保证未知数的个数大于等于 m，此处的未知数便是基波调谐网络中所有传输线的特性阻抗和长度。由于前面设置的 $m=2k+1$，即 m 为奇数，所以可以让传输线的段数为 $(m+1)/2$，一共有 $m+1$ 个未知数，方程能够求解。实际应用中，因为传输线的阻抗变换方程式具有一定的特殊性，所以传输线的段数很可能会超过 $(m+1)/2$，这就要根据实际的设计需求来调整。

整个多级二次谐波控制输出匹配网络的传输矩阵由两个部分组成：

$$A_{H2}=\begin{bmatrix}A_2 & B_2\\ C_2 & D_2\end{bmatrix},\ A_{H1}=\begin{bmatrix}A_1 & B_1\\ C_1 & D_1\end{bmatrix} \qquad (4-28)$$

其中，A_{H2} 为二次谐波控制网络的传输矩阵。首先通过前面所述的方法将二次谐波控制网络设计好，并且计算出此传输矩阵。然后根据 m 个频率在封装参考面处的最优基波阻抗 Z_{in}，利用如下公式：

$$Z_{in}=\frac{Z_{in}'A_2+B_2}{Z_{in}'C_2+D_2} \qquad (4-29)$$

计算出 m 个频率在参考面 P_0' 处的最优基波阻抗 Z_{in}'，最后便可以通过基波调谐网络的传输矩阵 A_{H1}，利用如下公式：

$$Z_{in}'=\frac{Z_L A_1+B_1}{Z_L C_1+D_1} \qquad (4-30)$$

得到 m 个方程，便能计算出 $m+1$ 个参数的值，其中 Z_L 为负载阻抗。

最终，基波频率 f_1、f_2、$\cdots$、f_{m-1}、f_m 和相应的二次谐波频率 $2f_1$、$2f_2$、$\cdots$、$2f_{m-1}$、$2f_m$ 的阻抗全部被匹配到最优阻抗上。由于阻抗变化的连续性，整个频段的阻抗都能够被匹配得很好。

4.1.3　连续逆 F 类功率放大器的电路设计

基于 4.1.2 节所阐述的多级二次谐波控制输出匹配网络，使用 CGH40010F 10W GaN HEMT 封装器件设计了一个连续逆 F 类功率放大器。静态偏置为：$V_{gs}=-2.7\ V$，$V_{ds}=28\ V$。基板采用 Rogers4350B，其板材参数为：$\varepsilon_r=3.66$，$H=0.762\ mm$。

本设计的目标频带为 $1.5\sim 2.3\ GHz$，实际带宽为 $800\ MHz$。此设计选取 $1.5\ GHz$、$1.7\ GHz$、$1.9\ GHz$、$2.1\ GHz$ 和 $2.3\ GHz$ 五个频率作为匹配电路设计的目标频率。

1. 阻抗设计空间的获取

任何连续工作模式，其理论都是把晶体管当作理想的电流源进行分析的。然而实际的设计是在晶体管的封装外部进行的，晶体管内部存在寄生参数。换句话说，连续工作模式的阻抗设计空间位于内部电流源参考面，而实际设计中需要匹配的阻抗位于外部封装参考面。因此在设计输出匹配电路之前，需要对晶体管的寄生参数进行去嵌入处理。图 4-5 所示为 CGH40010F 晶体管的寄生参数模型[93]，从图中可以看到寄生参数网络具有低通特性。

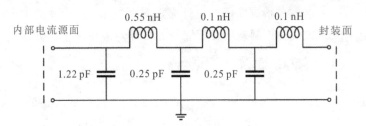

图 4-5 CGH40010F 晶体管的寄生参数模型

图 4-6 所示为连续逆 F 类工作模式的阻抗设计空间，具体可以表示为

$$Y_1 = \sqrt{2} G_{\mathrm{opt}} \cdot 0.43 + \mathrm{j} \sqrt{2} G_{\mathrm{opt}} \cdot 0.37 \cdot \gamma \qquad (4-31)$$

$$Y_2 = -\mathrm{j} 2 G_{\mathrm{opt}} \cdot 0.49 \cdot \gamma \qquad (4-32)$$

$$Y_3 = \infty \qquad (4-33)$$

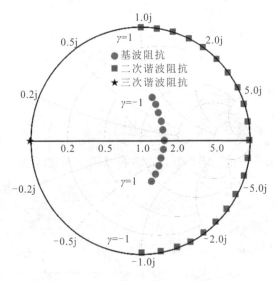

图 4-6 连续逆 F 类工作模式的阻抗设计空间

为了获取外部封装参考面 p 处的阻抗设计空间，要通过寄生参数网络对内部电流源参考面的阻抗设计空间进行变换。图 4-5 所示的寄生参数网络的传输矩阵可以表示为

$$\boldsymbol{A}_{\mathrm{p}}=\begin{bmatrix} A_{\mathrm{p}} & B_{\mathrm{p}} \\ C_{\mathrm{p}} & D_{\mathrm{p}} \end{bmatrix} \qquad\qquad (4-34)$$

得到寄生参数网络的传输矩阵后，便可以利用式(4-35)将内部电流源参考面的阻抗设计空间 $Z_{\mathrm{i\_gen}}$ 变换成外部封装参考面的阻抗设计空间 Z_{in}：

$$Z_{\mathrm{i\_gen}}=\frac{Z_{\mathrm{in}}A_{\mathrm{p}}+B_{\mathrm{p}}}{Z_{\mathrm{in}}C_{\mathrm{p}}+D_{\mathrm{p}}} \qquad\qquad (4-35)$$

图 4-7 所示为连续逆 F 类工作模式在外部封装参考面的阻抗设计空间。由于不同频率处寄生参数网络的传输矩阵各不相同，因此在外部封装参考面具有不同的阻抗设计空间，这无疑增大了输出匹配电路的设计难度。此外，阻抗设计空间中的谐波阻抗为纯电抗，这就要求输出匹配电路的频率响应特性为低通特性。具有低通特性的宽频带输出匹配电路的阻抗在 Smith 圆图上会随着频率增加顺时针旋转，而连续工作模式的基波阻抗和谐波阻抗具有相反的旋转特性：连续逆 F 类工作模式中，基波阻抗随着 γ 从 1 到 -1 变化为逆时针旋转，而谐波阻抗随着 γ 从 1 到 -1 变化为顺时针旋转，因此理论的连续工作模式的阻抗条件不可能满足。

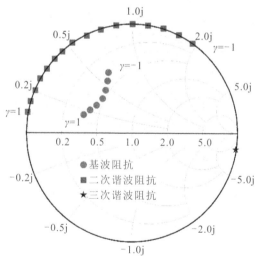

图 4-7 连续逆 F 类工作模式在外部封装参考面的阻抗设计空间

为了方便实际中输出匹配电路的设计，需要对理论的连续工作模式做进一步的变换，将其转换成实际的连续工作模式。基于图 4-7 中计算得到的阻抗设计空间，可以在附近的区域对基波阻抗和谐波阻抗进行负载牵引，便能得到实际的连续逆 F 类工作模式的阻抗设计空间。图 4-8 所示为 5 个频率的基波阻抗和二次谐波阻抗等高线，等高线内部区域代表着 5 个频率的最优阻抗设计空间。在设计输出匹配电路时，其输出阻抗随着频率变化可以呈顺时针旋转特性，只需要让基波阻抗和二次谐波阻抗位于等高线的内部，便能获得大于 70% 的效率。

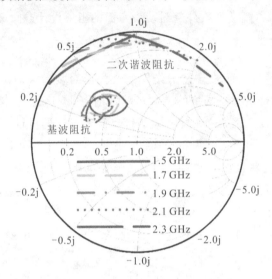

图 4-8　负载牵引得到的阻抗设计空间

2. 输出与输入匹配电路的设计

4.1.2 小节中已经得到了实际的连续工作模式的阻抗设计空间，为了设计具有低通特性的宽频带输出匹配电路，要在阻抗设计空间上选取合适的目标阻抗，表 4-1 中给出了 5 个频率的基波、二次谐波目标阻抗。

表 4-1　5 个频率的基波、二次谐波目标阻抗

	1.5 GHz	1.7 GHz	1.9 GHz	2.1 GHz	2.3 GHz
Z_f/Ω	27.5+j19.3	25.2+j13.6	22.5+j12.8	21.1+j12.4	19.3+j11.3
Z_{2f}/Ω	j27.3	j36.5	j48.5	j67.8	j89.1

得到各频率的目标阻抗后，可利用多级二次谐波控制输出匹配网络来设计输出匹配电路，图 4-9 所示为输出匹配电路的电路结构和尺寸参数。多级二次谐波控制输出匹配网络中控制的频率个数为奇数就是为了方便在最后一级处加入偏置电路，偏置电路的长度取中心频率的四分之一波长。由于偏置电路对中心频率以外的其他频率具有阻抗变换作用，所以偏置电路要看作二次谐波控制网络的一部分，这样设计出来的基波调谐网络才更加准确。

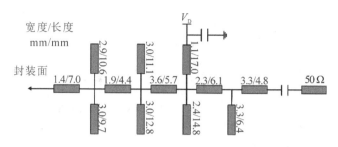

图 4 - 9　输出匹配电路的电路结构和尺寸参数图

基于图 4 - 5 中晶体管的寄生参数模型[96]，在 ADS 软件中对多级二次谐波控制输出匹配电路的基波阻抗和谐波阻抗进行仿真，如图 4 - 10 所示。从图 4 - 10(a)中可以看到，图 4 - 8 所示的阻抗设计空间包含了基波阻抗和二次谐波阻抗，说明阻抗匹配满足设计要求。从图 4 - 10(b)中可以看出，基波阻抗和二次谐波阻抗与标准连续逆 F 类功率放大器的阻抗要求稍微有点偏移，但是对功率放大器性能的影响很小，而三次谐波阻抗基本上全都位于短路点附近，可以近似地看作满足了三次谐波短路条件。

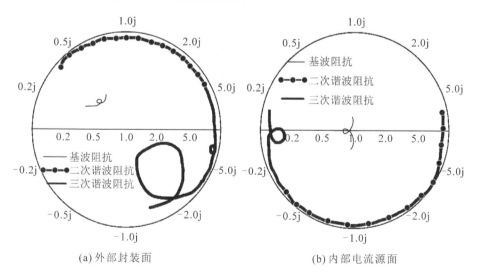

(a) 外部封装面　　　　　　　　　(b) 内部电流源面

图 4 - 10　阻抗仿真结果

由于输入端谐波阻抗的匹配对连续型功率放大器的性能影响较小，因此在设计输入匹配电路时只需考虑基波阻抗的匹配，本设计中输入匹配电路直接采用切比雪夫低通滤波匹配网络。图 4 - 11 所示为输入匹配电路的电路结构和尺寸参数。

图 4 - 11　输入匹配电路的电路结构和尺寸参数图

3. 整体设计电路与制作

将设计好的输入、输出匹配电路结合起来，最终设计出了完整的连续逆 F 类功率放大器，如图 4 - 12 所示。加工制作的连续逆 F 类功率放大器如图 4 - 13 所示。

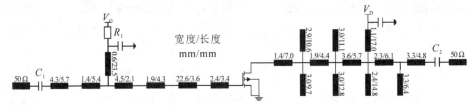

图 4 - 12　设计的完整连续逆 F 类功率放大器

图 4 - 13　加工制作的连续逆 F 类功率放大器

4.1.4　连续逆 F 类功率放大器的仿真与实物测试结果

基于 CGH40010F GaN HEMT 的大信号模型，对 1.5 GHz、1.9 GHz 和 2.3 GHz 在内部电流源参考面的电压电流波形进行了仿真，如图 4 - 14 所示。由于 1.5 GHz 处的三次谐波阻抗并没有靠近开路点，因此电流波形与方波有些轻微的偏移，但是电压波形较为标准，可以近似看作逆 F 类。此外，1.9 GHz 和 2.3 GHz 的电压电流波形与理想波形存在些许偏差，但是仍然属于连续逆

F 类工作模式的波形。

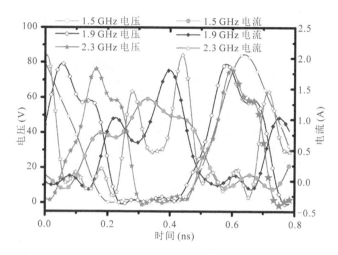

图 4 - 14　1.5 GHz、1.9 GHz 和 2.3 GHz 的电压电流波形

图 4 - 15 所示为功率放大器的大信号测试平台,主要包括信号源、驱动放大器、待测功放、衰减器和频谱分析仪。首先对功率放大器进行单音正弦波信号测试,测试的漏极效率和大信号增益如图 4 - 16 所示。工作频率(Freq)在 1.35 GHz 到 2.35 GHz 之间,相对带宽(FBW)大约为 54%,漏极效率(DE)在 71% 到 82% 之间,平均漏极效率大约为 76.5%。测试的输出功率(P_{out})在 40.1 dBm 到 41.5 dBm 之间,平均输出功率大约为 40.8 dBm。整个频带上的增益位于 10.1 dB 到 11.5 dB 之间。图 4 - 17 所示为仿真与测试结果的比较。

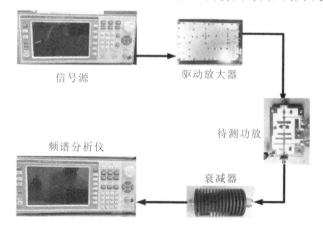

图 4 - 15　功率放大器的大信号测试平台

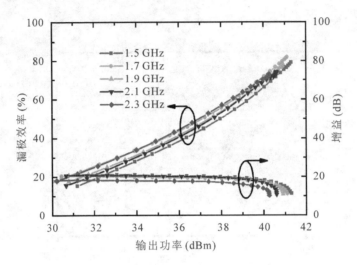

图 4 - 16　单音正弦波信号的测试结果

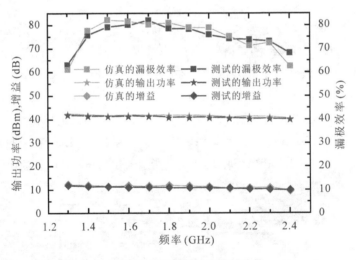

图 4 - 17　仿真与测试结果的比较

　　表 4 - 2 所示为此设计与之前的一些优异设计的比较。相较于之前的设计，此设计具有更高的效率，主要是因为此设计提出的结构能够准确地匹配基波阻抗和谐波阻抗。但是，谐波阻抗位于 Smith 圆图的边缘，即为纯电抗，限制了功率放大器的带宽，使得带宽无法超过一个倍频程（相对带宽为 66.7%）。此外，频率从基波过渡至二次谐波的这一段频带往往匹配得很差，导致带宽进一步降低。因此，此结构所能获得的高效率相对带宽大约为 50%。

表 4 - 2　当前设计与之前优异设计的比较

参考文献	工作模式	Freq/GHz	FBW(%)	DE(%)	P_{out}/dBm
[94]	CCF/F^{-1}	1.3～3.3	87	60～83	40.0～40.4
[95]	HT	2.0～3.5	55	64～76	40.5～42.0
[96]	CCF^{-1}	1.35～2.5	60	68～82	41.1～42.5
[90]	CCF	1.45～2.45	51	70～81	40.4～42.2
[97]	Class - J	1.3～2.4	59	63～72	40.1～41.2
此设计	CCF^{-1}	1.35～2.35	54	71～82	40.1～41.5

注：CCF/F^{-1}，连续 F/F^{-1} 类；HT，谐波调谐；CCF^{-1}，连续逆 F 类；CCF，连续 F 类；Class - J，J 类。

在 8 dB 峰均功率比、5 MHz 带宽的 WCDMA 信号的激励下，测试了相邻信道功率比(ACPR)来评估线性度，如图 4 - 18 所示。从 1.3 GHz 到 2.4 GHz，测试的 ACPR 位于 -32.8 dBc 到 -27.3 dBc 之间。测试的平均漏极效率大约为 18.45%～34.58%，平均输出功率为 31.96～34.67 dBm。整个频带上的平均增益位于 14.96 dB 到 19.61 dB 之间。

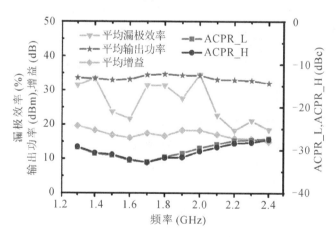

图 4 - 18　WCDMA 信号的测试结果

4.2 连续 EF 类功率放大器的设计

4.2.1 传统 EF 类功率放大器的设计

1. 传统 EF 类功率放大器理论

E 类功率放大器的波形是经过精心设计的,通过计算出各个元件的值来满足 ZVS 和 ZVDS 的要求,以实现软开关操作,所以不会发生波形重叠,能够最大程度地减少晶体管断开与闭合过渡期间的功耗,理论上具有 100% 的效率。但是 E 类功率放大器的峰值漏极电压非常高($3.56\ V_{ds}$)。即使对于中等输出功率水平,也会在实际的应用中有所限制。尽管可以将诸如 GaN 的高击穿技术充分用于这种模式,但是使用诸如 CMOS 之类的低击穿技术来实现高度可集成的低成本片上系统仍然面临着巨大的挑战。

另一方面,F 类功率放大器的峰值开关电压比较低,仅为 $2V_{ds}$,但是需要一个复杂的谐波控制网络来完成所有的谐波控制,以便可以在理论上实现 100% 的效率极限。但是考虑到电路设计的复杂度,对所有的谐波进行控制是不可能实现的。在实际设计时只能完成对前几次谐波的控制,但这以降低效率为代价。而且传统的 F 类功率放大器由于其理想化的电路拓扑不包含与开关并联的电容,就意味着不能有效地抵消晶体管的寄生输出电容,因此其仅限于应用在中低功率中。

EF 类功率放大器提供了 E 类功率放大器的软开关操作,使其理论上能够实现 100% 的漏极效率,同时具有 F 类功率放大器的工作模式,使其具有与 F 类功率放大器一样的的低峰值漏极电压[98-99]。EF 类功率放大器的基频和各次谐波的负载阻抗如式(4-36)、式(4-37)所示:

$$Z_0 = R + j\omega_0 L \tag{4-36}$$

$$\begin{cases} Z_n = 0, & n \text{ 为偶数} \\ Z_n = \infty, & n \text{ 为奇数} \end{cases} \tag{4-37}$$

式中:n 为谐波次数。

EF 类功率放大器的电路原理如图 4-19 所示,晶体管就像开关一样工作,而不是传统的电流源。输出匹配网络提供的实阻抗 R 与电感 L 共同组成基波的负载阻抗 Z_0。同时利用 L_0、C_0 的串联谐振结构和 $\lambda/4$ 传输线将偶次谐波短路、奇次谐波开路。用 λ/4 传输线代替了传统 E 类和 F 类功放拓扑中庞大的射频扼流圈，以便使用在微波频率下。

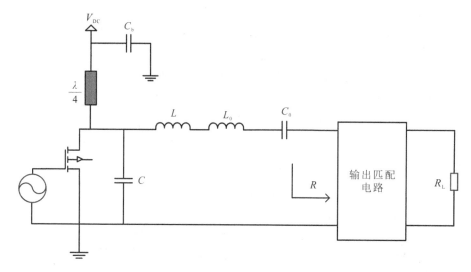

图 4 - 19　EF 类功率放大器电路原理图

图中电阻 R、串联电感 L，以及并联电容 C 的表达式分别如式(4-38)、式(4-39)、式(4-40)[100] 所示，其中 V_{DC} 代表直流电压，τ_D 表示 HEMT 的闭合时间段。在实际设计时，电容 C 可完全由晶体管的输出寄生电容 C_{out} 来代替。

$$R=\frac{2(1+\cos\tau_D)^2}{\pi^2}\frac{V_{DC}^2}{P_0} \tag{4-38}$$

$$L=\frac{\tau_D-0.5\sin(2\tau_D)}{\sin^2\tau_D}\frac{R}{\omega_0} \tag{4-39}$$

$$C=\frac{\pi}{2}\left(\frac{\sin\tau_D}{1+\cos\tau_D}\right)^2\frac{P_0}{\omega_0 V_{DC}^2} \tag{4-40}$$

结合式(4-36)、式(4-38)、式(4-39)，基波负载阻抗的公式可转化为

$$Z_0=\left[1+j\frac{\tau_D-0.5\sin(2\tau_D)}{\sin^2\tau_D}\right]\frac{2(1+\cos\tau_D)^2}{\pi^2}\frac{V_{DC}^2}{P_0} \tag{4-41}$$

2. 传统 EF 类功率放大器的电路设计

图 4-19 中的集总参数负载网络并不适合在射频下应用，因为总串联电感 L 和 L_0 通常比较大，大的电感具有较低的自谐振频率，限制了在高频下的应用。此外大电感伴随着一个大的串联电阻，它的值可以比得上负载电阻 R，将导致显著的功率损失，降低放大器的整体效率。所以本设计采用基于传输线负

載网络的 EF 类功率放大器，其电路原理如图 4-20 所示。将紧凑的 F 类谐波控制网络融入 E 类功放的负载网络，同时利用输出匹配电路来满足 EF 类功放的基波阻抗 Z_0。在实际设计时，考虑到电路设计的复杂性，不可能实现所有的谐波阻抗都满足 EF 类功放的阻抗要求，所以本设计只考虑前三次谐波的控制。TL_2 设置成 $\lambda/4$ 电长度，使二次谐波阻抗转化为零，TL_3 设置成 $\lambda/12$ 电长度，将三次谐波阻抗转化为零，然后经过电长度同样为 $\lambda/12$ 的微带线 TL_4，最终在 A 点将三次谐波阻抗转化为无穷大。电感 L 替换为串联高阻抗微带线 TL_1，基波匹配电路则是将晶体管的基波阻抗 Z_0 的实部匹配到 $50\ \Omega$。

在文献[101]中，可以得到当 $\tau_D=48.5°$ 时可获得最大的效率，所以式(4-41)可以被简化如下：

$$Z_0 = (1+j0.616)\frac{0.56V_{DC}^2}{P_0} \qquad (4-42)$$

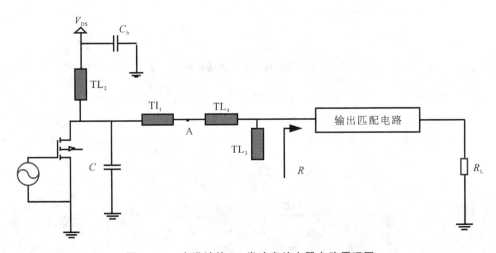

图 4-20　本设计的 EF 类功率放大器电路原理图

当输出功率为 41 dBm，直流电压为 28 V 时，由式(4-42)可得出负载阻抗 Z_0 的实部为 34.8，阻抗的虚部为 j22.5。通过合理的基波匹配电路将得到的 Z_0 的实部匹配到 $50\ \Omega$ 的负载，负载阻抗 Z_0 的虚部电抗转为微带线 TL_1，得到其电长度。同时通过合理地设计微带线 TL_2、TL_3、TL_4 的电长度完成二次、三次谐波的控制。最终利用 CREE 公司的 GaN HEMT CGH40010F 和罗杰斯公司型号为 4250B 的板材，设计了一个工作在 2.5 GHz 频率、带宽为 400 MHz 的 EF 类功率放大器。对电路进行仿真以及优化后，最终设计的 EF 类功率放大器的原理如图 4-21 所示。

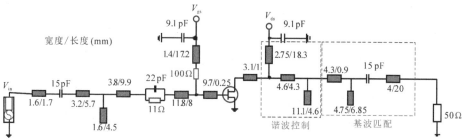

图 4 - 21　最终设计的 EF 类功率放大器的原理图

经原理图仿真优化后取得了较好的测试结果，但是原理图是基于理想情况下的仿真，忽略了实物中的一些电磁耦合现象。所以必须对设计的 EF 类功放进行基于版图的仿真，并根据得到的测试结果对电路图进行参数优化，得到基于实际情况的较好的测试结果。EF 类功放的设计版图如图 4 - 22 所示。

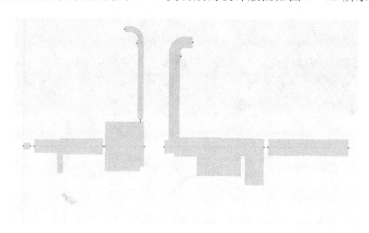

图 4 - 22　EF 类功放的设计版图

3. 传统 EF 类功率放大器的仿真结果分析

图 4 - 23 所示是当输入功率保持在 30 dBm，对频率进行扫描时 EF 类功放的各个性能指标变化的情况。在 2.3 GHz 到 2.7 GHz 的范围内，漏极效率在 65% 到 77% 之间，功率增益在 10 dB 到 11.2 dB 之间，输出功率保持在 40 dBm 到 41.2 dBm 之间。在设计的中心频点，EF 类功率放大器取得了最大的漏极效率 77%。在 2.3 GHz 到 2.5 GHz 之间，输出功率始终保持在 41 dBm 附近，符合 EF 类功率放大器设计的预期输出功率。在 2.6 GHz 和 2.7 GHz 之间，所设计的功率放大器偏离了 EF 类的工作模式，所以导致效率下降。

氮化镓射频功率放大器的设计实践与研究

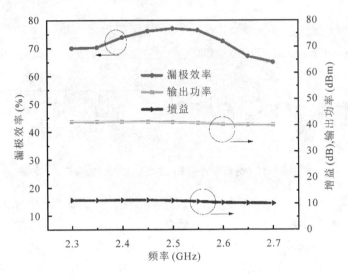

图 4-23 输出功率、漏极效率和增益仿真结果

图 4-24 所示是当输入信号的工作频率为 2.5 GHz，对 P_{in} 进行扫描时 EF 类功放的各个性能指标变化的情况。初始时随着输入功率的增加，效率快速增加，增益缓慢减小。当输入功率达到 20 dBm 时，增益出现快速下降，此时晶体管已经达到了饱和区，出现了失真。

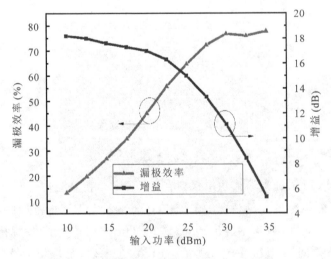

图 4-24 漏极效率、增益与输入功率的关系

通过对 EF 类功率放大器仿真结果的分析，发现其带宽较窄，只在 400 MHz 的频率范围内具有较好的性能，当频率高于 2.6 GHz 时，其性能就发生了显著下降。所以传统的 EF 类功率放大器并不具备宽频带特性。下节通过将连续类思想运用到 EF 类功率放大器中，来扩宽它的带宽并使其保持较高的效率。

4.2.2　连续 EF 类功率放大器的电路设计

传统的 EF 类功率放大器能够实现较高的效率，但是其带宽很窄。本节通过将连续类思想与 EF 类功率放大器相结合，设计一款连续 EF 类功率放大器，同时达到 EF 类功放的高效率和连续类功放的带宽。

1. 连续 EF 类功率放大器理论

虽然 EF 类功率放大器结合了 E 类功率放大器的软开关特性和 F 类功率放大器的工作模式，这使得它理论上能够实现 100% 的漏极效率，同时还具有与 F 类功率放大器类似的低峰值漏极电压。然而在设计时只是对于中心频率进行谐波控制，当工作频率偏离中心频率时，并不能实现理想的 EF 类工作状态，所以 EF 类功率放大器不具备宽频带的特性。而连续类功率放大器都在开关类功率放大器的漏极电流或电压上增加了一个扩展因子，虽然此时连续类功率放大器的漏极电压或电流波形随着扩展因子变化而改变，但是漏极电压和电流波形始终相互错开，此时漏极电压或电流波形是一种连续的工作模式，对应的连续类功率放大器的基波阻抗和各次谐波阻抗也都从单一的阻抗点变为高效率阻抗区域。通过匹配电路将各频点的最佳基波阻抗和谐波阻抗匹配到这个高效率阻抗区域任意一点都能获得相同的高效率，从而扩展了传统开关类功率放大器的带宽，解决了高效率和宽频带之间的限制问题。本设计将连续 F 类功率放大器与 EF 类功率放大器相结合，使其同时达到了 EF 类功放的效率和连续 F 类功放的带宽。

根据 CGH40010F 的官方数据可知，最大电流 $I_{\max}=1.5$ mA，膝点电压 $V_{\text{knee}}=5$ V，可以计算出 $R_{\text{opt}}=30.7$ Ω，则基波的实部阻抗为 35.4。同样根据式 (4-42) 可以计算出当输出功率为 12.4 W、漏极电压为 28 V 时，EF 类功放的基波阻抗也为 35.4，此时 EF 类的阻抗点位于连续 F 类的高效率阻抗空间内。通过对传统 EF 类功放和连续 F 类功放的阻抗分析，发现这两类功放存在合并的可能性。当输出功率等于 12.4 W、漏极电压为 28 V 时，结合式 (4-37)、式 (4-42) 可以推出连续 EF 类功放的基波、二三次谐波公式，如式 (4-43)、式 (4-44)、式 (4-45) 所示。可以得到连续 EF 类功放的电流源面阻抗空间，如图 4-25 所示。从图中可以看出，连续 EF 类功放的基波、二次谐波阻抗都是高效率的阻抗空间。当 $\gamma=0$ 时，连续 EF 类功放的基波阻抗公式符合 EF 类功放的基波阻抗公式，而且满足二次谐波短路、三次谐波断路的条件，此时连续 EF 类功放表现为 EF 类功放模式。当 γ 为其他值时，功放工作在连续 F 类模式。由于基波和二次谐波只有电抗分量跟随扩展因子而变化，并不会导致功率的损耗，因此连续 EF 类功放的效率并不会发生改变，而始终与 EF 类功率放大器保持相同的效率。

$$Z_1 = \frac{2}{\sqrt{3}}R_{\text{opt}} + \text{j}\left(\frac{0.34V_{\text{DC}}^2}{P_0} + \gamma R_{\text{opt}}\right) \tag{4-43}$$

$$Z_2 = -\text{j}\frac{7\pi\gamma}{8\sqrt{3}}R_{\text{opt}} \tag{4-44}$$

$$Z_3 = \infty \tag{4-45}$$

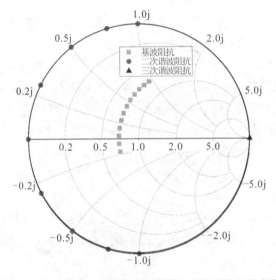

图 4-25 连续 EF 类功率放大器的电流源面的阻抗空间

2. 连续 EF 类功率放大器的设计指标

通过将连续 F 类与 EF 类功率放大器结合，大大拓宽了传统 EF 类功率放大器的带宽，并保持高效率。为设计具有宽频带高效率连续 EF 类功率放大器，本设计拟定的设计指标如下：

频率范围：　　1.5～3.0 GHz

输出功率：　　40.2～41.4 dBm

饱和漏极效率：63%～79%

增益：　　　　>10 dB

3. 晶体管及基板的选择

选择一个合适的晶体管至关重要，因为不同的晶体管具有不同的工作频率、饱和输出功率以及尺寸和封装，这些参数都会对射频功率放大器的设计产生较大的影响。下面对晶体管的参数做进一步的说明：

（1）晶体管的工作频率：采用不同半导体材料的晶体管都有自己合适的工作频率，比如以 Si 为基底材料的 LDMOS 晶体管就适合于低频，以 GaN 为基底材料的晶体管就适合于高频。在设计射频功率放大器之前，应根据设计频段选择合适的晶体管。因为只有在设计的工作频率范围内，等效模型才是准确的，才不会有严重的寄生参数效应。

（2）晶体管的输出功率：不同类型的晶体管能够得到的饱和输出功率是不同的，以 GaN 为基底材料的宽禁带晶体管的功率密度较高，所以输出功率比以 Si 为基底材料的 LDMOS 晶体管高[102]。

（3）晶体管自身的尺寸及封装：晶体管自身的尺寸与封装也是设计射频功率放大器需考虑的问题。因为在设计射频功率放大器时，在追求高效率、高输出功率和宽频带时，电路的尺寸也是一个重要的因素，电路尺寸太大并不适合于某些应用场景。

通过对晶体管各个参数进行比较以及考虑到设计指标，最终选择 Cree 公司研发的基于 GaN 的 CGH40010F HEMT，它的最佳工作范围为 $0 \sim 6$ GHz，设计频段在其范围内，最大输出功率达到 13 W，功率附加效率（PAE）最高可以实现 80%，都符合设计指标。

在确定了晶体管之后，介质基板的选择也是十分重要的，它作为电路连接的基础也会影响电路的尺寸以及性能，不同的介质基板参数会导致微带传输线的宽度以及长度发生变化。介质基板选择 Rogers4350B。其板材参数为：$H = 0.762$ mm，$\varepsilon_r = 3.66$，$\tan D = 0.0037$。

4. 静态工作点的设计

在设计射频功率放大器时，应首先根据设计的射频功率放大器类型确定晶体管应该偏置于哪种模式下。连续 EF 类功率放大器需要给予足够大的信号进行驱动，以使晶体管工作在开关模式下（而不是电流源状态），使晶体管根据电压的变化快速达到最佳的工作状态，所以需要将晶体管偏置在 AB 类工作模式下。静态工作点的扫描电路和扫描结果分别如图 4-26、图 4-27 所示。确定的偏置点为：$V_{ds} = 28$ V，$V_{gs} = -2.8$ V。

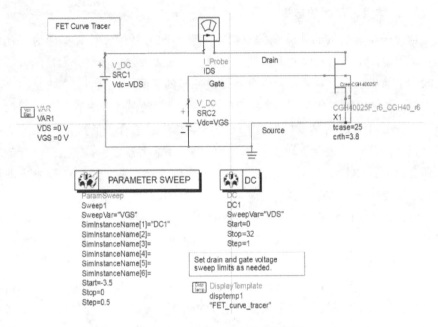

图 4 - 26 静态工作点的扫描电路

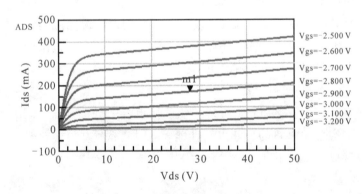

图 4 - 27 静态工作点的扫描结果

5. 偏置电路的设计

偏置电路的主要作用就是给晶体管的漏极与栅极提供稳定的电压，同时也要求射频信号不能泄漏到偏置电路，不然会导致射频功率放大器性能的降低。因为采用直流供电，会导致信号波段并不稳定，波纹较大，所以还要保证电路的稳定性。

为了保证射频信号不泄漏到偏置电路，最基础的做法就是通过射频扼流线圈来实现。在进行实际电路设计时，通常采用电长度为 λ/4 的高阻抗微带线来代替射频扼流线圈。同时为了保证电路的稳定性，在偏置电路中采用并联电容的方式滤除波纹，防止直流电源的波纹泄漏到直流通路中，保证供电的直流电压稳定。与漏极偏置电路不同的是，在栅极偏置电路中电流几乎为零，可以串联一个电阻来提高电路的整体稳定性。本设计的偏置电路如图 4-28 所示。

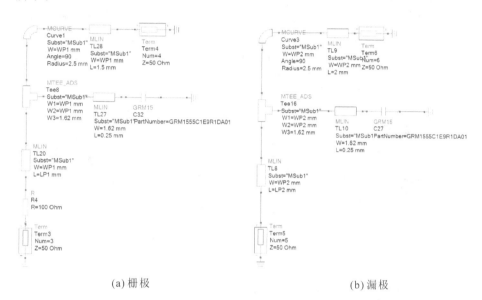

(a) 栅极　　　　　　　　　　　　　　(b) 漏极

图 4-28　偏置电路

6. 输入输出匹配电路的设计

输入输出匹配电路的设计是整个功放设计过程中最为重要的步骤，也是主要的创新点。在设计时，最重要的就是匹配输入输出阻抗，若匹配电路设计得不合理，则会导致电路中的射频信号发生反射，从而影响整个功放电路的性能。

相对于输入匹配电路，输出匹配电路对于射频功率放大器的性能有着更大的影响，包括效率以及输出功率。对于窄带电路，只需要利用 ADS 软件进行负载牵引，衡量最高效率阻抗点以及最大输出功率阻抗点，确定某个频率点的最佳阻抗，然后设计匹配电路进行阻抗匹配，此时效率以及输出功率都能达到较好的结果。但是对于宽频带射频功率放大器，如果只是对中心频点进行阻抗匹配，在其他频率点会发生失配的现象，导致效率以及输出功率下降。所以在进行宽频带射频功率放大器的电路设计时，通常会采用宽频带匹配方法，在整个频段范围内都能匹配到高效率阻抗区域。

根据式(4-26)~式(4-28)可以得到连续 EF 类的电流源端的基波阻抗、二次、三次谐波阻抗分别为 $Z_1 = 35.4 + j(30.7\gamma + 21.8)$，$Z_2 = j(21.8 - 48.7\gamma)$，$Z_3 = \infty$。但是此时得到的阻抗并不是理想的阻抗，由于晶体管会存在寄生参数，得到的阻抗会发生改变，因此在设计时需要将电流源平面的最佳阻抗转换到封装平面。本设计所选用的 CGH40010F 晶体管的封装等效输出模型如图 4-29 所示，晶体管的非线性电容 C_{out} 由晶体管的漏源电容 C_{ds} 与漏栅电容 C_{gd} 组成。电容 C_{out} 是非线性的，随着漏极电压的不断增加，非线性电容 C_{out} 的值迅速下降，然后趋近某一个定值。

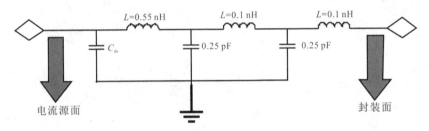

图 4-29 CGH40010F 晶体管的等效输出模型

虽然连续 EF 类功率放大器的电路结构中需要一个并联的电容 C，主要由晶体管的非线性电容 C_{out} 来提供，但是根据式(4-42)可知，在 V_{ds} 等于 28 V、P_{out} 为 12.4 W、频率为 2.4 GHz 时，连续 EF 类功率放大器并联电容 C 的值约为 0.33 pF，而此时寄生电容为 1.3 pF，说明连续 EF 类功率放大器并不能完全抵消非线性电容 C_{out} 的影响。所以要先经过 CGH40010F 晶体管的等效输出模型后，得到基于封装面的阻抗，然后进行输出匹配网络设计。

在实际设计中，通常采用设计软件对晶体管进行多谐波双向负载牵引，确定出基波和各次谐波阻抗，以抵消封装寄生参数的影响。在设计的频率范围内扫描每个频率点的基波阻抗和谐波阻抗，然后通过等效率圆的方式在 Smith 圆图中展示出来，这样就能确定每个频率点的基波与谐波的高效率阻抗区域，然后通过匹配电路将设计频段范围内的基波阻抗和各次谐波阻抗都匹配到高效率阻抗区域。多谐波双向负载牵引的步骤如下：

(1) 通过 CGH40010F 晶体管的 ADS 模型在 1.5~3.0 GHz 内进行基波负载阻抗牵引，扫描的间隔设定在 100 MHz，但此时源阻抗并没有得到，导致得到的基波负载阻抗并不一定准确。

（2）通过上一步得到的基波负载阻抗进行源牵引，频率范围也设置在 1.5～3.0 GHz，步进也设置为 100 MHz，最后得到基波源阻抗。

（3）通过上一步得到的基波源阻抗，牵引得到修正后的基波负载阻抗。

（4）通过上一步得到的基波负载阻抗，重新对基波源阻抗进行负载牵引，得到更加准确的基波源阻抗。

（5）通过对步骤（3）、（4）进行反复的迭代，最终确定基波负载阻抗以及源阻抗。

（6）在得到准确的基波阻抗之后。同样利用负载牵引，得到设计频率范围内的一组二次谐波负载阻抗。

（7）利用与步骤（2）相同的方式，得到在工作频段范围内的二次谐波源阻抗。

（8）通过对步骤（6）、（7）进行多次迭代，最终确定二次谐波负载阻抗以及源阻抗。

（9）通过上面得到的基波负载阻抗与基波源阻抗，二次谐波负载阻抗以及二次谐波源阻抗，通过同样的方法得到三次谐波的负载阻抗以及源阻抗。

通过对三次谐波进行牵引可以发现，三次谐波的高效率阻抗区域已经几乎覆盖了整个 Smith 圆图，说明三次及以上谐波对效率的提升影响不大，同时对三次及以上谐波进行控制也会增加电路设计的复杂度，所以本设计放弃对三次及以上谐波进行控制。在 1.5～3.0 GHz 各频率点上的基波与二次谐波负载阻抗如表 4－3 所示。

表 4－3　1.5～3.0 GHz 各频率点上基波与二次谐波负载阻抗

频率点	基波阻抗	二次谐波阻抗
1.5 GHz	0.424+j0.126	0.317+j0.242
1.7 GHz	0.407+j0.142	0.21+j0.337
1.9 GHz	0.4+j0.158	0.11+j0.532
2.1 GHz	0.394+j0.168	0.08+j0.571
2.3 GHz	0.384+j0.175	0.056+j0.716
2.5 GHz	0.367+j0.184	0.052+j0.853
2.7 GHz	0.346+j0.2	0.05+j1.41
3.0 GHz	0.317+j0.242	0.04+j1.873

谐波控制电路主要包括微带线 TL_1、TL_2、TL_3、TL_4。由于设计的带宽足够宽，靠单一的短路枝节或开路枝节会导致远离中心频率的二次谐波得不到控制，所以采用一个短路枝节和一个开路枝节对二次谐波进行控制。微带线 TL_2 负责 1.5～2.2 GHz 的中心频点，微带线 TL_3、TL_4 负责 2.3～3.0 GHz 的中心频点，然后通过微带线 TL_1 将二次谐波转移到高效率阻抗区域。为了简化电路的复杂度，将谐波控制电路中的微带线 TL_2 与偏置电路进行结合。谐波控制电路原理如图 4-30 所示。

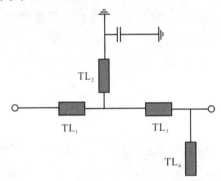

图 4-30　谐波控制电路原理图

谐波控制电路设计完成之后，接下来就是设计基波匹配电路，其主要作用是在设计的频段范围内，将基波阻抗匹配到高效率阻抗区域。由于在较宽的频带内进行匹配设计，因此本设计采用的是多枝节渐变式阻抗微带线串联的方法，通过降低输出匹配电路的节点品质因数 Q 来解决较宽频带的匹配问题，最终的输出匹配电路原理如图 4-31 所示。

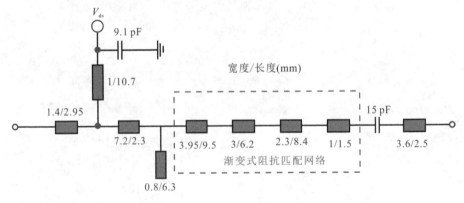

图 4-31　输出匹配电路原理图

输入匹配电路也采用相同的方法进行谐波控制，不同的是输入匹配电路对功率放大器的性能影响较小，所以并没有采用宽带匹配的方法，而是在输入匹配电路中加入电阻与电容并联的电路结构，以增加整体匹配电路的稳定性。最终设计的输入匹配电路原理如图4-32所示。

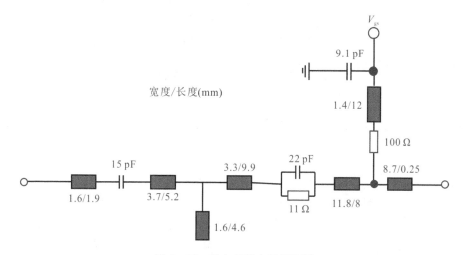

图4-32 输入匹配电路原理图

7. 整体设计电路与版图

将之前设计的各部分的电路组合起来，漏极电压、栅极电压分别设定为 $V_{ds}=28$ V、$V_{gs}=-2.8$ V，并通过对输入输出电路中的参数进行微调，以改善仿真结果。最终设计的连续EF类功率放大器的总体原理如图4-33所示。由于原理图是基于理想情况下的仿真，忽略了实物中的一些电磁耦合现象，因此必须对设计的连续EF类功放进行基于版图的仿真，并根据得到的测试结果对电路图进行参数优化，得到了较好的测试结果。最终的连续EF类功率放大器版图如图4-34所示。

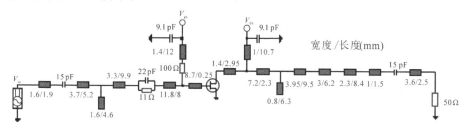

图4-33 连续EF类功率放大器总体原理图

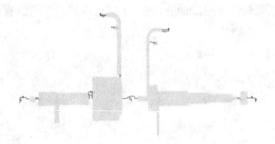

图 4－34　连续 EF 类功率放大器版图

4.2.3　连续 EF 类功率放大器的仿真结果分析

对连续 EF 类功放版图的大信号仿真结果如图 4－35、图 4－36 所示。图 4－35 描述的是当输入功率保持在 30 dBm、对频率进行扫描时连续 EF 类功放的各个性能指标变化的情况。从图中可以看出，在 1.5 GHz 到 3.0 GHz 的频率范围内，漏极效率在 63％到 80.5％之间，在中心频点达到了 80.5％的最高效率，输出功率在 40 dBm 到 41.8 dBm 之间，增益大于 10 dB。从图中可以发现，漏极效率在中高频阶段都能达到 70％以上，但是在低频阶段漏极效率有所下降，这是由于所设计的频段达到了一个倍频程，低频的二次谐波频率与高频的基波频率发生了重叠，导致二次谐波没有得到很好的控制，造成了效率的下降。

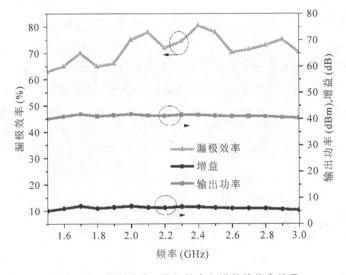

图 4－35　输出功率、漏极效率和增益的仿真结果

图 4 - 36 描述了当输入信号的频率固定为中心频点 2.4 GHz 时，输入信号的功率与增益、漏极效率之间的关系。从图中可以看出，初始时随着输入功率的增加，效率呈线性增加，增益缓慢减小，当输入功率达到 24 dBm 时，增益开始明显降低，说明功率达到了压缩的状态，此时线性度较差。

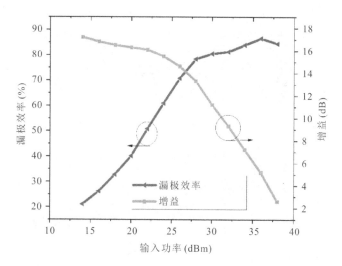

图 4 - 36　漏极效率、增益与输入功率的关系

图 4 - 37 所示为输出电路封装面的基波和二次谐波阻抗 Smith 圆图，从图中可以看出在所设计的频段范围内，基波阻抗和中高频率的二次谐波阻抗都处

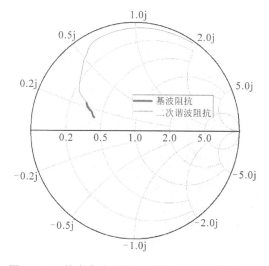

图 4 - 37　输出电路封装面的基波、二次谐波阻抗

于高效率的阻抗空间，而低频阶段的二次谐波没有得到有效的控制，这是由于所设计的频段达到了一个倍频程，低频的二次谐波频率与高频的基波频率发生了重叠，没有办法得到有效的控制，与前面低频率阶段效率降低的现象一致。

图 4 - 38 所示是当中心频率为 2.4 GHz 时的漏极输出电压、电流波形，从图中可以发现电压电流相互错开，减小了功率损耗，具有较高的效率，峰值电压仅为 66 V，远低于 E 类功放。

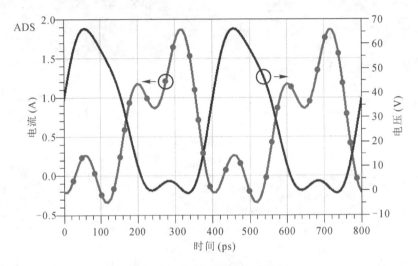

图 4 - 38　漏极电压电流波形图

4.2.4　连续 EF 类功率放大器的实物加工与测试结果

对功放的版图进行测试后，发现各个性能指标都能满足设计需求，接下来就进行实物的加工。设计的 PCB 版图和实物分别如图 4 - 39、图 4 - 40 所示，从图中可以看出加工后的功放呈金色，这是由于在加工后的功放表面做了

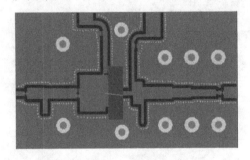

图 4 - 39　连续 EF 类功放 PCB 版图

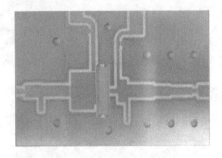

图 4 - 40　连续 EF 类功放 PCB 实物

沉金，防止电路板长期与空气接触而导致电路板被腐蚀。功放作为最耗能的模块，在使用时会产生巨大的热量，所以需要配置散热块。

图 4-41 所示是连续 EF 类功放散热块的实物，该散热块是一个巨大的铜块（因为铜的散热性比较好）。散热块与电路板之间由螺丝进行固定并充分接触，最大程度地发挥出散热的功能。然后将设计所需的电容、电阻以及 SMA 头焊接到电路板。最终组装后的整体功放如图 4-42 所示。

图 4-41　连续 EF 类功放散热块

图 4-42　连续 EF 类功放整体实物图

完成对电路的加工、组装和焊接之后，接下来就对所设计的连续 EF 类功放进行测试。在进行小信号测试时，首先利用矢量网络分析仪产生所需的信号，并用直流电源对功放的漏极和栅极进行供电，将信号输入到连续 EF 类功放，放大后的信号输入到衰减器中进行衰减，然后将信号输入到矢量网络分析仪进行 S 参数的检测。小信号测试平台如图 4-43 所示，小信号测试结果如图 4-44 所示，在 1.5 GHz 到 3.0 GHz 频段内，$S_{11} < 0$ dB。S_{21} 代表小信号的增益，在设计的频段内，S_{21} 均保持在 20 dB 附近。从仿真结果可以看出，小信号参数符合要求。

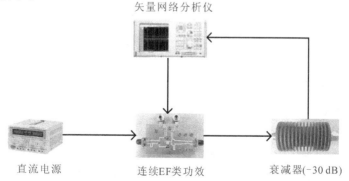

图 4-43　小信号测试平台

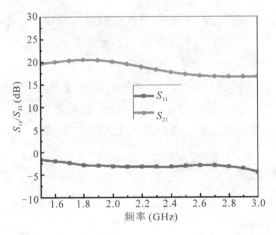

图 4-44　小信号测试结果

　　在小信号的性能参数满足要求之后，对连续 EF 类功放进行大信号测试。图 4-45 所示为大信号测试平台，利用矢量信号源发射所需信号。由于此时的信号功率太小，无法驱动连续 EF 类功放，所以要利用驱动功放对原始信号进行放大，放大后的信号进入连续 EF 类功放进行第二次放大。放大后的信号由于功率非常高，会对后面的测试仪器产生损害，所以要经过衰减器进行衰减，衰减后的信号进入频谱仪进行性能检测。为了防止功放输入端的反射信号进入矢量信号源，需要在宽频带驱动功放与连续 EF 类功放之间放置一个隔离器。

　　在功率为 30 dBm 输入信号的作用下，对输入频率进行扫描时，连续 EF 类功放模拟与实测的各个性能指标之间的对比如图 4-46 所示。从图中可见，在 1.5 GHz 到 3.0 GHz 的频段范围内，实测的漏极效率保持在 63% 到 79% 之间。相较于仿真有些许的下降，输出功率在 40.2 dBm 时增益大于 10.2 dB，大大拓宽了传统 EF 类功放的带宽。

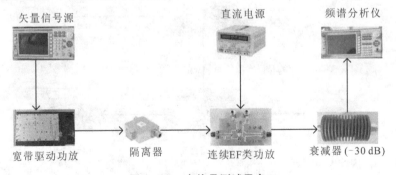

图 4-45　大信号测试平台

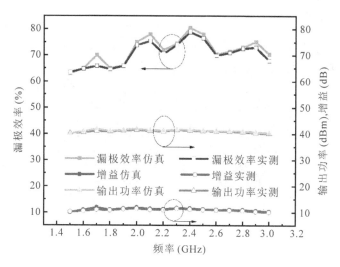

图 4-46　输出功率、漏极效率、增益实测和仿真结果

本章小结

　　本章主要介绍的是运用高效率连续工作模式的设计思想来指导射频功率放大器的设计，给出了两个宽频带高效率连续型功率放大器的设计实例。第一节介绍了一款基于多级二次谐波控制输出匹配网络的连续逆 F 类功率放大器的设计。首先介绍了几种传统的连续型功率放大器的输出匹配电路，然后针对连续型功率放大器中输出匹配电路的实现问题，提出了一种基于阻抗缓冲概念的多级二次谐波控制输出匹配网络。该结构可以在一个倍频程内准确地匹配连续型功率放大器所需的阻抗，增加基波阻抗和谐波阻抗匹配的准确度，使频宽带功率放大器的效率更接近于理论值。最后通过电路的仿真设计与实物的加工测试对理论进行验证。测试结果显示：从 1.35 GHz 到 2.35 GHz 的频段内，饱和输出功率在 40.1 dBm 到 41.5 dBm 之间，漏极效率在 71% 到 82% 之间，表明所提出的多级二次谐波输出匹配网络在连续型功率放大器的设计上具有极大的优势。

　　第二节介绍了一款连续 EF 类功率放大器的设计。首先通过对 EF 类功放理论进行分析，提出了一种高效率 EF 类功放的设计方法，将紧凑的 F 类谐波控制网络融入 E 类功放的负载网络，同时利用基波匹配电路来满足 EF 类功

放的基波阻抗要求。所设计的 EF 类功率放大器经仿真测试，从 2.3 GHz 到 2.7 GHz 的频段内，漏极效率在 65％到 77％之间，功率增益在 10 dB 到 11.2 dB 之间，输出功率保持在 40 dBm 到 41.2 dBm 之间。但是由于谐波控制电路与基波匹配电路对带宽的限制，只能实现 400 MHz 的带宽。为了解决传统 EF 类功放的带宽限制问题，将连续类功放与传统 EF 类功放相结合，提出了连续 EF 类理论，并设计了一款连续 EF 类功放。通过对实物的测试，从 1.5 GHz 到 3.0 GHz 的频段内，能够实现 63％到 79％的漏极效率，输出功率在 40.2 dBm 到 41.4 dBm 之间，增益大于 10.2 dB，大大拓宽了传统 EF 类功放的带宽。

第 5 章

宽频带和高线性度功率放大器的设计

现代电子战系统、个人无线通信、远程遥感、雷达以及航空应用等都对射频前端系统在带宽、输出功率、噪声等性能方面提出了较高的要求。而且随着当前拥有多模多频、高速数据业务传输、丰富无线应用的无线通信系统的加速发展，宽频带功率放大器的设计显得尤为重要。它不再是仅仅追求将放大器的频带展宽或是将其输出功率提高，而是要同时兼顾宽频带和高功率的设计要求。宽频带功率放大器，尤其是射频高频段高性能功率放大器的研制，将会为各大应用领域带来质的飞跃，因为高频电磁波具有低频波无法比拟或无法实现的优势，如微波、毫米波能够穿透地球大气电离层，实现航天通信。目前，国内的功率放大器研究中能同时兼顾带宽和输出功率的很少，故对高端频率的微波超宽频带功放模块的研究具有重要的意义和应用前景。

随着移动通信技术的发展，越来越多复杂的调制信号被采用，如常见的 WCDMA、QAM、QPSK 信号等，这类信号的特点是具有较高的峰均比（PAPR），需要射频前端的功放具备更好的线性度条件。而对于一个功率放大器来说，效率无疑也是一项非常重要的指标，它反映了前端系统的能耗。然而，线性度与效率往往呈现相反的变化趋势，导致线性度与效率并不能兼顾，而异相（Outphasing）技术可以很好地解决这种矛盾。

本章将首先介绍一个 3～7 GHz 微波超宽频带功率放大器的设计实例，然后介绍两个应用于 5 G 通信和基于连续 EF 类的高线性度异相（Outphasing）功率放大器的设计实例，并对整个设计方案、设计指标、电路的仿真设计、实物的加工与测试等做出详细的介绍。

5.1　3～7 GHz 微波超宽频带功率放大器的设计

5.1.1　设计指标与方案

1. 设计指标

设计指标如下：

（1）工作频段：3～7 GHz；

（2）输入功率：0 dBm；

（3）饱和输出功率：≥20 W；

（4）饱和功率平坦度：±1.5 dB；

（5）工作效率：≥30%。

2. 设计方案

从电路设计指标来看，要实现当输入功率为 0 dBm 时，饱和输出功率达到
20 W(43 dBm)以上，则需要使功率放大器的增益大于 43 dB。而从目前第三代
半导体 GaN 器件的增益来看，在 3～7 GHz 频段内放大器芯片的增益还达不
到这么高，一般仅有十几 dB。以 Triquint 公司研发的 TGF2023－2－10 芯片为
例，此款芯片是基于 0.25 μm GaN 工艺制作的，其增益随频率变化曲线如图
5－1 所示。要实现如此高的增益，需要采取多级放大器级联的方式。因此，在
多倍频程带宽内，实现多级级联且要照顾到整个工作带宽内的增益和反射系
数，也成为本设计的难点。

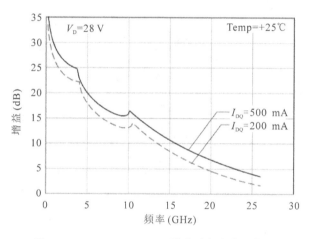

图 5－1　TGF2023－2－10 增益随频率变化曲线

本设计采用三级级联来完成，输入级主要侧重于提供较大增益；输出级主
要在大信号工作条件下设计，需要保证较大的饱和功率的输出；中间级主要兼
顾功率和增益平坦度等。整体设计框架如图 5－2 所示。

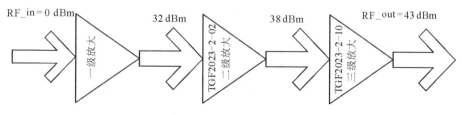

图 5－2　电路设计整体框架

第一级由于功率较小，容易实现，为节省时间，不做具体研究，采用外购方法。经过大量市场调研，选用 Mini-circuit 公司研发的 ZVE-3W-83＋放大器芯片。其增益和输出功率随频率变化曲线如图 5-3 所示。从图中可看出，该芯片在 2~8 GHz 频段范围内，增益≥34 dBm，饱和输出功率也在 34 dBm 左右，增益平坦性能也较好，满足设计要求，适合作为功放驱动级使用。

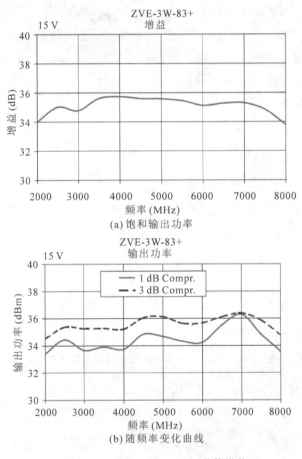

(a) 饱和输出功率

(b) 随频率变化曲线

图 5-3　ZVE-3W-83＋ 芯片增益

　　对于要提供较大饱和输出功率的功率级，采用 Triquint 公司研发的 TGF2023-2-10 芯片，其工作频段为 DC~18 GHz，栅宽为 10 mm，饱和输出功率可达 50 W。在 $V_{ds}=28$ V，$I_{ds}=500$ mA 直流偏置条件下，其最大增益在 3~7 GHz 频段内可达 15 dB 以上。在大信号情况下，当频率为 3 GHz 和 6 GHz 时，饱和输出功率均可达到 47.3 dBm，大信号增益在 14 dB 以上，最大功率附加效率可达 60% 左右。虽然其数据表中没有给出 7 GHz 时大信号的信息，但我们从所学射频知识可知饱和输出功率在 6～7 GHz 内并不会发生太大变化，增益也在 10 dB 以上，如表 5-1 所示。

表 5-1　TGF2023-2-10 芯片射频功率特性

参　　数	典　型　值								单位
频率(F)	3				6				GHz
漏极电压(V_D)	12	12	28	28	12	12	28	28	V
偏置电流(ID_0)	200	500	200	500	200	500	200	500	mA
输出 3dB 压缩电平(P_{3dB})	43.3	42.9	47.4	47.3	43.8	43.6	47.5	47.3	dBm
功率附加效率 PAE@P3dB(PAE_{3DB})	53.3	52	61.4	61.8	48.9	53	57.5	59.9	%
增益@P3dB(G_{3dB})	13.3	15.8	16.6	19.8	7.4	10.4	11.3	14.1	dB
并联电阻(R_P)	22.0	21.7	64.5	65.3	22.4	21.4	62.8	62.7	Ω·mm
并联电容(C_P)	0.36	0.42	0.24	0.26	0.15	0.24	0.28	0.30	pF/mm
负载反射系数(Γ_L)	0.40∠171°	0.41∠170°	0.18∠53°	0.19∠54°	0.39∠172°	0.42∠169°	0.30∠85°	0.32∠88°	—

注：1. 测试条件，温度 $T=25$℃，不包含键合线；2. 大信号等效输出网络（标准化）；3. 特性阻抗($Z_0=50$ Ω)

　　由于电路匹配过程中有损耗，仅依靠前级驱动还无法使功率级在大信号输入条件下达到较大的输出功率，故有必要在输入级和输出级之间加入一个中间驱动级，其主要目的是进一步增加功率增益，同时也兼顾增益平坦度。因此选用了 Triquint 公司研发的 TGF2023-2-02 芯片，如表 5-2 所示，其工作频段及制作工艺与 TGF2023-2-10 相同，均为 GaN HEMT 器件，所不同的是其栅宽为 2.5 mm，饱和输出功率只有 10 W，但增益相比上一款偏高，适合用作中间级。中间驱动级仍侧重于以功率最优化为准进行设计。

表 5-2　TGF2023-2-02 芯片射频功率特性

参　　数	典　型　值							单位
频率(F)	3				10			GHz
漏极电压(V_D)	12	12	28	28	12	28	28	V
偏置电流(ID_0)	50	125	50	125	125	50	125	mA
输入功率(P_{in})	18	18	19	19	30	30	30	dBm
输出功率(P_{out})	36.6	36.7	40.1	40.1	36.5	39.3	39.5	dBm

续表

参　数	典　型　值							单位
频率(F)	3				6			GHz
功率附加效率 PAE	60.3	61.1	60.5	60.3	59.8	56.7	57.8	%
功率增益(Gain)	18.6	18.7	21.1	21.1	6.5	9.3	9.5	dB
并联电阻(R_P)	40.8	38.7	82.2	80.4	34.8	28.9	27.2	Ω·mm
并联电容(C_P)	1.32	1.21	0.53	0.5	0.38	0.12	0.14	pF/mm
负载反射系数(Γ_L)	0.73∠161°	0.71∠162°	0.48∠139°	0.46∠140°	0.72∠−164°	0.64∠174°	0.66∠174°	—

注：1. 测试条件，温度 $T=25℃$，包含键合线；2. 大信号等效输出网络(标准化)；3. 特性阻抗($Z_0=50\ \Omega$)

5.1.2　3～7 GHz 中间驱动级功放模块的设计

1. 介质基板的选择

介质基板的选择是功率放大器设计首先要进行的步骤。基板参数不同，微带线的长度、宽度、间距及准确性也不同，射频电路表现出来的性能也就不同。它既充当了电路的支撑体，又提供了射频信号传播的介质。基板选择应在电路尺寸和电性能方面折中考虑。因为通过使用高介电常数的基板，匹配电路的尺寸可以被有效地减小；但同时高介电常数也会造成较高的介电损耗，所以要合理选择介质基板。除此之外，基板选择还应注意以下几点[62,104-105]：

(1) 适用的频率范围。当工作频率超出适用频率范围时，基板参数就会发生变化，导致电路性能恶化。

(2) 损耗角正切 tanD。较低的损耗角正切可减小信号在传播过程中的介电损耗。

(3) 基板的热导率、热膨胀系数等。较高的热导率有利于功率管良好地散热，热膨胀系数应尽量与有源器件兼容，防止有源器件破裂，同时也要考虑其所能承受的温度范围。

本设计所选用的基板为 Rogers 4350B，其使用频率可达 10 GHz，具有良好的高频特性，性价比较高，能够满足设计要求。该介质相对介电常数为 3.66，板厚为 0.254 mm；金属厚度为 0.035 mm；损耗角正切 tanD＝0.0037。这就确保了充分的功率和电流处理能力，也避免了大的微带线宽度。为了具有较好的可粘性，且有利于后期键合线与微带电路的连接，需对 PCB 上的金属微带电路进行镀金处理。

2. GaN 微波功率晶体管模型建立

一个精确的晶体管模型在功放电路设计中可以用来准确地估测晶体管的性能，非常有利于设计一个高性能的电路。本设计所选用的驱动级芯片为美国 TriQuint 公司研发的基于 GaN HEMT 的 TGF2023 - 2 - 02，厂家并没有提供芯片的大信号等效电路模型，只给出几个偏置条件下的小信号 S 参数测试数据文件及几个频点下的大信号阻抗[106]。本设计功放为 AB 类功率放大器，选择工作偏置条件为 V_{ds}＝28 V，I_{ds}＝125 mA，厂家给出了此偏置下的 S 参数测试数据(TGF2023 - 2 - 02_28V_125mA. s2p)，并给出了单个 GaN 单元 TGF2023 - 01 的线性电路模型，及在几个特定频率下大功率测试的负载阻抗，线性等效拓扑结构见图 5 - 4。TGF2023 - 2 - 02 晶体管由两个同样的 TGF2023 - 01 晶体管并联构成，因此，上述参数对于我们所要建立的晶体管 TGF2023 - 2 - 02 模型提供了一定的参考价值。由于厂家并没有给我们提供大功率器件模型，这使得我们所设计的功率放大器面临着很大的困难。尤其是要在宽频带范围内实现大功率信号的输出，就更需要得到多个频点下晶体管最大功率传输的负载阻抗。因此，建立功率管芯的等效电路模型是我们首先需要进行的工作。

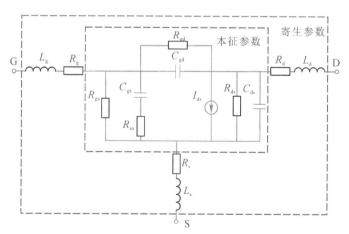

图 5 - 4　单个 GaN 单元的线性等效电路模型

从图 5 - 4 可以看出，模型中主要包含两部分参数：本征参数和寄生参数。模型建立的重点即在于对这两部分参数的提取。本设计中小信号模型参数的提取主要以器件数据表中所给单个 GaN 单元基本的模型参数为依据，采用 ADS

软件中的 TriQuintMaterka 模型作为基本的物理模型，并对该模型中的参数进行数值优化，从而达到与测试的 S 参数相拟合。

　　大信号电路模型的建立是以小信号模型为基础的，通过改变或增加某些非线性元素而得到一个经验解析模型。小信号等效电路模型中有一些本征参数对大信号行为有较大的影响，如栅-源电容 C_{gs}、栅-漏电容 C_{gd}、漏-源电容 C_{ds} 及栅极沟道电阻 R_{in} 等，这些参数的提取主要通过将 load‐pull 条件下仿真与测试的饱和输出功率、功率附加效率及最优负载阻抗进行对比，并迭代优化而得到。对于 TriQuintMaterka 模型的其余一些参数，也需要被优化来准确地估计器件的功率特征，如阈值电压 V_{to}、关于 V_{ds} 的夹断电压系数 β、饱和漏极电流 I_{dss} 等，并设置栅宽和栅指数、模型类型等一些参数。表 5‐3 所示为最终所提取的小信号和大信号本征与寄生参数。

表 5‐3　提取的小信号和大信号本征与寄生参数

元素	小信号模型	大信号模型
C_{gs}/pF	1.79	7.28
C_{ds}/pF	0.402	0.576
C_{gd}/pF	0.064	0.209
R_{in}/Ω	0.26	0.06
R_{g}/Ω	0.786	
R_{d}/Ω	0.15	
R_{s}/Ω	0.19	
L_{g}/nH	0.0089	
L_{d}/nH	0.028	
L_{s}/nH	0.012	
R_{gs}/Ω	4450	
R_{gd}/Ω	1972200	
R_{ds}/Ω	13.05	

　　对所建立模型的验证，主要通过将仿真与所测试 S 参数、功率特征的对比来进行。若仿真结果与实际结果的拟合度较好，则所建立的模型较准确，可用于电路的设计。本设计功放工作带宽为 3～7 GHz，因此重点对 1～10 GHz 频段内的 S 参数进行拟合，结果如图 5‐5 所示。

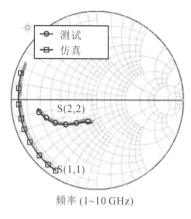

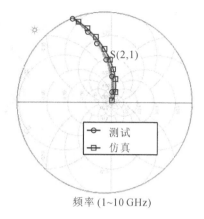

图 5－5 测试与仿真的小信号 S 参数对比

晶体管 TGF2023－2－02 数据手册中给出了 3 GHz 和 10 GHz 条件下的最佳负载阻抗及输出功率特征，因此对于大信号模型的验证，主要通过对这两个频点下 load－pull 仿真的最佳负载阻抗、输出功率、功率附加效率与测试结果比较进行，结果对比如表 5－4 所示。从表中可看出，仿真的小信号 S 参数、负载牵引仿真结果都和测试结果有很好的一致性，说明建立的模型符合实际，可以应用于电路设计。

表 5－4 测试与仿真的大信号特性对比

	3 GHz			10 GHz		
	P_{sat} /dBm	PAE /（%）	R_{opt}/Ω	P_{sat} /dBm	PAE /（%）	R_{opt}/Ω
仿真	41.39	52.77	18.788－j14.724	38.9	50.6	9.294－j1.653
测试	40.1	60.3	20.4－j15.5	39.5	57.8	10.3－j2.5

3. 中间驱动级键合线模型的建立

由于 TGF2023－2－02 晶体管是没有封装的裸片，因此需要用键合线将其与外围的微带电路连接起来，为了精确地估测键合线对电路设计的影响，必须对键合线进行建模和仿真。利用电磁仿真软件 HFSS 对键合线所建立的模型如图 5－6 所示，其中金丝键合线的直径为 25 μm、跨度为 400 μm、高为 100 μm、两根键合线的间距为 260 μm，该模型充分考虑了晶体管和 PCB 的几何结构和材料属性。图中端口 1 和端口 3 分别表示键合线与外围电路的连接端口；端口 2 和端口 4 分别表示键合线与晶体管 Pad 的连接端口。

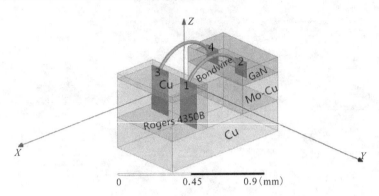

图 5-6   HFSS 软件中键合线模型

在 HFSS 软件中对模型进行仿真，并把仿真结果保存为 S4P 文件，在 ADS 软件中导入该文件，并与 ADS 软件中的理想键合线模型（参数设置与 HFSS 中相同）的仿真结果进行对比，对比原理图与仿真结果如图 5-7 所示。从图中可看出，二者在工作频段范围内键合线的感值有一定的差距，理想键合线模型感值较集中，端口阻抗接近短路点，即键合线对电路设计的影响较小；而考虑了实际影响因素的 HFSS 软件中的键合线模型中的感值分布范围较大，在各个频点阻抗值相差较大，对电路设计的影响较大。为了充分考虑键合线对电路设计的实际影响，使电路仿真结果与实际测试结果误差较小，在宽频带功率放大器设计过程中采用了 HFSS 软件中的仿真结果。

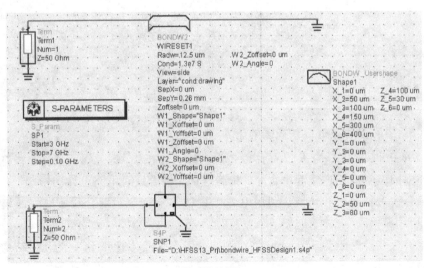

(a) 原理图

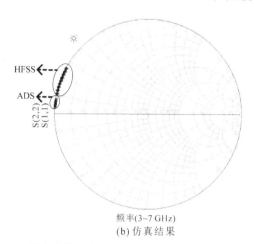

频率(3~7 GHz)

(b) 仿真结果

图 5－7　键合线模型在 ADS 软件与 HFSS 软件中仿真对比

4. 中间驱动级静态工作点的设置

在微波功率放大器设计中，静态工作点的设置是首先要进行的工作也是比较重要的一步，因为它直接决定了晶体管的工作状态，一个合适的静态工作点可以使功率放大器的输出信号满足预期的指标要求。通过在 ADS 软件中调用 DC 扫描模板可确定晶体管的静态工作点，其原理图和直流特性扫描曲线如图 5－8 所示。

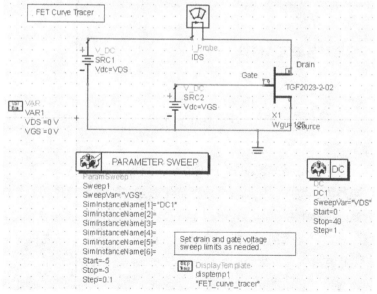

(a) 原理图

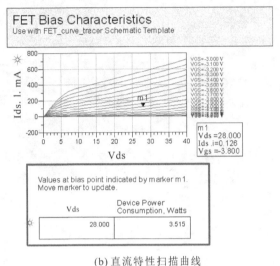

(b) 直流特性扫描曲线

图 5 - 8   晶体管 TGF2023 - 2 - 02 静态工作点的设置

因设计的是 AB 类的功放, 故电路仿真时选取的静态工作条件为: $V_{ds}=$ 28 V, $V_{gs}=-3.8$ V, $I_{ds}=126$ mA。此静态工作点与表 5 - 2 数据手册中所提供的数据基本一致。由于模型与实际晶体管之间总存在一定的误差, 因此在实际测试中, 可根据晶体管电流情况对栅、漏电压进行适当的调整, 再将其作为最终的静态工作点。

5. 偏置电路与稳定性的设计

在一般的功率放大器设计中, 偏置电路设计过程中应考虑到稳定性、能否有效隔离射频信号和直流馈电网络、功率放大器效率及噪声等因素, 而在宽频带功率放大电路设计中, 不仅要考虑以上几点, 还应考虑到带宽、阻抗匹配及功率容量等问题。

本设计的偏置电路如图 5 - 9 所示, 该电路由高阻抗的 1/4 波长阻抗变换器和一些旁路电容组成, 并利用扇形微带线起到旁路电容的作用, 偏置电路同时也作为匹配电路的一部分。其中 1/4 波长阻抗线终端连接电容到地, 通过电容对射频信号的耦合作用, 高阻抗线终端阻抗为 0, 经过 1/4 波长线的阻抗变换作用, 从射频端向直流偏置看时阻抗为无穷大, 有效地实现了射频通路与直流通路的隔离。对于旁路电容的选择, 在靠近电源部分, 应以考虑能尽量滤除电源的纹波为主; 在靠近射频通路部分, 应主要考虑将泄漏到偏置电路里的射频信号进行再次过滤。因此，本设计从直流馈电处出发，依次从大到小并联三个不同数量级的电容，所选电容为 Murata 电容。对于电容的取值，之前偏置电路设计理论部分已进行了相关的介绍。

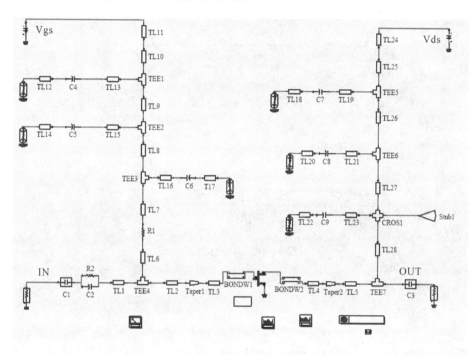

图 5 - 9　偏置电路

从图 5 - 9 中可以看出，漏极偏置与栅极偏置有着类似的结构，不同之处在于晶体管栅极与直流电源之间串联有电阻 R_1。一方面由于 GaN 场效应管栅极电流几乎为零，故在电阻 R_1 上几乎没有分压，不会产生热量，对电路效率的影响较小；另一方面，电阻的加入有利于提高电路的稳定性，同时可避免因晶体管工作过程中温度升高而造成在偏压不变的条件下，栅极出现一定的电流。此时由于电阻的存在就会产生压降，使加到晶体管栅极的电压降低，电流减小，温度降低，相当于一个镇流电阻，起到限流保护的作用[107]；而漏极由于工作时电流较大，如果串联电阻会产生较大的热量，降低效率，给电路设计带来不便。

另外，为了避免工作频带内出现潜在的不稳定区域，可在栅极输入端串联电阻 R_2 来提高电路稳定性，但稳定性和输入驻波比的改善是以牺牲增益

为代价的。因此，为了补偿增益，可将一个电容与电阻端并联，这样可以耦合掉一部分射频信号，减小因串联电阻对高频增益带来的损耗。稳定性仿真如图 5-10 所示，从图中可以看出加入 RC 并联网络后，电路在 $3\sim7$ GHz 整个频段内均稳定。

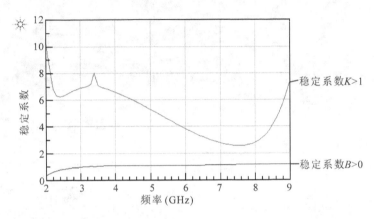

图 5-10　稳定性仿真

6. 输入输出匹配电路的设计

在对信号源和负载的匹配要求很严格的射频功率放大电路中，输入输出匹配网络的设计就显得尤为重要了，它是电路设计过程中最为核心的部分，可以说射频电路设计就是阻抗匹配设计。若阻抗匹配电路设计不当，有可能使射频信号功率无法得到最大传输，功率损耗增大，严重时甚至会引起电路振荡，无法实现正常的放大功能；另一方面，若电路匹配性能做得不好，输入输出驻波比增大，则测试时较大的反射信号有可能造成信号源等射频仪器的损坏。因此，一个性能较好的匹配网络可使信号源和负载阻抗转换到另外一个合适的阻抗，使射频有源器件工作在合适的状态，最终实现设计目标，如满足最大功率传输、最小噪声系数等要求。

上述要求对于窄频带放大电路是比较容易实现的，但是在宽频带放大电路中，因晶体管在宽频带范围内的 S 参数变化范围很大，要在每个频点都达到比较好的匹配性能是不容易的。有时会出现在个别频率上电路不稳定的情形，那么这样的电路也是不成功的。宽频带放大电路的设计更多要考虑的是整个频带内的增益平坦性，而不单单追求最大功率增益。因此，在宽频带功率放大电路设计中，要采用一些特殊的匹配方法来设计阻抗匹配网络。

在利用功放管 TGF2023-2-02 进行超宽带功率放大器设计时，为了得到最大传输功率，需要对功放管进行 Load-pull 操作，得到最佳负载阻抗和源阻抗，源阻抗和负载阻抗在工作频带范围内的阻抗较小，且分布较广，要照顾到每个频点的最佳匹配比较困难。尤其是源阻抗在整个频段内具有非常小的实部，要将其匹配到 50 Ω，对输入匹配电路的要求较高，这也是功放设计过程中最具有挑战性的一步。

本设计中的输入匹配电路主要采用了频率补偿和多支节阻抗匹配相结合的方法。对于频率补偿，主要通过在高频段实现最优匹配，而低频段引入一定的失配，从而补偿晶体管增益随频率升高而下降的特性，改善增益平坦性。这种补偿通常在输入匹配网络中进行，因为在输出端补偿会影响电路的输出功率和效率[108]。其中在多支节匹配过程中，采用宽带特性较好的扇形微带线取代了传统的直线型短截线作为并联支节，且使用了平衡式结构，提高了匹配稳定性，减少了并联支节的数量。与一般的多个支节阻抗匹配方式相比[109]，采用平衡式并联扇形结构可以用较少的分支节获得较好的射频宽带匹配性能，这有利于减小版图的尺寸。另一方面，在进行输入匹配网络设计时还应确保电路的稳定性，故在输入端加入了 RC 并联网络，同时该网络也起到了匹配的作用。通过合理取值(本设计中取 R 为 47 Ω，电容 C 取值为 1 pF)，它可以在降低低频增益的同时不改变高频增益，这样就有利于缓和电路功率增益起伏的程度。为了最小化功率放大器输入端的回波损耗，输入匹配一般采取共轭匹配的方式，这样有利于改善输入驻波比。

为了确保功率放大器在大信号工作条件下的最优性能，通常要设计一个合理的输出匹配网络。本设计通过 Load-pull 估算出最佳负载阻抗，采用多支节阻抗匹配方式实现了宽带匹配，匹配过程中使用了具有不同特征阻抗的微带线元件，通过阻抗的连续性变化，有利于晶体管输出端的最优负载阻抗匹配到 50 Ω。设计过程是在中心频率点进行的，并最终进行了元器件参数的优化，使得在整个带宽内都可以获得较好的平坦性。此外，与单纯采用 1/4 波长多级渐变型阻抗变换相比[110]，这种结构也有利于版图尺寸的减小。最终设计的输入输出匹配网络分别见图 5-11 和图 5-12。

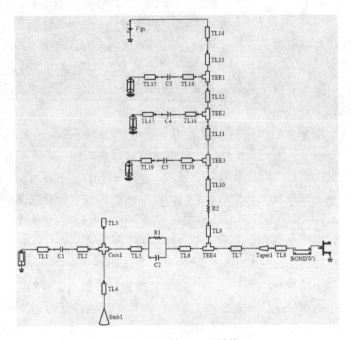

图 5-11　输入匹配网络

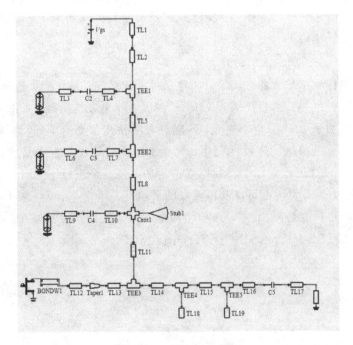

图 5-12　输出匹配网络

电路设计过程中，由于工作频段为较高的 S - C 频段，故采用了分布参数匹配方式。同时，从图 5 - 11、图 5 - 12 中也可看出，在输入输出匹配过程中也插入了电容，这个电容既充当了隔直，又起到了匹配的作用。设计中采用了Murata GJM 系列电容，它具有高 Q 值、高精确性及良好的高频性能，其截止频率可达到 20 GHz，给设计带来了便利。

7. 中间驱动级整体电路设计与仿真

至此，宽频带功率放大器设计已基本完成，将设计好的包括偏置网络在内的输入输出匹配联合起来，就组成了整个功率放大电路，其电路结构见图5 - 13。

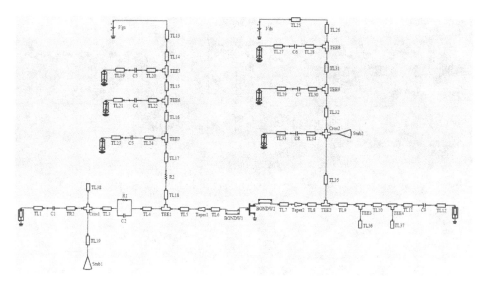

图 5 - 13　整体电路拓扑结构

之后，需要对整体电路进行原理图仿真，可能这时仿真参数还达不到预期指标要求，因此，就需要对电路元件参数在合理取值范围内进行调谐和优化，直到仿真结果符合设计指标要求。但是原理图仿真只是一种理想的仿真，并没有考虑到基板材料特性的影响及电路的电磁特性。因此，需要将微带传输线部分转化为版图，并进行基板、金属层、孔层等的设置，然后在 ADS 软件Momentum Microwave 模式下对其进行电磁仿真，这样就把电路线间的耦合和不连续效应也都考虑在内了，最后结合有源和分立元器件进行电路的联合仿真，这样的仿真与实际测试结果将会更接近。因此，Momentum 电磁仿真分析是非常有必要的，这样可使仿真与实际结果的误差降到最小。这一步可能也是

氮化镓射频功率放大器的设计实践与研究

比较烦琐和耗时较久的，因为联合仿真结果可能与已调好的原理图仿真结果相差较大，因此需要对电路元件参数反复调节，直到满足设计指标要求。电路最终原理图拓扑结构和仿真版图分别如图 5－14 和图 5－15 所示。

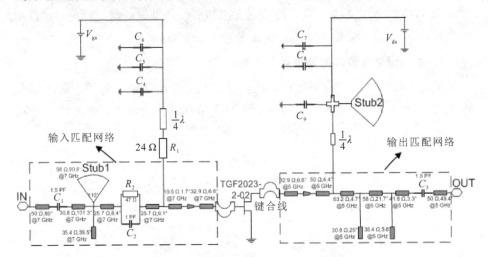

图 5－14　整体电路原理图拓扑结构

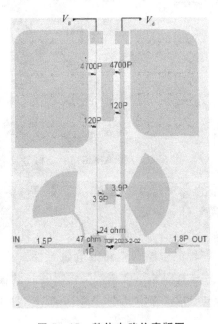

图 5－15　整体电路仿真版图

从仿真版图可以看出，栅极偏置可采用高阻抗微带线，这是因为栅极理论上没有电流，可用较窄（线宽为 0.2 mm）的微带线。而漏极电流较大，须采用较宽的微带线（线宽为 0.8 mm）以承受足够的电流。整个版图长为 27.3 mm，宽为 29.4 mm。当电路工作频率达到微波或毫米波波段时，就可能出现腔体共振效应，因此，在所设计的功率放大电路中，添加了一些过孔来避免这种效应[111]。其中过孔直径为 0.5 mm，孔间距为 1.5 mm。另外，在放芯片的部位应留有一个合适的孔，孔的大小应足够嵌入芯片，且与外围微带电路的距离应适中。电路中所用 GaN HEMT 芯片为裸片，且源极接地，为了防止管芯在工作过程中因温度升高发生热膨胀而烧毁，需采用热膨胀系数介于 SiC(GaN HEMT 衬底)和散热铜块之间的钼铜片作为芯片载体，PCB、钼铜片、芯片三者的高度应该能够保证芯片上表面与微带线在同一水平面，这样将有利于信号的最佳传输。为了避免耦合，将输入匹配中并联的扇形短截线部分做了弯曲处理，这样可以加大其与栅极偏置的间距，降低耦合对电路性能造成的影响。

　　图 5-16 所示为整体电路的原理图仿真和联合仿真曲线，其中，实线为联合仿真结果，虚线表示原理图仿真结果。图 5-16(a)通过 Smith 圆图的形式给出了电路两个端口的反射系数 S_{11} 和 S_{22}，根据理论知识可知，其阻抗轨迹卷曲所成区域与圆心比较接近，表示电路的回波损耗较小，宽带匹配可以达到设计要求；图 5-16(b)给出了电路小信号 S 参数分贝值，可见小信号增益 S_{21} 在 10 dB 以上，满足设计要求；输入端反射系数 S_{11} 的取值为 -14.7～-4.1 dB，也满足电路设计要求；输出端反射系数 S_{22} 的取值为 -19～-9.4 dB，宽带匹配效果较好。

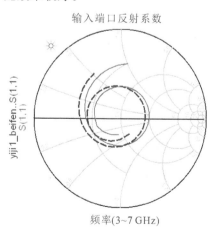
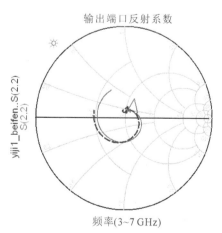

(a) Smith 圆图形式的端口反射系数

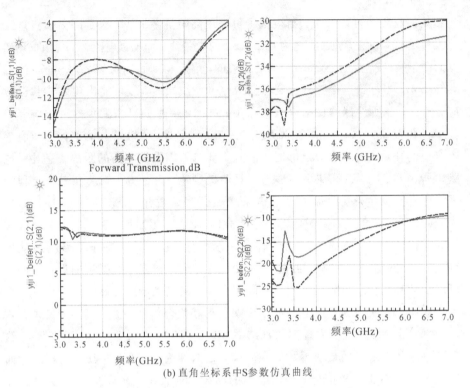

(b) 直角坐标系中S参数仿真曲线

图 5-16　电路原理图仿真与联合仿真 S 参数对比曲线

　　依据设计方案，此处重点给出当中间级功放输入前级所提供的驱动功率为 32 dBm 时，联合仿真输出功率随频率变化的曲线，见图 5-17。从图中可以

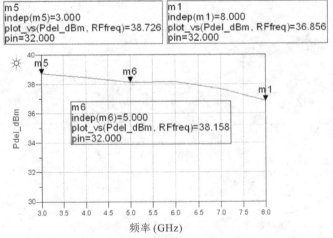

图 5-17　联合仿真输出功率在工作频带内的变化曲线

看出，在整个工作带宽内，输出功率可达 36.8～38.7 dBm，增益平坦性和功率值都达到了预期指标要求。

5.1.3 3～7 GHz 功率级放大电路的设计

功率级主要工作在大信号输入情况下，需要提供较大的饱和输出功率。功率级设计采用了 Triquint 公司研发的 TGF2023 - 2 - 10 芯片，其工作频段也为 DC～18 GHz，栅宽为 10 mm，饱和输出功率可达 50 W。

1. 功率级管芯模型的建立

同样厂家也没有提供功率级芯片 TGF2023 - 2 - 10 的大信号等效电路模型，只给出几个偏置条件下的小信号 S 参数测试数据文件及几个频点下的大信号阻抗及功率特征，因此，同样需要进行器件的建模。由于 TGF2023 - 2 - 10 与 TGF2023 - 2 - 02 在芯片制造工艺与结构上基本一致，不同的只是前者栅宽为后者的 4 倍，相当于 4 个 TGF2023 - 2 - 02 管芯并联，故前者模型完全可在后者等效电路模型中的一些参数基础上进行优化，采取与驱动级芯片 TGF2023 - 2 - 02 相似的建模方法，实现与厂家所提供的 S 参数测试数据以及个别频点下最优负载阻抗、输出功率数据等的拟合，进而准确估测器件的功率特性。

由于建模方法与前文相似，这里重点给出对 TGF2023 - 2 - 10 的拟合结果。对 1～10 GHz 频段内的 S 参数进行拟合的曲线如图 5 - 18 所示。晶体管 TGF2023 - 2 - 10 数据手册中给出了 3 GHz 和 6 GHz 条件下的最佳负载阻抗及输出功率特征(见表 5 - 1)，因此这里主要在这两个频点下进行了大信号模型

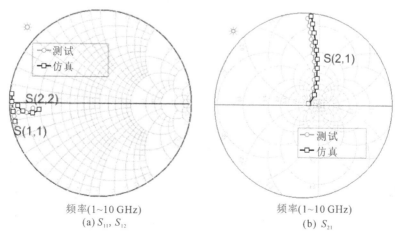

频率(1~10 GHz)　　　　　频率(1~10 GHz)
(a) S_{11}, S_{12}　　　　　　(b) S_{21}

图 5 - 18　测试与仿真的小信号 S 参数对比

的验证，如图 5-19 所示。从图中可以看出，所建模型仿真结果在所需工作频段内与测试结果的拟合度较好，说明该模型具有一定的精确性，可以用于电路的设计。

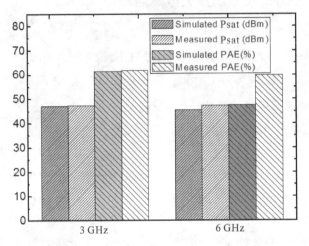

图 5-19　测试与仿真的大信号特性对比

2. 功率级键合线模型的建立

由于芯片 TGF2023-2-10 也是没有封装的裸片，所以也需要用键合线将其与外围的微带电路进行连接。与驱动级芯片所不同的是，TGF2023-2-10 栅极输入端有 8 个 Pad，如图 5-20(a)所示，故需采用 8 根键合线将其与微带电路连接。利用电磁仿真软件 HFSS 对键合线所建立的模型如图 5-20(b)所示，

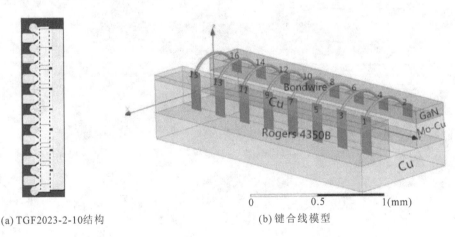

(a) TGF2023-2-10结构　　　　　　　(b) 键合线模型

图 5-20　TGF2023-2-10 结构和键合线模型

8 根金丝键合线的属性与前文中的参数一致，即其直径为 25 μm、跨度为 400 μm、高为 100 μm、键合线间距为 260 μm。图中奇数端口 1 至端口 15 分别表示键合线与微带电路的连接端口；偶数端口 2 至端口 16 分别表示键合线与晶体管 Pad 的连接端口。

在 HFSS 软件中对模型仿真后将仿真结果保存为 S16P 文件，在 ADS 软件中导入该文件，并与 ADS 软件中理想键合线模型（参数设置与 HFSS 软件中相同）的仿真结果进行对比，对比结果如图 5-21(b)所示。同样可看出，二者在工作频段范围内键合线的感值有一定的差距，理想键合线模型的感值较集中，端口阻抗接近短路点；而在三维全波电磁仿真软件 HFSS 中，因考虑了介质、基板材料属性等实际因素的影响，其感值分布范围较大，在各个频点的阻抗值相差较大，对电路设计影响较大。但是这种仿真也更接近实际情况，因此在功率级放大电路设计过程中采用了 HFSS 软件中的仿真结果。

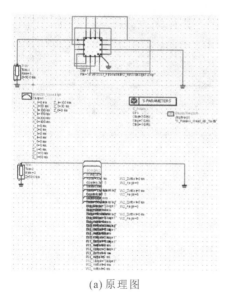

(a) 原理图

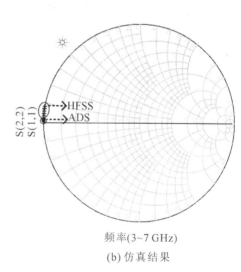

频率(3~7 GHz)

(b) 仿真结果

图 5-21　键合线模型在 ADS 软件与 HFSS 软件中仿真对比

3. 功率级静态工作点的设置

对于末级功率放大器的设计，为了兼顾输出功率和效率，同样设计为 AB 类放大器。TGF2023-2-10 数据手册中给出了晶体管的几个典型静态工作点，见表 5-1，漏极电流 I_{ds} 可设置为 200 mA 和 500 mA。为了满足设计中的高输出功率要求，设计中采用的工作偏置条件为 $V_{ds}=28$ V，$I_{ds}=500$ mA。厂家给出了此偏置下的 S 参数测试数据（TGF2023 - 2 - 10_28V_500mA. s_2p）。在 ADS 软件中嵌入所建晶体管模型，并调用 DC 扫描模板来观察其直流特性扫描曲线，仿真曲线如图 5 - 22 所示。选取与数据手册中所提供数据基本一致的点 m_1 作为其静态工作点。

　　这里需说明的是，因模型与实际晶体管之间存在一定的误差，在实际测试中，偏置电压、电流的对应关系可能与仿真曲线有偏差，这时可根据晶体管的工作情况（主要为电流）对栅、漏电压进行适当调整，作为最终的静态工作点；另外，虽然所建晶体管模型有一定的精确性，在一定程度上可以估测 GaN HEMT 管芯的性能，但是在设计过程中，对于小信号 S 参数、直流特性及一些频点功率仿真结果仍主要以厂家所提供的测试数据为参考标准。对于一些不确定频点的功率、效率等非线性特性，可通过所建模型来验证其是否在合理的取值范围内，以便设计一个性能良好、精确度高，且与实际测试结果误差较小的功率放大电路。

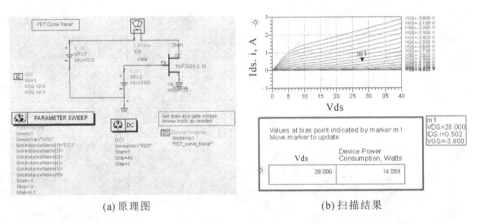

(a) 原理图　　　　　　　　　　　(b) 扫描结果

图 5 - 22　晶体管 TGF2023 - 2 - 10 静态工作点的设置

4. 功率级电路设计

　　进行功率级电路设计时，采用的设计方法与驱动级类似，主要采用的仍然是频率补偿和多支节阻抗匹配相结合的方法。这种补偿主要在输入匹配网络中引入，不同之处在于输入匹配网络的实现结构。在功率级输入匹配网络中，并没有使用并联扇形短截线，而且通过并联单分支的结构，且设计过程中微带线特征阻抗呈连续性变化，有利于宽频带特性的实现。输出匹配网络的设计，仍选取在中心频率点通过多支节阻抗匹配方式来实现。当然，最终还需对元器件参数进行调节和优化，使整体电路获得一个比较好的平坦性。功率级电路原理见图 5 - 23。

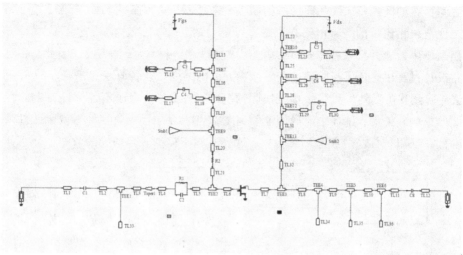

图 5 - 23　功率级电路原理图

　　将原理图微带传输线部分转化为版图，设置好基板、金属层、孔层等的属性后，同样需在 Momentum Microwave 模式下对其进行电磁仿真，最后结合有源和分立元器件进行电路的联合仿真，联合仿真结果可能与已调好的原理图的仿真结果相差较大，性能下降，增益发生频偏，因此需要对电路元器件参数进行反复调节，直到满足设计指标要求。调节时可直接在版图上调整微带线的长、宽或增减微带线等，来实现电路的优化；也可以从原理图入手，观察二者间的联系和变动规律以及对电路性能影响较大的部分，来对电路进行调试和优化。总体来讲，在调节过程中分析联合仿真后电路性能下降的原因，主要可从以下几个方面入手：

　　（1）考虑射频通路微带线与偏置部分微带线是否距离太近，造成了线间的耦合，从而使电路联合仿真时增益下降。这种情况常见于：最靠近晶体管栅、漏极的微带线间；多支节匹配过程中，不同并联分支之间的距离。在设计过程中，应尽量使连接并联分支之间的那段微带线的长度较长，如图 5 - 23 中标识为 TL9、TL10 的微带线，但是考虑到版图尺寸，这段长度也不宜过长，本设计中将其控制在 0.8～2.2 mm 之间。

　　（2）考虑电路的不连续性，造成这种不连续性的原因主要有：分布参数元器件或集总元器件本身存在的不均匀性；微带线的不均匀性，如具有不同特征阻抗的微带线间必然存在尺寸的跳变，连接有分支线的地方必然存在一些 T 型接头，在方便微带走向并节约版图尺寸情况下所引用的一些折弯线；微带线之间存在的间隙等。这几种情形如图 5-24 所示。这种不均匀性对于尺寸可与工作波长相比拟的微带电路来说是不可避免的,从其等效电路来讲,这些地方相当于串接或并接一些电抗元件,会引起信号振幅相位等的变化。因此,在电路设计过程中,必须照顾到这些等效参量。电路的联合仿真正是考虑了这些因素,因此其仿真结果也是更接近实际情况的。为了尽量减小不连续性对电路性能的影响,在调节过程中应尽可能使诸如 T 型接头、尺寸跳变处等微带元件两端的特征阻抗(线宽)相差不要太大,这样有利于提高联合仿真的效率。

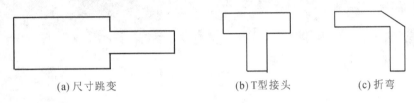

(a)尺寸跳变   (b)T型接头   (c)折弯

图 5-24　微带不均匀性

(3) 电磁仿真后,要对电路中所使用的一些无源电容、电阻的取值进行适当的调节。

调节后的电路原理拓扑结构和仿真版图分别如图 5-25 和图 5-26 所示。

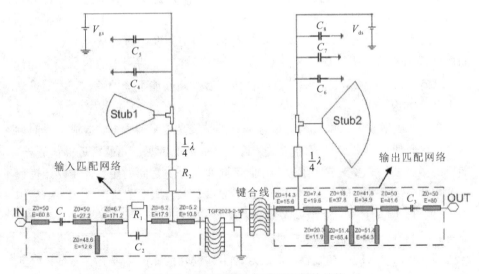

图 5-25　功率级整体电路原理拓扑结构

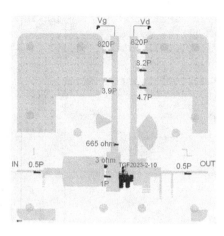

图 5 - 26　功率级整体电路仿真版图

　　在电路设计过程中，对版图的制作考虑了很多实际因素的影响。为了避免腔体共振效应，减小电磁辐射损耗，在电路 PCB 中添加了很多过地孔。图中大的过地孔是为固定电路板的螺钉而打的通孔。选取孔径时应注意，要确保螺钉的螺帽间有一定的距离，不能互相压制，且它们也不能压住射频通路和偏置电路部分。设计中选取了 M_2 的螺丝孔。其次，在放芯片的部位应留有一个合适的孔，孔的大小应考虑到实际芯片的尺寸及芯片与外围微带电路的距离。此外，从加工方面来说，在设计匹配电路时，应尽可能避免使用一些宽度较小的微带线。因为相对于一些宽度较大的微带线来说，在加工精度一定的情况下，宽度较小的微带线的相对误差会比较大。本电路中整个版图长为 44.95 mm，宽为 42.8 mm。图 5 - 27 所示为最终电路原理图仿真和版图联合仿真曲线，实线为联合仿真结果，虚线表示原理图仿真结果。

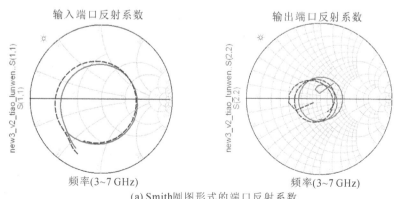

(a) Smith圆图形式的端口反射系数

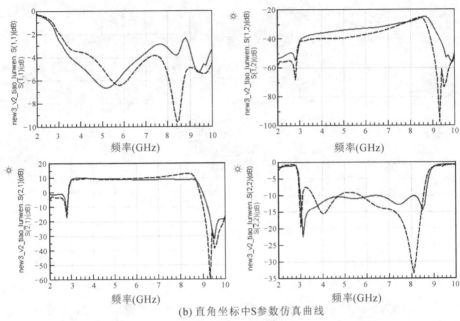

(b) 直角坐标中 S 参数仿真曲线

图 5 - 27   功率级电路原理图与联合仿真 S 参数对比曲线

从仿真结果来看，电路联合仿真后小信号增益 S_{21} 在工作频段 3～7 GHz 内可达 9 dB 以上，并且输出端口反射系数 S_{22} 都在 −10 dB 以下，从图 5 - 27(a) 所示 Smith 圆图中也可看出，阻抗轨迹曲线卷曲所成区域面积很小，离圆心距离很近，说明输出匹配网络的性能较好，反射损耗较小，这同时也为大功率信号的输出创造了有利条件。由于功率器件 TGF2023 - 2 - 10 的输入阻抗实部相对驱动级芯片来说更小，因此输入端口反射系数 S_{11} 只达到了 −2.7 dB 以下。但是总体来说，电路仿真结果可以满足电路设计要求，而且在设计电路时留下了一定的余量，在 3～8.5 GHz 频段范围内的性能都较好，这主要是考虑到了实际加工和测试中一些不良因素的影响，尤其是对高频段的影响。

此外，设计过程中稳定性是前提。图 5 - 28 所示为整体电路的稳定性仿真曲线，从图中可看出，功率放大电路在 3～8.5 GHz 频段内单稳定系数大于 1，达到了绝对稳定。

因为在实际测试中留有一定的余量，所以大信号工作条件下的功率仿真主要针对的是输入功率为 37 dBm 的情况，并没有完全遵照设计方案中的驱动功率，功率仿真结果如图 5 - 29 所示。从图中可看出，在 3～8 GHz 内，输出功率达到了 40 dBm 以上，在所要求的工作频段范围 3～7 GHz 内达到了 43 dBm 以上，增益平坦性和功率值都达到了预期指标要求。

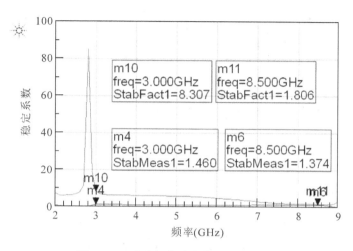

图 5－28　功率级电路稳定性仿真曲线

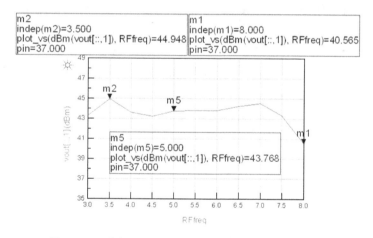

图 5－29　联合仿真输出功率在工作频带内的变化曲线

5. 屏蔽盒的设计

屏蔽腔体谐振频率在不同物理尺寸情况下的仿真结果如表 5－5 所示。

表 5 - 5 屏蔽腔体谐振频率在不同物理尺寸情况下的仿真结果

腔体长度 L/mm	腔体宽度 W/mm	腔体高度 H/mm	谐振频率/GHz				
15	15	20	14.001				
15	20	10	12.2904	17.7002			
15	20	20	12.3803	17.8246			
20	20	10	10.4323	16.42722			
20	20	20	10.5090	16.5895			
30	30	10	6.95810	10.9955	13.9001	15.5343	17.7002
30	20	20	7.900952	11.0763	14.0010	15.6458	17.8246

屏蔽腔体盖子与功率放大电路 PCB 之间的距离应控制在电路板厚度的 5～10 倍,以防止金属壁对电路中电场的干扰;而且考虑到当屏蔽盒宽度超过最高频率对应波长的一半时,电路可能会引起振荡,为此我们在距离射频通路小于半波长的位置添加挡板来降低这种可能性。基于以上一些因素的考虑,本设计使用 AutoCAD 绘制的屏蔽盒,如图 5 - 30 所示。相关的屏蔽盒尺寸为:射频通路部分距离盒盖高为 6.5 mm,直流偏置部分距离盒盖高为 10 mm,屏蔽盒底厚为 8 mm。考虑到驱动级电路板的设计结构,在屏蔽盒设计过程中,留出两个挡板的位置,分别位于射频通路的两侧,两挡板间的距离为 17.5 mm (最高频率 7 GHz 对应的半波长为 21.5 mm);功率级电路板中,挡板与射频通路的距离为 17.2 mm。

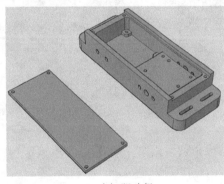
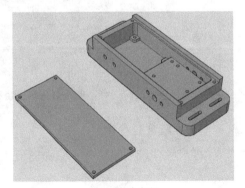

(a) 驱动级   (b) 功率级

图 5 - 30 屏蔽盒的设计

在电路设计中，为了将所设计的电路板与测试仪器进行连接，通常需要使用一种典型的射频、微波连接头，即 SMA 头。它具有频带宽、可靠性高、驻波系数低等优点，在射频与微波电路中的应用非常广。SMA 头使用时要穿过金属屏蔽腔体，实现与腔体中电路板的连接，因此在设计屏蔽盒时，还应考虑电路输入输出端的具体位置，在对应金属壁上打有一定尺寸大小的孔，以便能精确地将 SMT 头与电路板连接，否则将会影响射频信号的传输。

本电路设计时采用了 ALLWIN 公司带法兰的 SMA 头(型号为 D550M0112)，其特征阻抗为 50 Ω，频率范围为 DC～27 GHz，电压驻波系数(VSWR)最大为 1.15：1，中心导体的电阻小于等于 3.0 mΩ，外导体电阻小于 2.0 mΩ，绝缘电阻大于 5000 MΩ，介质耐压为 1000 V，工作环境温度范围为－550～1650℃。壳体采用的是不锈钢 SU303 表面抛光，中心导体是铍青铜(外层镀金)。绝缘层采用的是 PTFE(聚四氟乙烯)&PEI(聚醚酰亚胺)。其基本结构与物理尺寸如图 5-31 所示。

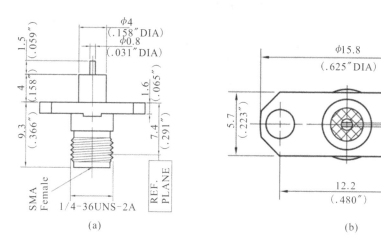

图 5-31　SMA 头基本结构与物理参数

5.1.4　功率放大器的微组装与测试结果分析

1. 功率放大器的微组装

一般来说，对于射频电路板的加工都需要进行表面镀金处理，这样可以防止电路氧化，而且由于镀金的平整度较好，阻抗较小，有利于贴片元件的焊接，可防止接触不良，本电路中镀金厚度为 2 μm。但是镀金工艺相对来说也是比较复杂的，为方便进行电镀，加工出来的板子一般都留有一些工艺线，如图

5-32 所示。这些工艺线可能会将电路中一些不该连接的地方连通了，因此在将 PCB 焊接到屏蔽盒内部(铜块)之前，要先将这些工艺线挑开。

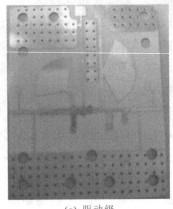

(a) 驱动级

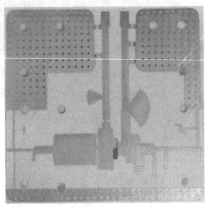

(b) 功率级

图 5-32   PCB 的加工

　　将 PCB 上的工艺线挑开后，就需要将其通过一定的焊料在高温下粘贴到铜块上。本设计中采用了银浆进行粘贴，为了使粘贴能顺利进行，在所设计的屏蔽盒表面上也做了镀金处理。另外，粘贴过程中应注意，应使 PCB 紧紧地贴在盒子底部，因此在进行高温焊接的同时，还应用螺丝加固。这样可使整个 PCB 具有良好的接地性能，降低振荡的风险。这些工作进行完后，再将粘贴好 PCB 的屏蔽盒放入烤箱中进行烘烤固化。

　　烘烤过程是需要一定的时间的，利用这段时间可以同时进行芯片的烧结。从图 5-32 可看出，在放置芯片的位置都留有适当大小的孔(这一点在上面已进行过相应的介绍)。同时应将管芯放置在钼铜载体上，因为钼铜的热膨胀系数介于 SiC 和散热铜块之间，这样可以防止管芯在工作过程中因温度升高发生热膨胀而烧毁。当然，将管芯烧结到钼铜载体过程中使用的焊料也是非常重要的。本设计中使用了金锡合金焊料，它具有热导率高的特点，因此具有良好的导电导热性。除此之外，还有焊接强度高及良好的抗热疲劳性能，这些都保证了焊接的可靠性及面对一些恶劣的温度环境(如温度循环)导致的疲劳断裂。管芯烧结是在 300℃温度环境下进行的。

　　取出烘烤后的屏蔽盒后，将其静置一段时间，直到不再发烫为止。接下来就可将烧结好芯片的钼铜底部均匀地涂上银浆，并放入预留的槽中。这里要特别注意，在 PCB 粘贴及钼铜涂银浆的过程中，都有可能使银浆溢出到槽中，如果不将这些溢出的银浆去除掉，就很有可能造成栅极微带电路短接到地，使测试无法正常进行。除此之外，还需使用银浆将封装为 0402 的电容电阻元器件粘贴到 PCB 上，该工作也需要在显微镜下进行，如图 5-33(a)所示。

(a) 焊接平台

(b) 金丝压焊机

图 5-33 功放模块的微组装

在以上焊接工作进行完后，待温度下降后就可进行金丝键合操作，这一步可将裸管与外围的微带电路进行连接。本设计中采用了金丝压焊机，键合线的直径为 25 μm，如图 5-33(b)所示。

待以上所有工作进行完后，可将焊接好的直流电路板与射频 PCB 通过导电性能较好的银丝进行连接，其中直流电路板中的电源依次连接了一些不同数量级的电容，包括电解电容和瓷片电容。虽然钽电容的稳定性和精确度都较好，但这里并没有使用，主要因为其电流能力较弱，且目前钽的电容容量和耐压值不能同时兼顾，一般耐压值做不到很高，而且价格较高。整体来讲，驱动级与功率级微组装的方法是一样的，最终完成的功放模块如图 5-34 所示。

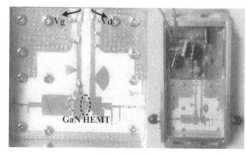
(a) 功率级

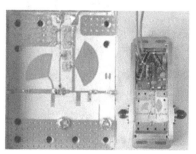
(b) 驱动级

图 5-34 组装完成后的功放模块

2. 功率放大器的测试结果分析

对所设计功放模块的测试主要包括两部分：小信号 S 参数的测试，大信号输出功率的测试。测试过程中要用到的仪器有：矢量网络分析仪（Agilent E5071C），应用频率范围为 9 kHz～20 GHz，主要用于对小信号 S 参数的测试；信号源（Agilent E8257C），频率范围为 10 MHz～20 GHz，主要用来提供输入功率；功率计（Agilent E4416A），应用频率范围为 9 kHz～110 GHz，主要用来测试功率放大器的输出功率；前级驱动功率放大器（ZVE－3W－83＋），主要用来提供驱动信号。小信号与大信号的测试进程分别如图 5－35 所示。

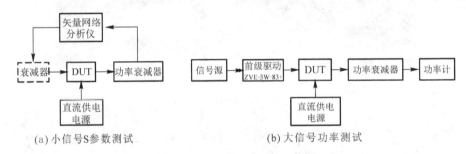

(a) 小信号S参数测试 (b) 大信号功率测试

图 5－35　功放模块测试进程图

对于功率放大器的测试，为了防止输入驻波比太大（或振荡）而导致信号反射回矢量网络分析仪端口，可在待测模块输入端与矢量网络分析仪端口 1 间加入衰减器；而对于功放输出端，因为功率相对较大，所以必须接一个功率衰减器，防止矢量网络分析仪的损坏。另外，在使用矢量网络分析仪前必须采用校准件对其两端口进行校准，校准形式主要有四种，即 Short、Open、Load、Through（短路、开路、负载、直通）。

1）中间驱动级功率放大器的测试结果分析

对于中间驱动级所采用的耗尽型晶体管 TGF2023－2－02，测试时栅极需接负电压，而且采取双电源供电，栅压先开启，再开启正的漏极电压。测试中先将栅压设置为－5 V，漏压设置为 28 V，再逐渐增大栅压，观察漏极电流的变化。最终当栅压达到－2.75 V 时，漏极电流 I_{ds} 上升到 117 mA，此时放大器的增益与仿真结果基本一致，但是 I_{ds} 并没有达到仿真时的 125 mA。考虑到较低的漏源电流虽然会产生一个较低的小信号增益，但是相对而言，会使功放产生较小的热量，这样将更有利于获取一个较好的线性度，以及从一定程度上提高功率放大器大信号测试时的输出功率、PAE 等，所以功放小信号及大信号测试时最终选取的偏置条件为：$V_{ds}=28$ V，$V_{gs}=-2.75$ V，$I_{ds}=117$ mA。另外，在测试完成后应注意先关掉漏极电压再关掉栅极电压，这样可确保晶体管安全地工作而不至于烧毁。图 5 - 36 所示为中间驱动级功率放大器测试模块和小信号 S 参数测试结果。图 5 - 37 所示为测试与仿真结果的对比曲线。

(a) 驱动级功率放大器测试模块　　　　　　(b) 小信号 S 参数测试结果

图 5 - 36　中间驱动级功率放大器测试模块和小信号 S 参数测试结果

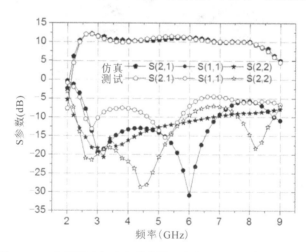

图 5 - 37　中间驱动级功率放大器 S 参数测试与仿真结果的对比

从图 5 - 36(b) 和图 5 - 37 中可以看出，功率放大器在留有一定余量的频段范围（3~8 GHz）内的小信号增益可达到 9.8 dB 以上，在所要求频段范围（3~7 GHz）内的增益可达到 10 dB 以上，完全满足设计要求；输入端反射系数 S_{11} 在工作频段范围内可达到 -4.6 dB 以下；输出端反射系数 S_{22} 可达到 -7.1 dB 以下。测试结果与仿真结果具有较好的一致性，在一定程度上也说明了所建晶体管模型的精确性。此外，对于输入端反射系数，根据 Fano 法则，其理论

最小值为 −8 dB，而实际中考虑到微带线加工方面的物理限制以及输入匹配网络中匹配部分数量的限制等因素，S_{11} 在整个频带内往往达不到 −8 dB[112]。本电路中 S_{11} 的取值在 −5 dB 以下，满足电路设计要求。

图 5-38 所示为功率放大器的大信号测试平台；图 5-39(a) 所示为 5 GHz 条件下输出功率（P_{out}）、功率附加效率（PAE）、增益（Gain）随输入功率的变化曲线，并与仿真结果进行了对比；图 5-39(b) 给出了整个工作带宽内输出功率、PAE、增益的测试结果。

图 5-38　中间级功率放大器大功率测试环境

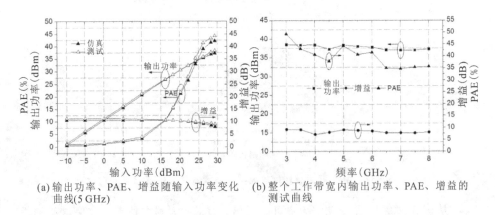

(a) 输出功率、PAE、增益随输入功率变化　　(b) 整个工作带宽内输出功率、PAE、增益的
　　曲线(5 GHz)　　　　　　　　　　　　　　　测试曲线

图 5-39　大功率测试结果

从图 5-39(a) 可以看出，在连续波工作条件下测得 5 GHz 时最大输出功率为 38.3 dBm，此时对应的功率增益为 9 dB；图 5-39(b) 表明在 3～8 GHz 整个频段内的输出功率可达 37～38.5 dBm；功率附加效率 PAE 达到了 34.6%～49.3%；并且在整个频段内的增益平坦度较好。将图 5-37 与图 5-39 对比可

以看出，饱和输出功率处对应的功率增益大约比线性增益降低了 2 dB，即此处的功率正是在功率放大模块 2 dB 压缩点对应的功率。

2）功率级放大器的测试结果分析

功率级测试方法及环境与驱动级类似。与之不同的是，在逐渐增大栅压的过程中，应使漏极静态电流 I_{ds} 增至 500 mA。因此，最终确定的偏置条件为：$V_{ds}=$ 28 V，$V_{gs}=-2.98$ V，$I_{ds}=500$ mA。图 5-40 所示为功率级放大器测试模块和小信号 S 参数测试结果。图 5-41 所示为其测试与仿真结果的对比曲线。

(a) 功率级放大器测试模块　　　　　(b) 小信号S参数测试结果

图 5-40　功率级放大器测试模块和小信号 S 参数测试结果

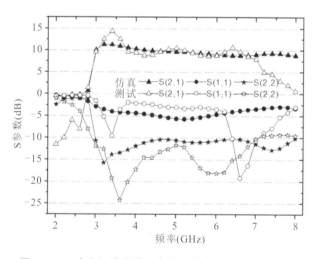

图 5-41　功率级放大器 S 参数测试与仿真结果的对比

从测试结果来看，功率放大器在所要求频段范围（3～7 GHz）内的小信号增益可达到 8 dB 以上；输入端反射系数 S_{11} 在工作频段范围内为 -2.3 dB 以

下，可见输入端口驻波比不是很好。客观来看，这主要是受晶体管输入阻抗及带宽的影响；主观来看，与设计方法有关，这也是后期需要改进的地方之一。输出端反射系数 S_{22} 可达到 -10.2 dB 以下。驱动级与功率级小信号仿真与测试结果在一定程度上也反映了输入匹配电路性能对放大电路小信号增益的影响。如果输入匹配网络的匹配性能较好，那么小信号增益相对就会较高。图 5-42 所示为功率级放大器的大信号测试平台；图 5-43(a) 所示为 5 GHz 时输出功率(P_{out})和增益(Gain)随输入功率的变化曲线，并与仿真结果进行了对比；图 5-43(b) 所示为整个工作带宽内输出功率、PAE、增益的测试曲线。

图 5-42　功率级放大器大信号测试平台

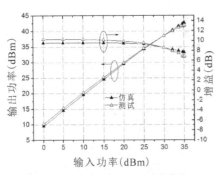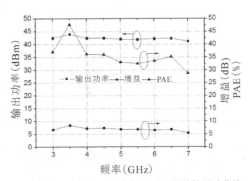

(a)输出功率、增益随输入功率的变化曲线(5 GHz)　(b)整个工作带宽内输出功率、PAE、增益的测试曲线

图 5-43　功率级大信号测试结果

从功率级的测试结果与仿真结果对比中可以看出，测试的线性度相比仿真结果稍差一些，主要是因为在实际测试过程中要考虑晶体管发热、周围环境、加工及微组装等过程的影响，而理想仿真情况下是没有考虑这些因素的。从图

5-43(a)中可以看出，功率级放大器在连续波工作条件下测得 5 GHz 频率下的最大输出功率为 42 dBm，相应功率增益为 7 dB；图 5-43(b)表明在 3～7 GHz 频段内的输出功率为 41.2～43.9 dBm；功率附加效率 PAE 达到了 28.8%～47.7%。饱和输出功率处对应的功率增益大约比线性增益降低了 3 dB，即此处的功率正是在功率放大模块 3 dB 压缩点对应的功率。

　　总之，功率级的设计也基本完成了预期指标要求。增益平坦度(±1.3)与驱动级(±0.8)相比稍微差一点，但也在要求范围内；输出功率在 3～5 GHz 频段内最高达到 24 W，在 7 GHz 时只达到 13 W，而且与驱动级相比，在频率预留余量范围内的增益并没有和仿真增益一样高，高频段增益有所下降。除去测试环境等一些实际因素的影响外，还有可能就是输入端 RC 网络部分仿真与测试的连接方式不同，仿真时是将其连接到同一个端点上，而在实际焊接时，则是将二者分开连接到两个端点上，这对于实际信号的传输是有影响的；还有就是功率级芯片 TGF2023-2-10 栅、漏极所打键合线的数量比较大，打的位置及高度都是需要注意的，因此在后期还需要进一步分析原因并做出一定的改进。

　　在测试之初，包括测直流与小信号参数时，都遇到了一些问题，增益并没有达到前文所给出的测试结果，因此针对这些问题都需做一些调试工作。其中振荡问题是遇到比较多的，主要原因有：直流板或射频板的接地性能不好，尤其是直流板，需要用螺丝将其与铜块紧紧固定，确保良好接地；电路中一些无源器件的取值不合理，包括栅极偏置电路上所接电阻、输入输出匹配网络中的电容、电阻，在调试时也对其进行了更正。另外，在调栅压过程中，漏极电流突然变大也是测试中遇到比较多的问题，这时需要先检查外围电路部分是否出现了短路及栅极偏置所接限流电阻的取值是否合理；在排除外围电路的因素后，就要考虑芯片部分，尤其在微组装过程中，芯片槽内的银浆非常容易与栅极微带电路连接，使栅极偏置短接，造成漏极电流变大。

5.2　应用于 5G 通信的异相(Outphasing)功率放大器的设计

　　异相(Outphasing)功放主要包含三个部分：信号分离系统、分支功率放大器和功率合成器。要想实现一个高效率和高线性的 Outphasing 功放，这三个部分的设计缺一不可。现在的通信系统信号多为高 PAPR 的非恒包络信号，信号包络动态范围大，如果使用线性功放放大此类信号会得到很低的效率，使用非线性功放会产生严重的非线性失真，Outphasing 技术可以有效解决上述矛盾。应用 Outphasing 技术可处理非恒包络信号，将其分离为两路恒包络异相信号，此信号在被非线性功放放大后不易产生 AM/AM 和 AM/PM 非线性失真，因此输出的信号可以同时满足高效率和高线性两个特点。

5.2.1 Outphasing 支路功放的设计

本节设计了一种能用在 Outphasing 功放中的分支功放，对功放的设计步骤、仿真和实测结果进行了详细的描述。输出匹配的设计是本节的创新点，如何通过合理的结构来提升射频功放的效率和带宽是一个重要部分。

1. 设计指标

本设计的宽带高效率混合类功放的设计指标如下：

频率范围：2.4～3.4 GHz；

饱和输出功率：≥41 dBm；

饱和漏极效率：≥62%；

增益：>10 dB。

2. 功放管和板材介质选择

晶体管是功率放大器中非常重要的部分，它对功率放大器的性能有很大的影响，因此选取一个合适的晶体管对功放设计是非常重要的，需要考虑它的输出功率、带宽、击穿电压和性价比等因素。随着微波器件的发展，现在射频功率放大器中晶体管的选择范围越来越广泛。LDMOS[113-114] 及 GaAs[115-116] 晶体管是第二代、第三代基站中常用的晶体管，随着第四代、第五代移动通信技术的发展，GaN 晶体管作为第三代半导体材料也得到了飞速发展。相较于第一代、第二代半导体材料来说，其拥有很多优势，例如优秀的击穿能力、电子密度和工作温度，功率损耗低、开关频率高等，能够在较高的频率下实现更高的能效和更大的带宽，非常适合设计开关类功放。本设计选取的是 Cree 公司的 CGH40010F GaN HEMT 晶体管，其频率可达 6 GHz，输出功率可达 43 dBm，输出效率可达 70% 以上，3 dB 压缩点漏极效率可达 62%，满足本设计指标的要求。

由于射频功率放大器由微带线构成，微带线依附于介质基板上，因此，射频功率放大器的性能也和板材参数有很大的关系。一个能够使功放正常工作的板材应该具有良好的介电常数、严格的板材厚度和较低的损耗因子、较好的散热性等因素。本设计中选择了罗杰斯 4350B 介质基板，通过查阅产品说明书和相关资料，该介质基板的可用频段为 $1\sim10$ GHz，板材参数取值为 $H=0.762$ mm、$\varepsilon_r=3.66$、$\tan D=0.0037$、$T=0.035$，此介质基板可以满足设计指标要求。

3. 直流分析及偏置电路设计

直流特性仿真是设计功率放大器的第一步，只有选取合适的栅极、漏极偏置电压才能使功率放大器工作在合适的工作状态。图 5-44 所示是对晶体管 CGH40010F 模型进行晶体管扫描后的仿真原理图，开关类功放中的晶体管一般工作在 B 类或者深 AB 类状态，本设计中采用 B 类工作点设计。参考晶体管的数据表，仿真结果如图 5-45 所示，其中选取漏极偏压 $V_{ds}=28$ V，栅极偏压 $V_{gs}=-2.7$ V。

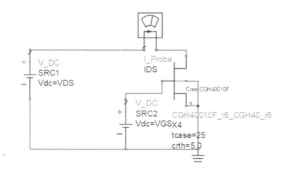

图 5-44　直流偏置扫描电路

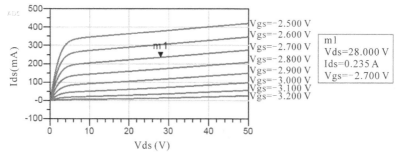

图 5-45　晶体管漏极电流随栅极偏置电压变化曲线图

直流偏置电路的作用是为晶体管提供直流偏置电源，同时需要注意的是直流信号和射频信号必须互不干扰。因此设计直流偏置电路结构时需注意应防止直流信号流入射频通路及防止射频信号回流入直流通路。

漏极、栅极偏置电路结构如图5-46所示，其中，偏置电路中并联的电容 C_1 和 C_2 可以将回流入直流偏置电路的交流信号导入地，从而获得没有杂质的直流信号，并联电容的大小需要根据设计指标中的工作频率来选定。两偏置电路中的 $\lambda/4$ 微带线是隔离直流和射频信号的主要结构，可以有效防止射频信号的泄漏。栅极偏置电路中的电阻 R 用来防止射频信号的余波对电路稳定性的影响，栅极中的电流几乎为零，使得电阻上几乎没有功耗，对电路的性能影响极小。

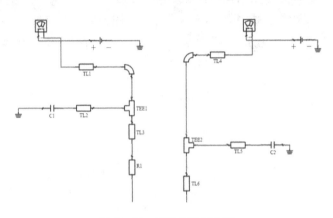

图 5-46　偏置电路结构图

4. 匹配电路设计

1) 谐波控制电路结构设计思想

本设计运用的谐波控制电路思想来自双频带谐波控制电路[117-119]，双频带功放可以在两个不同的频点都正常工作，因此其需要在两个频点都拥有良好的性能。现如今提升双频带功放效率的手段比较少，多数是将普通功放的谐波控制电路直接运用其中。然而，直接运用F类或逆F类功放的谐波控制电路会产生问题。例如，如果设计一个F类双带功放，直接对 f_L 和 f_H 两个频点进行二次谐波（$2f_L$ 与 $2f_H$）短路、三次谐波（$3f_L$ 与 $3f_H$）开路，在 $3f_L$ 与 $2f_H$ 频点的数值较为接近时，会产生一定的影响，使其不能很好地匹配到开、短路状态，造成频率降低。从上述分析可见，传统的谐波控制电路不具备同时对双频点进行谐波抑制的能力，会造成高低频点之间相互影响，降低效率。

针对传统双频点谐波控制的缺陷，可以设计一种改进型谐波电路。这个电路设计的前提是 $3f_L$ 和 $2f_H$ 频点的数值比较接近，通过合并 $3f_L$ 和 $2f_H$ 为

$(3f_L+2f_H)/k$，其中参数 k 的值约为 2，即取两频点平均值，使两频点都匹配到短路点附近。由于 $3f_L$ 和 $2f_H$ 的频率差较为接近，且其对基频 f_L 和 f_H 的影响较小，可通过调节参数 k 来近一步减轻其对 f_L 和 f_H 的影响。同时，我们将 $2f_L$ 和 $3f_H$ 匹配到开路点附近。通过上述匹配过程，在双带匹配电路的输出点 OP 可以实现低频点二次谐波开路、三次谐波短路和高频点二次谐波短路、三次谐波开路，功放在 f_L 和 f_H 频点分别属于逆 F 类和 F 类功放类型，即混合工作模式，从而解决了传统电路中频点之间互相影响的问题。图 5-47 所示为新型谐波控制电路图，其主要由串联微带线 TL_1、TL_2、TL_3、TL_7 及并联微带线 TL_4、TL_5、TL_6 构成。其中，TL_6 和 TL_3 共同控制 $3f_H$，TL_5 分别与 TL_2、TL_3 及 TL_6 共同控制 $3f_L$ 和 $2f_H$，TL_4 与 TL_1、TL_2、TL_3 及 TL_5、TL_6 共同控制 $2f_L$。TL_7 用于进行微调谐，最终实现在 OP 处两基频 f_L 和 f_H 频点分别满足逆 F 类和 F 类的输出阻抗条件。

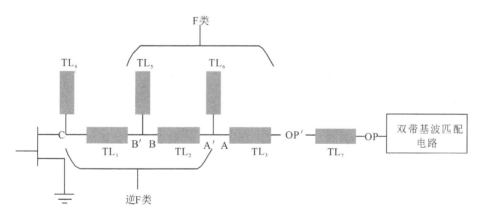

图 5-47　新型谐波控制电路图

新型谐波控制电路中微带线参数的计算方法如下：

微带线的两个参数分别为电长度 θ_n 和特性阻抗 Z_n，其中特性阻抗 Z_n 为自由参数，电长度 θ_n 为待求参数。$3f_H$ 经过电长度为 $\lambda_H/12$ 的 TL_6 在 A 点呈短路状态，再通过电长度为 $\lambda_H/12$ 的 TL_3 在 OP′处呈开路状态。进一步，将 $2f_H$ 与 $3f_L$ 结合为平均值 $(3f_L+2f_H)/k$，参数 k 约为 2，为了表达简洁，我们将其设为 f_a。f_a 在经由电长度为 $\lambda_H/4$ 的 TL_5 后在 B 点呈短路状态，最终在 OP′处呈短路状态。

由阻抗的计算公式可知，通过合理设定 Z_3，可得从输出端 OP 看向 A 点的输入阻抗为

$$Z_A(f_a) = -Z_3 \tan\left(\frac{\theta_3 f_a}{f_H}\right) \tag{5-1}$$

通过合理设定 Z_6，可得经过 TL$_6$ 并联后从 OP 看向 A'点的输入阻抗为

$$Z_{A'}(f_a) = \frac{jZ_A(f_a)Z_6}{Z_A(f_a)\tan\left(\dfrac{\pi f_a}{2f_H}\right) + jZ_6} \tag{5-2}$$

由于在 B 点 f_a 短路，通过合理设定 Z_2，即可确定 TL$_2$ 的参数 θ_2：

$$Z_{A'}(f_a) = jZ_2\tan\theta_2 \tag{5-3}$$

f_L 的二次谐波经电长度为 $\lambda_L/8$ 的 TL$_4$ 在 C 点呈短路状态，在 OP'处呈开路状态。从 OP 看向 A'、B 点及 B'点的输入阻抗分别为

$$Z_{A'}(2f_L) = \frac{jZ_A(2f_L)Z_6}{Z_A(2f_L)\tan\left(\dfrac{\pi f_L}{f_H}\right) + jZ_6} \tag{5-4}$$

$$Z_B(2f_L) = Z_2\frac{Z_{A'}(2f_L) - jZ_2\tan\theta_2}{Z_2 - jZ_{A'}(2f_L)\tan\theta_2} \tag{5-5}$$

$$Z_{B'}(2f_L) = \frac{jZ_B(2f_L)Z_5}{Z_B(2f_L)\tan\left(\dfrac{\pi f_L}{f_a}\right) + jZ_5} \tag{5-6}$$

$$Z_{B'}(2f_L) = jZ_1\tan\theta_1 \tag{5-7}$$

通过合理设定 Z_1 即可确定 TL$_1$ 的参数 θ_1。最后，通过微调谐 TL$_7$ 使 f_L 和 f_H 的奇偶次谐波在 OP 处最终呈现 $2f_L$ 开路、$2f_H$ 开路、f_a 短路，由于 f_a 由 $3f_L$ 和 $2f_H$ 的平均值计算得到，因此可以近似为 $3f_L$ 和 $2f_H$ 且不影响基频的匹配。最终，在 OP 处实现了 f_L 工作在逆 F 类功放工作状态，f_H 工作在 F 类功放工作状态，即在高低频点工作在混合工作状态。

图 5-48 所示为采用新型谐波控制电路的阻抗 Smith 圆图，可发现通过谐波控制电路的改进，有效降低了高低频点之间的影响，精确的谐波控制使效率得到了一定的提升，解决了传统谐波控制方式 $3f_L$ 和 $2f_H$ 相互影响以至于无法同时匹配到开路和短路的难题，特别是 $2f_H$ 能够被很好地匹配到短路状态。

本设计的宽带高效率功放需要在较宽的带宽下具备高效率，然而对于谐波控制类电路，在较宽的带宽下取得高效率是一件十分困难的事。因为谐波控制往往设计在某一中心频率 f_0 上，其作用范围往往是一段以中心频率为中心的频段，因此，功率放大器很难在较宽的频段下始终维持高效率，以往有关谐波控制的文献中有过在多个频点对功放进行谐波控制的例子。但是，这种设计方法往往会有一定的局限性。例如，2.4 GHz 到 3.4 GHz 的二次谐波在 4.8 GHz 到 6.8 GHz 之间，三次谐波在 7.2 GHz 到 10.2 GHz 之间，低频段的三次谐波与高频段的二次谐波比较接近，将其中的一个控制在开路点附近，另一个控制在短路点附近是不现实的，通常会导致谐波匹配度较差。

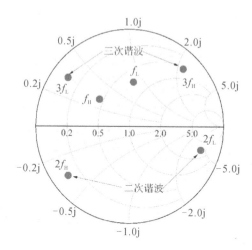

图 5 - 48　新型谐波控制电路的阻抗 Smith 圆图

我们可以将双带谐波控制电路设计思想运用到本设计中，对于宽带功放来说，可以在其最低频率 f_L 和最高频率 f_H 间找到两个频率 f_1 和 f_2，这两个频率的选定主要依据以下原则：

$$f_L < f_1 < f_2 < f_H \qquad (5-8)$$

我们让宽带功放在 f_1 和 f_2 频点分别工作在逆 F 类和 F 类工作状态，根据上面的分析可知采用这种电路结构的高低频的二、三次谐波不会互相影响。较低频段的二次谐波在开路点附近，较低频段的三次谐波和较高频段的二次谐波在短路点附近，较高频段的三次谐波在短路点附近，使其具有较好的谐波控制性，从而达到设计指标要求。

2）宽带匹配电路设计思想

在匹配电路设计中，我们通常使用 S_{11} 和 S_{22} 参数来判定匹配的优劣。回波损耗在 Smith 圆图上表示为一些围绕在圆心周围的阻抗线，宽带匹配与这些阻抗线的分布息息相关，越靠近 Smith 圆图的圆心，回波损耗的值越小，越容易实现宽带匹配。

品质因数 Q 也对宽带匹配电路的设计非常重要，匹配电路的 Q 值可定义为

$$Q = \frac{f_0}{BW} \qquad (5-9)$$

从式（5-9）可以看出，Q 值越小带宽越大。在设计宽带功放时，在阻抗匹配前都会设定一个低 Q 值，匹配过程在 Q 圆内部进行，这样可以有效拓展功放的带宽。能够实现阻抗匹配的输出匹配电路的方法有很多，例如使用低通或带通滤波器结构的匹配方法、阶跃式匹配和多枝节匹配方法及简化实频

等[120-124]。本设计采用了阶跃式阻抗匹配电路，此电路具有诸多优点，应用广泛。下面对阶跃式阻抗匹配电路进行详细介绍。

由于传输线特性与频率密切相关，因此对于一个单节 $\lambda/4$ 传输线，在频率改变时很难进行阻抗变换，也就是说，单节传输线只能进行窄带匹配。而阶跃式阻抗匹配是将多个阻抗值不同的微带线进行串联，当频率变化时，多段传输线的特征阻抗也会发生变化。但是由于其多段的结构特点，其阻抗的变换是比较缓慢的，Smith 圆图上的阻抗匹配线比较容易落在低 Q 值圆内，比较容易达到宽带匹配目标。对于单节阻抗变换线结构，其特征阻抗 Z_1 的值为

$$Z_1 = \sqrt{Z_0 R_L} \tag{5-10}$$

双节阻抗变换线和三节阻抗变换线的特征阻抗的值分别为

$$Z_{01}\sqrt{R_L} = Z_{02}\sqrt{Z_0} \tag{5-11}$$

$$Z_{01}Z_{03} = Z_{02}\sqrt{Z_0 R_L} \tag{5-12}$$

可以归纳出 n 节阻抗变换线的特征阻抗值如下：

$$\begin{cases} \prod_{i=1}^{\frac{n+1}{2}} Z_{2i-1} = \prod_{i=1}^{\frac{n-1}{2}} Z_{2i} \sqrt{Z_0 R_L}, & n \text{ 为奇数} \\ \prod_{i=1}^{\frac{n}{2}} Z_{2i-1}\sqrt{R_L} = \prod_{i=1}^{\frac{n}{2}} Z_{2i} \sqrt{Z_0}, & n \text{ 为偶数} \end{cases} \tag{5-13}$$

从上述分析可以看出，多段阻抗变换缓慢，非常适合于宽带匹配电路。因此，本节输入、输出匹配中的基波匹配均采用阶跃式阻抗匹配。

图 5-49 所示是基波匹配两种方法的对比，可以证明，采用不同的方法将同一阻抗匹配到负载阻抗时，阶跃式结构能在较小 Q 圆内匹配，从而获得较宽的带宽。

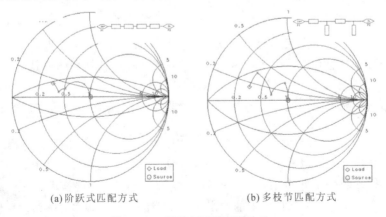

(a)阶跃式匹配方式　　　　　(b)多枝节匹配方式

图 5-49　基波匹配的两种方法

3）匹配电路的设计

电路的匹配主要包含以下几个环节：根据直流仿真结果，使用 ADS 软件的 source - pull 和 load - pull 进行有源负载牵引；获取并分析最大功率点和效率点；通过综合考虑得到最佳的输入和输出阻抗值，并通过一定的结构将其匹配到 50 Ω。

谐波匹配电路采用了 F 类和逆 F 类结合的电路，需要先找出在进行谐波控制的两频率点的二次谐波和三次谐波最佳阻抗，然后根据牵引出的阻抗设计谐波控制电路。使用该谐波控制电路的 Smith 阻抗图如图 5 - 50 所示，从图中可以看出，低频段二次谐波在开路点附近，低频段三次谐波与高频段二次谐波在短路点附近，高频段三次谐波又回到了开路点附近，仿真结果与理论基本相符。

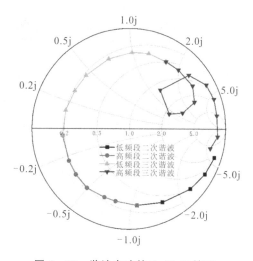

图 5 - 50　谐波电路的 Smith 阻抗图

由于输出端匹配电路由谐波控制电路和基波匹配电路构成，匹配难度较高，因此需要先对谐波电路进行良好的设计后再进行基波匹配。图 5 - 51 和图 5 - 52 所示分别是本设计功放的输入匹配电路和输出基波匹配电路，匹配结构中的电容为隔直电容，用来防止直流对晶体管产生影响，保证射频信号的准确性。RC 并联结构用于提高电路的稳定性，电路稳定性对功放设计来说至关重要，对稳定性的合理控制可以避免由于电路的自激振荡而对功放造成损耗。一般来说，只要选取合适的 R、C 值，就可以保证反射系数模值在 1 以上，保证电路的稳定性。

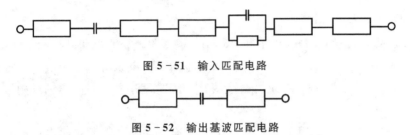

图 5-51　输入匹配电路

图 5-52　输出基波匹配电路

5. 整体电路结构的实现

功放的整体电路结构如图 5-53 所示。结构图只能反映微带线之间的连接情况，并不能模拟出电路实际工作时的情况，因为在实际工作中会有电磁现象的存在，微带线之间也可能互相影响。因此，若想知道设计出的电路能否运用到实际场景，需要把电路原理图转化为版图，并对版图进行板材介质的设置和 EM 仿真，得到最终的版图，进行版图-原理图联仿，不断调整版图结构以达到最佳性能。这种仿真形式的结果与实物测试结果基本一致，图 5-54 所示是经过联合仿真后的电路图。

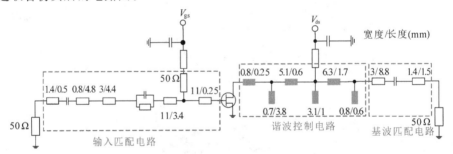

图 5-53　电路整体结构图

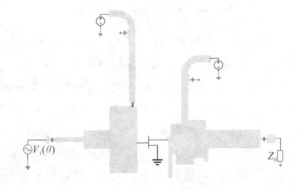

图 5-54　联合仿真电路图

联合仿真的大信号仿真结果如图 5-55 所示，在 2.4～3.4 GHz 频段内，增益在 10 dB 以上，输出功率在 41 dBm 以上，漏极效率在 63.8%～72.2% 之间。所设计的功率放大器能够在 1 GHz 带宽内保持 63.8% 以上的效率，满足设计要求。

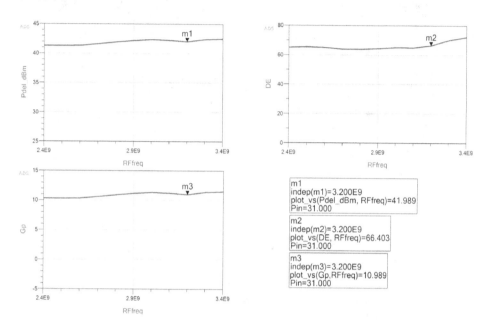

```
m1
indep(m1)=3.200E9
plot_vs(Pdel_dBm, RFfreq)=41.989
Pin=31.000

m2
indep(m2)=3.200E9
plot_vs(DE, RFfreq)=66.403
Pin=31.000

m3
indep(m3)=3.200E9
plot_vs(Gp,RFfreq)=10.989
Pin=31.000
```

图 5-55　所设计功放的大信号仿真结果

6. 功放加工与测试结果分析

功放的实际版图使用 Altium Desiger 软件来设计，需要注意的是，设计时需要放置一些大螺丝孔使得板子与散热块连接，放置小螺丝孔进行散热，电路中间需要预留管子槽以便后续晶体管的放置。功率放大器的 PCB 版图如图 5-56 所示，加工后的 PCB 如图 5-57 所示。在进行实际的测试过程中，不仅需要 PCB，还需要散热块。这里使用 AutoCAD 软件进行散热块设计，散热块的材料为导热系数高、价格便宜的铜。在得到 PCB 和散热块后，我们对整体电路进行焊接，焊接组装后的电路板如图 5-58 所示。在电路组装后，需要进行小信号测试和大信号测试，确定所设计的功放的真实性能。需要说明的是，因为所设计的 Outphasing 功放中有两个分支功放，所以在设计中将这两个分支功放放在了一块板子中，本次测试仅需要使用其中一个电路进行。

氮化镓射频功率放大器的设计实践与研究

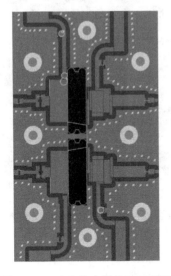

图 5-56　功率放大器的 PCB 版图

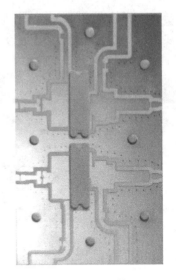

图 5-57　加工后的 PCB

图 5-58　焊接组装后的功率放大器电路板

　　首先进行的是小信号测试，它可以预防在后续测试过程中由于电路振荡造成的设备损坏。小信号测试过程中使用到的仪器有负责生成信号和展示测试结果的矢量网络分析仪、直流电源和可防止仪器损坏的 30 dB 衰减器，小信号的测试平台如图 5-59 所示，测试结果如图 5-60 所示，在 2.4~3.4 GHz 频段内，S_{11} 小于-5 dB，S_{21} 大于 13 dB，符合设计要求，可以继续进行后续测试。

矢量网络分析仪

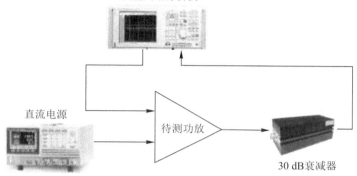

直流电源

待测功放

30 dB衰减器

图 5 - 59　小信号的测试平台

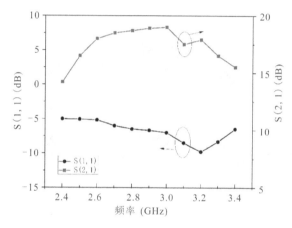

图 5 - 60　小信号测试结果

大信号的测试平台如图 5 - 61 所示，测试过程中一定要注意器件的散热和器件参数如输出功率和频段等的选择，以免烧坏器件。

直流电源

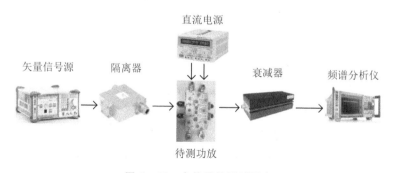

矢量信号源　　隔离器　　　　　　　衰减器　　　频谱分析仪

待测功放

图 5 - 61　大信号的测试平台

在进行测试前，需要对输入功率进行扫描以获得合适的输入功率，通过综合分析，这里选择 31 dBm 作为功放的输入功率，在这个功率点可以很好地平衡增益和漏极效率。功率放大器的输入信号是一个工作在 2.4～3.4 GHz 频段内的连续波信号，图 5-62 是输出功率、漏极效率和增益测试图。实测结果表明，在 2.4～3.4 GHz 频段内，漏极效率均在 62%～71.1% 之间，输出功率大于 41 dBm，增益大于 10 dB。实物测试结果与版图类似，证明了设计的有效性。

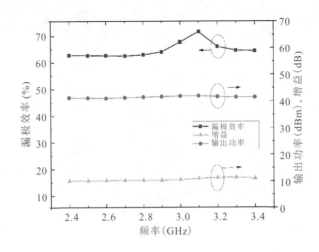

图 5-62　大信号测试结果

5.2.2　Outphasing 功率合成器的设计与系统测试

1. 宽带功率合成器理论

由于我们所设计的 Outphasing 功放能在多频点下工作，因此需要采用宽带功率合成器的设计方法。单级的功率合成器带宽非常窄，由 COHN[125] 的理论可知，多枝节结构是实现宽频带的主要方法，因此在本节中我们将讨论多枝节 Wilkinson 功率合成器结构，多枝节 Chireix 功率合成器的理论与其类似，不再对其进行详细分析。首先对 Wilkinson 功率合成器的基础理论进行介绍。

Wilkinson 功率合成器是一种典型的隔离合成器，它由 Wilkinson[126] 提出，对于功分比 K 为 1 的 Wilkinson 功率合成器，其基本结构如图 5-63 所示。其中两输入端的负载为 R_1、R_2，相应的电压为 U_1、U_2，为了使输入、输出端口更好地匹配，在上下枝节分别有一节 $\lambda/4$ 微带线，同时，两输入端连接的

隔离电阻 R 能够起到良好的隔离作用。从 Wilkinson 功率合成器的结构和工作原理可以看出，相较于传统的 T 型功率合成器，其具有输入、输出端口隔离和全端口匹配的优点。

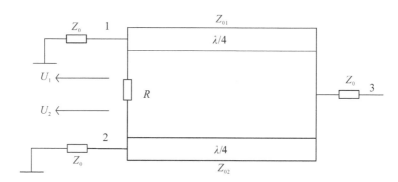

图 5-63　**Wilkinson 功率放大器/合成器基本结构**

N 枝节 Wilkinson 功率合成器包含 N 对等长度的传输线和 N 个跨接在三个端口上的隔离电阻[127]。三端口的 N 枝节 Wilkinson 功率合成器等效电路如图 5-64 所示。

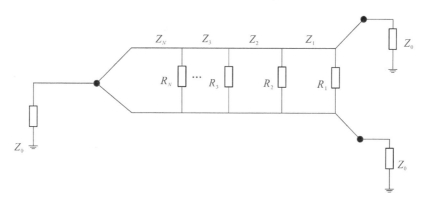

图 5-64　**N 枝节 Wilkinson 功率合成器等效电路**

在功率合成器是对称电路的情况下，可以使用奇偶模的分析方法，且电路在奇偶模的电路结构和分析方法各不同。在偶模激励时，等幅零相位差的信号入射到端口 2、3，上、下路相应节点的电压差全为零，因此电阻上没有功率的损耗，电流均匀地分布在上、下两路中。在奇模激励时，等幅 180°相位差的信号入射到两路，部分电流流经隔离电阻并形成电压，由于电路呈对称结构，因此在端口 1 的交点接地，终端短路。奇偶模等效电路如图 5-65 所示。

269

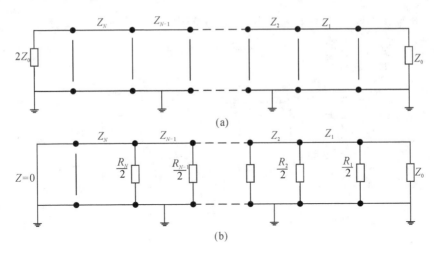

(a)

(b)

图 5 - 65　奇偶模等效电路图

　　多枝节功率合成器虽然能够有效拓展带宽，但枝节并不是越多越好，合成器的插入损耗会随着输入输出端口距离的增大和枝节的变多而增长。要说明的是，参数的计算是在相邻器件耦合为零即导纳值不受奇偶模激励的影响下进行的。在实际情况下，轻微的耦合会导致奇模激励下的导纳大于偶模激励，造成性能的下降。为了计算简便，我们用如图 5 - 66 所示的导纳形式的等效电路来表示奇偶模等效电路。

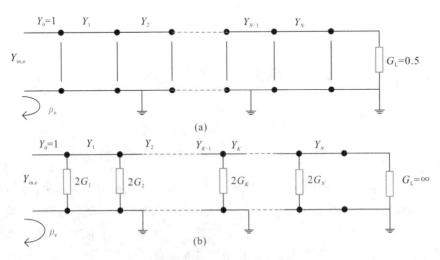

(a)

(b)

图 5 - 66　导纳形式等效电路图

　　图 5 - 66 中，ρ_o 和 ρ_e 分别表示电路的奇偶模电压反射系数。另外，三端口

的电压反射系数分别用 ρ_1、ρ_2、ρ_3 表示,电压传输系数分别用 t_{12}、t_{23}、t_{13} 表示。针对三端口网络,可以推导出:

$$|\rho_1| = |\rho_e| \tag{5-14}$$

$$t_{12} = t_{13}, \quad |t_{12}| = |t_{13}| = \sqrt{\frac{1}{2}(1-\rho_e)^2} \tag{5-15}$$

$$\rho_2 = \rho_3 = \frac{1}{2}(\rho_e + \rho_o) \tag{5-16}$$

$$t_{23} = \frac{1}{2}(\rho_e - \rho_o) \tag{5-17}$$

从上面的公式可以看出,若想推导出上述系数,ρ_o 和 ρ_e 是核心的参数。功率合成器的最佳性能指的是 ρ_1、ρ_2、ρ_3 和 t_{12} 在指定带宽内呈现等波纹分布即 chebychev 分布,它的波纹数量最大为电路的最大枝节数 N。电路的特征导纳 Y_1,Y_2,…,Y_N 可以通过公式得出,只要电路的特征导纳被赋予合适的值,电路的 ρ_e 就可呈现等波纹分布形态。在计算完特征导纳后,我们仅需要利用如图 5-66 所示的模型计算出电路的电导值,从而优化 ρ_2、ρ_3 和 t_{23} 的值,即可最终实现功率合成器的最佳性能。

这里给出了 $N=2$ 即枝节数等于 2 的情况下的参数,其中:

$$R_2 = \frac{2Z_1 Z_2}{\sqrt{(Z_1 + Z_2)(Z_2 - Z_1 \cot^2 \varphi)}} \tag{5-18}$$

$$R_1 = \frac{2R_2(Z_1 + Z_2)}{R(Z_1 + Z_2) - 2Z_2} \tag{5-19}$$

$$\varphi = \frac{\pi}{4} \left[1 - \frac{f_2/f_1 - 1}{\sqrt{2}(f_2/f_1 + 1)} \right] \tag{5-20}$$

在设计好 Wilkinson 功率合成器工作频率 f_1、f_2 及枝节数 N 后,特征阻抗 Z_1 和 Z_2 的值可通过查表得到。在特征阻抗被确定之后,通过合理地设计特征导纳值可以使得端口 1 的电压传输系数呈现等波纹 chebychev 分布,计算隔离电阻的值从而优化端口 2、3 的电压反射系数以及电压传输系数。通过合成器各项参数的合理选择,功率合成器在所需的带宽内呈现等波纹 chebychev 分布,其中波纹的数量由合成器的枝节数 N 确定。

在这里,我们使用 ADS 软件来进行枝节数 $N=2$ 的电路仿真验证。在获取电路的各项参数后,可以使用 LineCalc 工具计算出所需的微带线长度和宽度 W_1、L_1、W_2、L_2,并对参数进行微调以获得更好的性能。需要注意的是,根据上述公式计算出的两枝节微带线长度 L 较长,这会导致合成器的尺寸较大,可以采用拐角形式来减小长度,优化后的电路如图 5-67 所示。

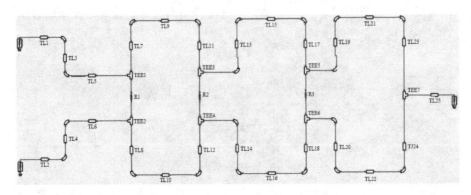

图 5-67　两枝节 Wilkinson 原理图

我们对原理图进行 S 参数联合仿真，仿真结果如图 5-68 所示。如图 5-68(a) 所示，在 1～3.5 GHz 频段内，S_{12} 的值小于 −20 dB，显示出了较好的隔离性；如图 5-68(b) 所示，反射系数 S_{13} 的平均值约为 −3.5 dB，具有较小的传输损耗；如图 5-68(c) 所示，S_{11} 的值小于 −15 dB，显示出了较大的回波损耗。

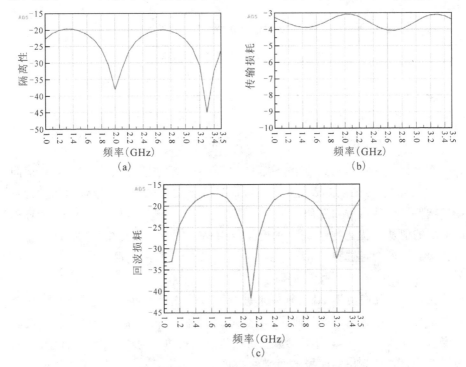

图 5-68　宽带 Wilkinson 功率合成器的 S 参数联合仿真结果

从仿真结果中可以看出，使用多枝节结构的功率合成器可以有效拓展带宽，多枝节结构同样也可应用于无隔离电阻的 Chireix 功率合成器，达到宽带合成的目的。下面我们设计一种新型结构的 Chireix 功率合成器，可以在进行宽带合成的同时保证合成效率。

2. 功率合成器的效率和线性度对比

通过信号分离得出的信号是两个恒包络信号，其中上支路是一个正相位调制信号，下支路是一个负相位调制信号，这两个信号被饱和的非线性功放有效地放大，然后被功率合成器合成。功率合成器的选择对 Outphasing 功放来说至关重要。在隔离合成器如 Wilkinson 功率合成器中，信号不会发生反射，因此输出信号完全是线性的，它的瞬时效率是随相位变化的余弦平方的函数。当非隔离合成器如 Chireix 功率合成器被使用时，部分信号将会从合成器反射回放大器，造成输出信号的非线性。信号的反射是由功率合成器输入端和功率放大器输出端之间的阻抗失配造成的，功率合成器两支路的负载牵引作用会导致两支路之间不能完全隔离，使得功率放大器拥有一个随着包络信号变化的负载。

研究表明[128-131]，在 Chireix 功率合成器的输入端使用两个补偿电抗时，会发生比较严重的阻抗失配，当去掉补偿电抗时，尽管支路功率放大器与功率合成器之间会发生部分反射，功率放大器依旧可以表现出很好的线性度和良好的效率。换句话说，功率合成器输入端补偿电抗的引入提升了效率，但这是以线性度的下降为代价的。总的来说，对比 Wilkinson 功率合成器的低效率和传统 Chireix 功率合成器的低线性度，无补偿电抗的 Chireix 功率合成器在效率和线性度方面得到了平衡。

接下来，将对不同种类功率合成器的效率进行理论对比。当 Outphasing 功放使用 Wilkinson 功率合成器时，由于这两支路信号为恒包络信号，功放的直流电流保持恒定，因此功放的输入阻抗是一个恒定值。假设以理想 B 类功放作为两支路主放大器，可以得到总的理论效率为

$$\eta_w = \frac{\pi}{4}\cos^2\theta \tag{5-21}$$

而在无补偿电抗的 Chireix 功率合成器中，由于无隔离电阻作用，Outphasing 系统的上、下支路放大器在附加相位角作用下的输入阻抗都是可变的，因此理想 B 类功率放大器和无补偿电抗的 Chireix 功率合成器总的理论效率为

$$\eta_{c\_ns} = \frac{\pi}{4}\cos^2\theta \left| \frac{1+2\mathrm{j}\tan\theta}{1+\mathrm{j}\tan\theta} \right| \tag{5-22}$$

图 5 - 69 所示为使用公式计算的无补偿电抗 Chireix 功率合成器和 Wilkinson 功率合成器总的理论效率对比图,从图中我们可以看出,使用无补偿电抗的 Chireix 功率合成器可以极大地提升系统效率。

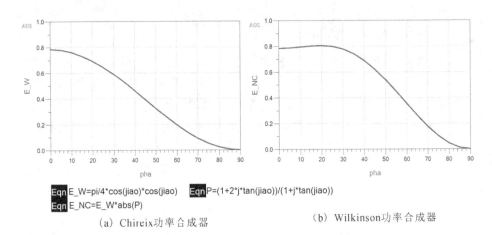

(a) Chireix功率合成器　　　　　　(b) Wilkinson功率合成器

图 5 - 69　无补偿电抗 Chireix 功率合成器和 Wilkinson 功率合成器效率对比图

对于传统 Chireix 功率合成器来说,和无补偿电抗的 Chireix 功率合成器一样,信号的附加相位角随着输入信号幅度的变化而变化。由于附加相位角的作用,功率合成器两支路的阻抗是一个动态可变值,电路在大部分情况下处于失配状态。在补偿电抗取值不同时,Outphasing 系统在不同的角度下达到匹配状态,而在其余角度均处于不同程度的失配状态。使用理想分支功放的传统 Chireix 功率合成器的理论效率为[132-133]

$$\eta_c = \frac{8y^2\cos^2\theta}{(1+2y^2\cos^2\theta)^2 + y^4(\beta - \sin 2\theta)^2} \qquad (5-23)$$

$$y = \frac{R_0}{R_L}, \quad \beta = \frac{R_L^2}{R_0}B \qquad (5-24)$$

式中:R_0 为负载阻抗,R_L 为 $\lambda/4$ 阻抗变换线的特征阻抗,B 为补偿电抗的电抗值。从式中我们可以看出,合成效率与补偿电抗 B 的取值有关,随着附加相位角的变化而变化,在某一特定附加相位角达到匹配状态,且效率最大,在 y 和 β 取不同值时,效率曲线不同。另外,从式中我们还可以看出,无补偿电抗的 Chireix 功率合成器可以看作补偿电抗 $B=0$ 的特殊情况。图 5 - 70 所示为根据理论效率公式得到的不同 β 参数下的效率曲线图,从图中可以看出补偿电抗的值对最佳效率的大小和出现的位置均有影响。

通过以上分析,我们可以得到如下结论:

（1）无补偿电抗的 Chireix 功率合成器的效率明显高于 Wilkinson 功率合成器的。

（2）无补偿电抗的 Chireix 功率合成器是 Chireix 功率合成器的一种特殊情况，如果结构设计得当，可以有不错的效率。

（3）无补偿电抗的 Chireix 功率合成器具有比 Wilkinson 功率合成器略低但是比传统 Chireix 功率合成器更好的线性度。

由于无补偿电抗的 Chireix 功率合成器能够很好地平衡效率和线性度之间的关系，因此，本设计中我们采用这种形式的 Chireix 功率合成器作为 Outphasing 功放中的功率合成器。

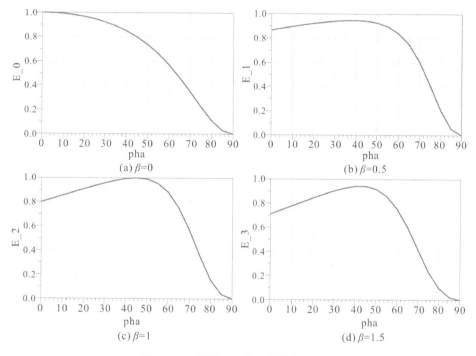

图 5-70　不同 β 参数下的效率曲线图

3. 宽频带高效率 Chireix 功率合成器的分析与设计

为了满足 Outphasing 功放所需的带宽要求，本设计中使用了多枝节功率合成器代替单枝节功率合成器，这种结构可以有效拓展带宽。但是，随着传输线数量的增加和输入输出端口之间距离的增加，功率合成器会损耗更多的信号，从而导致输出效率的降低[134]；同时，为了平衡效率和线性度，无补偿电抗

对称结构的采用也会对系统的合成效率造成影响。

为了解决以上问题，必须要采用一种新型结构来有效提升合成器的合成效率。本设计中将马刺线形式的带阻滤波器结构作为合成器的阻抗变换线，代替传统的 λ/4 阻抗变化线，其具有的谐波抑制能力可以有效提升合成效率[135]。接下来的部分将对这种新型结构进行详细的讲解。

1）马刺线理论介绍

为了进一步提升效率，需要对合成器进行谐波抑制，即对二次谐波和三次谐波进行抑制。在功率合成器中，带阻滤波器结构是用来抑制谐波的一种方法。本设计中使用的马刺线结构本质上就是一个带阻滤波器[136]，可以抑制某一频率的信号。同时，它与传统微带线的结构相似，是一种简单紧凑的结构，与传统的带阻滤波器及耦合微带线构成的滤波器相比其损耗更小，能够获得更高的效率。因此在本设计中使用马刺线构成的带阻滤波器结构作为合成器的阻抗变换器。

马刺线（Spurline）与传统微带线相似，不同的是它是一种缺陷结构。单个 Spurline 可以当作一个并联谐振器，如图 5 - 71 所示，其中开槽的间隙电容相当于图中的 C，槽线本身相当于图中的 L[137]。

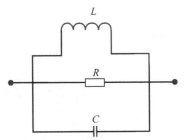

图 5 - 71   单个马刺线等效电路

马刺线的基本结构如图 5 - 72(a) 所示，其由一对 λ/4 耦合微带线组成，耦合线的一端两根线相连，另一端开路。在相速度相等的情况下，马刺线电路可以用图 5 - 72(b) 所示的一段开路传输线和一段主传输线表示。Z_{12} 和 Z_1 可通过式(5 - 25)和式(5 - 26)得出，其中，Z_{oo} 和 Z_{oe} 为耦合微带线的偶模和奇模特征阻抗。

$$Z_{12} = \frac{Z_{oo} + Z_{oe}}{2} \qquad\qquad (5 - 25)$$

$$Z_1 = \frac{Z_{oe}}{Z_{oo}}\left(\frac{Z_{oe} + Z_{oo}}{2}\right) \qquad\qquad (5 - 26)$$

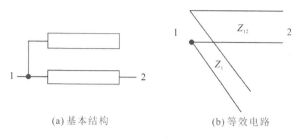

(a) 基本结构　　　　　　　(b) 等效电路

图 5 - 72　马刺线的基本结构和等效电路图

微带线形式的马刺线结构如图 5 - 73 所示，其包含众多参数，其中马刺线的高度为 a，宽度为 b，长度为 c。其电容效应由宽度 b 调控，电感效应由长度 c 调控，在得出等效电路中特征阻抗 Z_1 和 Z_{12} 的值后，马刺线的参数 a、b、c 也可通过查表和计算得出。

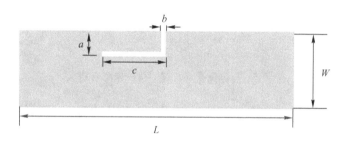

图 5 - 73　微带线形式的马刺线结构

马刺线的参数对其传输系数 S_{12} 有很大的影响，这是因为参数 a、b、c 的不同会导致电路在不同谐振点谐振，从而产生对电路的电容效应和电感效应的影响。研究表明，在维持马刺线长度、高度不变时，随着马刺线宽度的增大，谐振频率变高；在维持马刺线宽度、高度不变时，随着马刺线长度的增大，谐振频率变低。L 或 C 的值越大，谐振频率 f_0 越小，这证明了马刺线宽度越大，马刺线电容电感的特性越弱；马刺线长度越大，马刺线电容电感的特性越强。

马刺线结构本质上就是一个带阻滤波器，谐振频率 f_0 就是其滤波器的中心频率。因此在后续利用马刺线设计阻抗变换网络时，可以通过调节 L 或 C 参数来对带阻滤波器的中心频率进行调整。另外，马刺线不仅可以用来设计带阻滤波器，还可以用于其他场景，例如天线及其他一些微带电路设计方面[138-139]。

2) 基于马刺线的带阻滤波器介绍

带阻滤波器设计一般包含以下几个步骤：首先求出集总元件的低通滤波电路，然后将低通滤波电路通过频率变化转换为带阻滤波器，再将集总参数的带

氮化镓射频功率放大器的设计实践与研究

阻滤波器转换为分布参数形式。因此，在设计带阻滤波器前，我们先给出低通滤波器的两种原型电路，如图 5-74 所示。

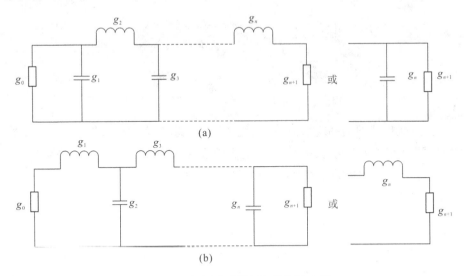

图 5-74　低通滤波器的两种原型电路

通过频率转换可以将低通滤波器原型转化成传输线形式的带阻滤波器，如图 5-75 所示，其中的 n 阶带阻滤波器由 n 个包含一段开路传输线和一段主传输线的滤波器构成。这里给出 $n=2$ 情况下的参数计算公式：

$$Z_1 = Z_A \left(1 + \frac{1}{\Lambda g_0 g_1} \right) \tag{5-27}$$

$$Z_{12} = Z_A (1 + \Lambda g_0 g_1), \ \Lambda = \omega_1' a, \ a = \cot \left(\frac{\pi \omega_1}{2\omega_0} \right) \tag{5-28}$$

$$Z_2 = \frac{Z_A g_0}{\Lambda g_2}, \ Z_B = Z_A g_0 g_3 \tag{5-29}$$

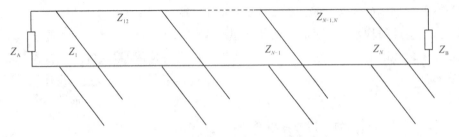

图 5-75　传输线形式的带阻滤波器结构

其中 n 为枝节的数目，Z_A 和 Z_B 为终端负载阻抗，是自己设定的值，$Z_j(j\in[1,n])$ 和 $Z_{j-1}(j\in[2,n])$ 为开路传输线和主传输线的特征阻抗，g_j 为低通滤波器原型的特征元素，通过查表可得，ω_1' 为低通滤波器原型中的截止频率，ω_0 为阻带中心频率。通过以上计算公式，可以很容易地生成带阻滤波器。

尽管利用开路枝节和主传输线非常容易设计带阻滤波器的结构，但它也存在一些缺点。由于开路枝节的存在，在开路枝节长度较长的情况下，合成器的面积会比较大；同时，这种设计方法的参数自由度较低。因此，我们可利用新形式带阻滤波器结构。在本节中，平行耦合微带线被用来设计带阻滤波器，平行耦合微带线中有两种可以设计带阻滤波器的结构。

图 5-76 是一种平行耦合谐振滤波结构，该结构拥有一个一端开路、另一端短路的谐振枝节和一个与其不连接的主传输线，谐振枝节与主传输线之间无连接的结构使得此类型耦合微带线的耦合度非常高。因为阻带宽度本质上是枝节线和主线之间耦合程度的函数，因此这种类型非常适合设计阻带非常窄的滤波器。而本节中设计的带阻滤波器结构是为了抑制信号中的二次谐波和三次谐波，不需要过窄的阻带。图 5-72(a) 是另一种耦合微带线结构，即利用马刺线的带阻滤波器结构，相较于平行耦合谐振滤波结构，马刺线谐振滤波结构[139]具有相对较宽的阻带宽度，非常适合用于谐波抑制。同时，它的体积比传统带阻滤波器小，参数自由度高。因此它可以在获取相对宽阻带宽度的同时保持较小的体积，非常适合用在功率合成器谐波抑制上。

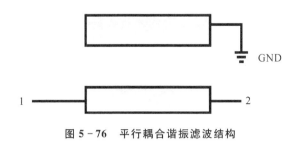

图 5-76　平行耦合谐振滤波结构

3）新型 Chireix 功率合成器的设计步骤与仿真

上面已经介绍了马刺线理论和基于马刺线的带阻滤波器结构，接下来我们将运用此结构设计一种新型的 Chireix 功率合成器，合成器的阻抗变换线采用的是马刺线形式的带阻滤波器结构。由于在合成器中要同时对二、三次谐波进行处理，因此要设计两个阻带中心频率分别为 $2f_0$ 和 $3f_0$ 的滤波器。同时，为了兼顾枝节个数与信号损耗，使用二阶滤波器以达到宽频带效果。在设计双谐振的马刺线带阻滤波器时，一般要经过以下步骤：

（1）设计阻带带宽和中心频率 f_0 的大小，同时根据原型电路设定 g_0、g_1、g_2、g_3、ω_1' 等参数以获取最平坦的响应。为了抑制二、三次谐波，中心频率分别取为 $2f_0$ 和 $3f_0$。

（2）根据式(5-25)和式(5-26)计算出马刺线滤波电路的参数 Z_1 和 Z_{12}，需要注意的是两枝节和主传输线连接处的不连续性可能会降低性能，因此在设计过程中需要小心。

（3）利用转换公式得出马刺线高度 a、马刺线宽度 b、马刺线长度 c 参数的大小，将传统滤波器电路转换为马刺线形式的带阻滤波电路。确定好结构后，即可让电路在中心频率 $2f_0$ 和 $3f_0$ 处进行阻带抑制。

（4）单个马刺线的特征阻抗由马刺线的 W 和 L 参数决定，通过设定不同马刺线的 W 和 L 参数，对新型 Chireix 功率合成器的输入、输出进行阻抗匹配。

值得注意的是，为了扩大 Outphasing 功放的频率范围，合成器也应具有较宽的频率范围。通过恰当地选取 $\lambda/4$ 微带线，可以获取宽频带特性。但是没必要将负载阻抗的值设定为 50 Ω 以获取最佳带宽，可以添加一段额外的传输线 Z_2 以将 50 Ω 阻抗值转换为负载阻抗的值从而提高设计的灵活性[139]，如图 5-77 所示。同时，额外传输线的添加可以和多枝节微带线一样减小阻抗变换比，拓展带宽。

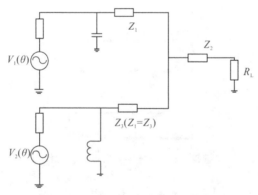

图 5-77 功率合成器结构示意图

具有谐波抑制功能的功率合成器原理如 5-78 所示。框图 1 和框图 2 分别包含两个阻带中心频率为 $2f_0$ 和 $3f_0$ 的二阶滤波器，以抑制奇偶次谐波，提升效率。同时，多枝节结构可以扩展带宽，额外传输线 Z_2 用来增加设计的灵活性和拓展带宽。

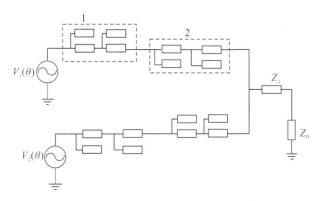

图 5-78　具有谐波抑制功能的功率合成器原理图

马刺线设计通过 ADS 软件电磁仿真平台来实现，微带线形式的新型功率合成器版图如图 5-79 所示。

图 5-79　微带线形式的新型功率合成器版图

为了测量新型 Chireix 功率合成器的性能，我们对其模拟传输特性进行测试，并对原理图-版图进行联合仿真，测试结果如图 5-80 所示。在 2~4 GHz

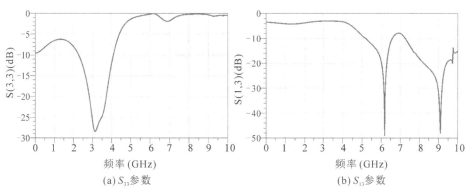

(a) S_{33} 参数　　　　(b) S_{13} 参数

图 5-80　S 参数版图仿真结果图

频段内，S_{33}参数在-7 dB到-28 dB之间，表明新型 Chireix 功率合成器具有较高的反射系数。S_{13}参数在 $2\sim4$ GHz 频段内高于-4 dB，表明新型 Chireix 功率合成器具有较低的插入损耗；在二次谐波和三次谐波一定范围内，S_{13}参数低于-20 dB，证明该功率合成器具有较强的谐波抑制能力。结果表明，设计的新型 Chireix 功率合成器可以在较宽频带内对信号进行合成，同时具有较强的谐波抑制能力。

4）新型 Chireix 功率合成器的加工与实测结果分析

与功率放大器一样，需要制作新型 Chireix 功率合成器实物并对其进行实际性能的测试。使用 Altium Desiger 所设计的功率合成器 PCB 版图如图 5-81 所示，加工后的 PCB 如图 5-82 所示，进行完整电路焊接后的组装电路如图 5-83 所示。

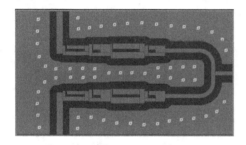 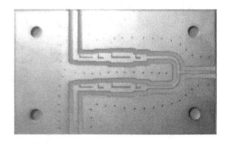

图 5-81　新型 Chireix 功率合成器 PCB 版图　　　图 5-82　加工后的 PCB

图 5-83　新型 Chireix 功率合成器组装电路图

在进行完电路组装后，需要对新型 Chireix 功率合成器进行性能测试（主要进行小信号测试），测试平台同 5.2.1 节，结果如图 5-84 所示。

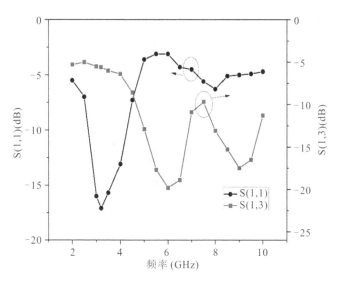

图 5-84　实物小信号测试结果

从图 5-84 中可以看出，在 2～4 GHz 频段内，S_{11} 参数在 −5 dB 到 −18 dB 之间，表明所设计的功率合成器的回波损耗较低；S_{13} 参数在 2～4 GHz 频段内高于 −4 dB，表明所设计的电路具有较低的插入损耗；在二次谐波和三次谐波一定范围内，S_{13} 参数低于 −15 dB，表示所设计的电路具有较强的谐波抑制能力。实物测试结果理想，证明该功率合成器可以在较宽频带内工作，同时具有较强的谐波抑制能力。

4. Outphasing 功放测试

在设计完分支功放和功率合成器后，需要对其在 Outphasing 功放中的性能进行测试。然而，实际 Outphasing 系统的搭建是十分困难的，首先需要使用电脑生成一个复杂调制信号（WCDMA 信号或者 π/4-DQPSK 信号），然后使用数字板的 FPGA 进行信号分离，再通过 A/D 转换电路变成模拟信号，最后经过正交调制器将其调制到发射载频。生成的恒包络 Outphasing 信号经两路驱动功放进行放大，再通过分支功放放大后经功率合成器输出。由于实验室条件有限以及对信号分离算法的了解有限，因此本设计中只使用 ADS 软件搭建的 Outphasing 功放系统进行测试。

在测试之前，由于 ADS 软件中无法直接生成恒定幅度异相的恒包络信号，因此我们需要先生成此信号，此信号由数字调制信号通过信号分离得到。首先我们需要选取一个数字调制信号，在这里选取了 π/4-DQPSK 信号，它是一种基于 QPSK 调制信号的改进型调制信号，不同于 QPSK 的 $180°$ 跳变，$\pi/4 - DQPSK$ 信号的相位跳变较小，只有 $135°$，频谱特性较好。同时，ADS 软件中拥有 $\pi/4 - DQPSK$ 信号发生器，可以直接使用，较为方便。

图 5 - 85 所示为信号分离前的时域信号频谱，从图中可以看出，分离前的信号是一个非恒包络信号。图 5 - 86 所示为信号分离后的时域信号频谱，从图中可以看出，分离后两路信号包络恒定，证明了信号分离器算法的有效性。

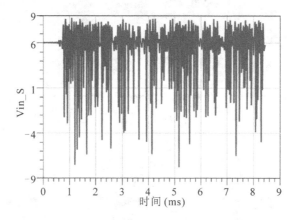

图 5 - 85　信号分离前的时域信号频谱图

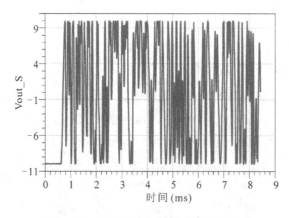

图 5 - 86　信号分离后的时域信号频谱图

图 5 - 87 所示为 $\pi/4 - DQPSK$ 信号的频谱和分离后的信号频谱，从图中可以看出，原始信号的相邻信道功率比约为 -64.5 dBc。分离后信号的峰均比 PAPR 为 1，证明其是理想的恒包络信号，同时信号的频谱被展宽，ACPR 的值在 -19 dBc 附近。

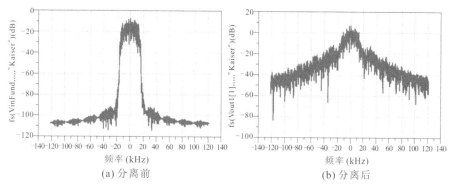

(a) 分离前　　　　　　　　　　　　(b) 分离后

图 5 - 87　$\pi/4$ - DQPSK 信号分离前后频谱图

　　为了比较不同形式的功率合成器之间效率与线性度的区别，在输入中心频率为 3.2 GHz 的 $\pi/4$ - DQPSK 信号时，分别将 Wilkinson 功率合成器、传统 Chireix 功率合成器及新型 Chireix 功率合成器三种不同的功率合成器放入测试系统，并使用所设计的功放作为分支功放，得到的经功率合成后的信号频谱特性如图 5 - 88 所示。

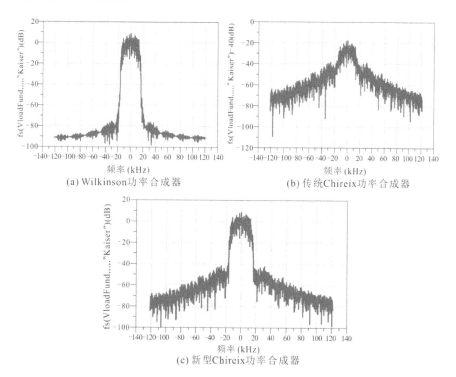

(a) Wilkinson功率合成器　　　　　　(b) 传统Chireix功率合成器

(c) 新型Chireix功率合成器

图 5 - 88　合成后的频谱特性图

从图 5-88 中可以看出，使用 Wilkinson 功率合成器的输出频谱和信号输入频谱十分类似，ACPR 为 −58.5 dBc(取上下信道平均值)，证明其线性度最高。这是由于其结构中隔离电阻的存在使得信号不会反射回功放端，输出信号拥有最佳线性度。传统 Chireix 功率合成器的线性度最差，输出频谱和信号输入频谱有很大差距，ACPR 的值为 −23.5 dBc。这是由于功率合成器的输入与放大器的输出之间的阻抗失配，当功率合成器的输入端使用补偿电抗时，由于合成器两支路的不平衡，失配现象非常严重。对于本设计的新型 Chireix 功率合成器来说，其采用的无补偿枝节结构能够使其在放大器的增益是一个固定值且合成器的两分支平衡的情况下，保持较好的线性度。其 ACPR 的值为 −38.3 dBc，可以看出线性度明显好于传统 Chireix 功率合成器，比 Wilkinson 功率合成器略差，理论与仿真结果相符。

在功率放大器的输入功率为 31 dBm 时，放大器的输出功率为 42.1 dBm，约为 16.2 W，功放在 3.2 GHz 的效率约为 65.5%。使用 Wilkinson 功率合成器的合成功率为 4.86 W，约为 36.8 dBm，合成效率过低，仅为 15% 左右。传统 Chireix 功率合成器的性能取决于其参数 β，通过对设定了不同参数的 Chireix 功率合成器进行对比，最终选取 $\beta=1$ 的功率合成器进行测试，输出功率为 19.5 W，约为 42.9 dBm，合成效率为 60% 左右。新型 Chireix 功率合成器的输出功率为 18.5 W，约为 42.6 dBm，合成效率为 57%，合成效率比较接近传统 Chireix 功率合成器。三者的系统合成效率为 9.8%，39.3%，37.3% 左右。

同时，在使用 3.1 GHz 和 3.3 GHz 输入信号对设计电路进行测试时，功率放大器的效率分别为 71.1% 和 64.1%，输出功率分别为 16.9 W 和 17.3 W，功率合成器的合成效率分别为 52.2% 和 53.4%，得到的系统合成效率分别为 37.1% 和 34.2%，其 ACPR 的值分别约为 −37.5 dBc 和 −36.6dBc。可以看出，信号不仅能在单频率点工作，还可以在中心频率的 200 MHz 频带范围内的频率点处具有较好的性能。

通过上述结果，我们证明了以下结论：

(1) 所设计的宽频带高效率混合类功放非常适合作为 Outphasing 功放中的分支功放而不产生较大的失真，其具备的高效率使其可以在很大程度上提高系统效率。

(2) 所设计的新型 Chireix 功率合成器具有较高的合成效率，可以改善传统 Chireix 功率合成器虽然效率高但是线性度差的问题。

(3) Outphasing 功率放大器可以在中心频率 3.2 GHz 的 200 MHz 频带范

围内的频率点上具有较优性能，具备了一定的宽频带性能，这主要跟功率合成器的多枝节结构，以及分支功率放大器的宽频带特性有关。

从上述结果可以看出，通过对功率放大器和功率合成器的合理分析和设计，本设计的 Outphasing 功放可以工作在 3 GHz 以上的 5 G 频段，具有不错的效率和线性度，同时可以在多个频点工作。

5.3　基于连续 EF 类异相(Outphasing)功率放大器的设计

在 Outphasing 功放中，整个结构由两个支路组成，每个支路都包括一个高效率的功率放大器，并且在输出端具有合成结构。因此，Outphasing 功率放大器的效率是放大器效率和合成器效率的乘积，在设计整个 Outphasing 的功放时，不仅仅要考虑支路功放的效率，合成器的效率也在很大程度上影响整个 Outphasing 功放的效率。而功率合成器的效率主要受信号的动态特性即峰值因子和概率分布函数(PDF)以及合成器的拓扑结构的影响。

目前主要包括两种类型的合成器，第一种是隔离合成器，如威尔金森合成器，通过在两个异相功率放大器之间放置一个隔离电阻，能够隔离上下两个异相支路，并为每个异相功率放大器提供一个固定的负载阻抗，以有效地避免信号失真，但这样会导致功率浪费在隔离电阻中。所以隔离合成器的效率比较低，但是线性度比较好。第二种合成器为非隔离合成器，如 Chireix 功率合成器，为了避免合成过程中能量损耗，取消了隔离电阻，提高了功率合成器的效率。

5.3.1　非隔离 Chireix 合成器理论

1. 非隔离 Chireix 合成器的阻抗分析

具有 Chireix 功率合成器的 Outphasing 功率放大器的电路结构如图 5-89 所示，合成器包括两个 $\lambda/4$ 波长传输线、两个对称的无功补偿元件。Chireix 功率合成器为了降低对功率的损耗，移除了隔离电阻，上下支路会相互发生负载调制现象，导致在上下支路存在期望的电导外，还存在着变化的电纳，这些电纳会引起电压与电流之间的相移，从而降低了合成器的效率。在 Chireix 功率合成器上下支路增加无功对称补偿元件来补偿这些电纳，可提高其效率。

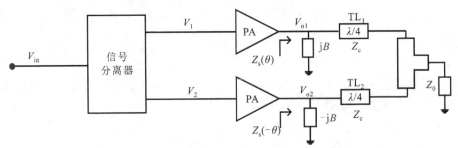

图 5 - 89　Chireix - Outphasing 功率放大器电路结构图

不带对称补偿元件的 Chireix 功率合成器电路简化图如图 5 - 90 所示，上下支路信号分别为 $V_1(\theta)$、$V_2(\theta)$，加在负载上的总电压、总电流分别为 $V_0(\theta)$、$I_0(\theta)$。

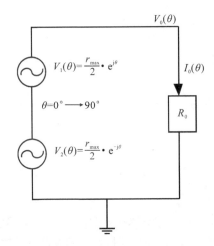

图 5 - 90　不带对称补偿元件的 Chireix 功率合成器电路简化图

上下两路信号和负载的总电压、总电流分别如下：

$$V_1(\theta) = \frac{r_{\max}}{2} \cdot e^{j\theta} \qquad (5-30)$$

$$V_2(\theta) = \frac{r_{\max}}{2} \cdot e^{-j\theta} \qquad (5-31)$$

$$V_0(\theta) = V_1(\theta) - V_2(\theta) = jr_{\max}\sin\theta \qquad (5-32)$$

$$I_0(\theta) = \frac{V_0(\theta)}{R_0} = \frac{jr_{\max}\sin\theta}{R_0} \qquad (5-33)$$

根据式(5 - 30)、式(5 - 31)、式(5 - 33)，可以得出上下支路的阻抗 Z_1

和 Z_2：

$$Z_1(\theta) = \frac{V_1(\theta)}{I_0(\theta)} = \frac{R_0}{2}(1 + \mathrm{j}\cot\theta) \qquad (5-34)$$

$$Z_2(\theta) = \frac{V_2(\theta)}{I_0(\theta)} = \frac{R_0}{2}(1 - \mathrm{j}\cot\theta) \qquad (5-35)$$

此时，由调制产生的电抗和实部阻抗是串联的电路结构，将其转化为并联的电路结构，可以得到负载形式为

$$G(\theta) = \frac{2\sin^2\theta}{R_0} \qquad (5-36)$$

$$B(\theta) = \pm\mathrm{j}\frac{\sin2\theta}{R_0} \qquad (5-37)$$

通过上面的分析可知，Chireix 功率合成器没有隔离电阻，导致上下支路发生了负载牵引现象，产生了复杂的负载阻抗，该阻抗会随异相角的变化而变化[140]。如式（5-36）所示，当异相角为零时，电导的值为零；当异相角增加到 $90°$ 时，电导达到最大，输入负载的电流随着异相角的增加而增加。同时根据式（5-37）可知，除了变化的电导外，还会产生一个随异相角变化的电纳。因为存在电纳会导致效率降低，所以在传统的 Chireix 功率合成器基础上，在上下支路中通过并联两个对称的补偿元件来抵消由于负载调制而产生的电纳影响，补偿的电容和电感如下：

$$L_{\mathrm{c}} = \frac{R_0}{2\pi f\sin2\theta} \qquad (5-38)$$

$$C_{\mathrm{c}} = \frac{\sin2\theta}{2\pi f R_0} \qquad (5-39)$$

2. 非隔离 Chireix 功率合成器的效率分析

在理想情况下，由于 $\lambda/4$ 微带线的存在，从功率放大器看过去的上下支路的阻抗都等于 Z_0，此时处于匹配阶段，两条支路的总输出电压分别为 $GV_1(\theta)$ 和 $GV_2(\theta)$。但在实际中，功率放大器并不能完美地匹配到 Z_0，也就是说功率放大器与 Chireix 功率合成器之间存在失配现象，此时上下支路的总电压就等于入射波电压加上反射波电压。反射波公式如式（5-40）、式（5-41）所示。$\Gamma(\theta)$ 和 $\Gamma(-\theta)$ 分别是从上下支路功率放大器看到的反射系数，如式（5-42）所示。其中从上支路功放看到的阻抗为 $Z_{\mathrm{s}}(\theta)$，从下支路功放看到的阻抗为 $Z_{\mathrm{s}}(-\theta)$。

$$V_{\mathrm{r1}}(\theta) = GV_1(\theta)\Gamma(\theta) = G\frac{r_{\max}}{2}\mathrm{e}^{\mathrm{j}\theta}\Gamma(\theta) \qquad (5-40)$$

$$V_{r2}(-\theta)=GV_2(-\theta)\Gamma(-\theta)=G\frac{r_{max}}{2}e^{-j\theta}\Gamma(-\theta) \qquad (5-41)$$

$$\Gamma(\pm\theta)=\frac{Z_s(\pm\theta)-Z_0}{Z_s(\pm\theta)+Z_0} \qquad (5-42)$$

Chireix 功率合成器上下支路不存在隔离性，导致两条支路存在负载调制现象，每一条支路可以被视为另一条支路的动态负载，因此给出了 Chireix 功率合成器的阻抗表达式为[141]

$$Z_s(\pm\beta,\pm\theta)=\frac{1}{\frac{y^2}{Z_o}\cdot[2\cdot\cos^2\theta+j(\pm\beta\mp\sin2\theta)]} \qquad (5-43)$$

其中

$$y=\frac{Z_o}{Z_c} \qquad (5-44)$$

$$\beta=\frac{BZ_o}{y^2} \qquad (5-45)$$

式中：Z_c 是电长度 $\lambda/4$ 传输线的特征阻抗，B 为 Chireix 功率合成器补偿元件电纳的大小，Z_o 为输出负载的阻抗。但是式（5-43）是在功率放大器与合成器完全匹配下得出的[142]，利用的总电压没有考虑反射波。当考虑反射波时，分析同样成立，Chireix 功率合成器上下支路放大后的电压表达式如下：

$$V_{o1}(\theta')=GV_1(\theta)[1+\Gamma(\beta,\theta')]=|V_{o1}|e^{j\theta'} \qquad (5-46)$$

$$V_{o2}(-\theta')=GV_2(-\theta)[1+\Gamma(-\beta,-\theta')]=|V_{o2}|e^{-j\theta'} \qquad (5-47)$$

式（5-43）可以被改写为

$$Z_s(\pm\beta,\pm\theta')=\frac{1}{\frac{y^2}{Z_o}\cdot[2\cdot\cos^2\theta'+j(\pm\beta\mp\sin2\theta')]} \qquad (5-48)$$

反射系数也可以改写为式（5-49），同时可以得到输入异相角与输出异相角的关系，如式（5-50）所示：

$$\Gamma(\pm\beta,\pm\theta')=\frac{Z_s(\pm\beta,\pm\theta')-Z_0}{Z_s(\pm\beta,\pm\theta')+Z_0} \qquad (5-49)$$

$$\theta=\theta'-\text{phase}[1+\Gamma(\beta,\theta')] \qquad (5-50)$$

结合式（5-50），式（5-46）和式（5-47）可以改写为

$$\begin{cases} |V_{o1}| = G\dfrac{r_{max}}{2}|1+\Gamma(\beta,\,\theta')| \\[3mm] |V_{o2}| = G\dfrac{r_{max}}{2}|1+\Gamma(-\beta,\,-\theta')| \end{cases} \qquad (5-51)$$

原始的 Chireix 功率合成器效率的表达式是关于 $\theta(t)$ 的函数[143]，是在功率放大器与合成器完全匹配时达到的，没有考虑反射波的存在，所以 Chireix 功率合成器瞬时效率的表达式必须要考虑到失配的影响。为了推导出考虑失配影响的瞬时效率表达式，使用瞬时效率定义公式，如式(5-52)所示，其中 P_o 为合成器输出端输出到负载的功率，是两个未反射的发射功率之和，由式(5-53)所示。P_1 和 P_2 是输入到合成器支路的输入功率。

$$\eta(\beta,\,\theta') = \frac{P_o}{P_1 + P_2} \qquad (5-52)$$

$$P_o = P_1 \cdot [1 - |\Gamma(\beta,\,\theta')|^2] + P_2 \cdot [1 - |\Gamma(-\beta,\,-\theta')|^2] \qquad (5-53)$$

结合式(5-49)、式(5-51)~式(5-53)，瞬时效率公式可以表示为

$$\eta(\beta,\,\theta') = \frac{8y^2\cos^2\theta'}{(1+2y^2\cos^2\theta')^2 + y^4(\beta - \sin2\theta')^2} \qquad (5-54)$$

θ 与 θ' 的关系如式(5-55)所示，可以通过这个关系将瞬时效率转化为异相角 θ 的函数：

$$\cos\theta' = \frac{\beta y^2\tan\theta + 1}{\sqrt{(\beta y^2\tan\theta + 1)^2 + [\tan\theta(1+2y^2) - \beta y^2]^2}}$$

$$(5-55)$$

5.3.2　Chireix 功率合成器的设计与测试

1. Chireix 功率合成器的设计

5.2 节中设计的连续 EF 类功放的中心频点为 2.4 GHz，所以 Chireix 功率合成器的频率也设计为 2.4 GHz；在最后的仿真平台所选用的调制信号为 $\pi/4$ - DQPSK 信号，根据其异相角概率密度函数，异相角普遍位于较大的角度，所以此次设计的补偿角度设定为 $\theta = \pi/3$；根据式(5-38)、式(5-39)，可以计算出补偿电感 L 与补偿电容 C 分别为 3.83 nH 和 1.149 pF；TL_1、TL_2 的特征阻抗设置为 50 Ω，则根据式(5-44)，可知 y 的值为 1；根据式(5-37)，当异相角为 60°时，可以计算出 B 的绝对值为 0.017；根据式(5-45)，可以得到 β 的值为 0.85；将得到的 y、β 代入式(5-54)、式(5-55)，可以得到此时

Chireix 功率合成器的效率为 91%。最后得到的电路原理图如图 5-91 所示。

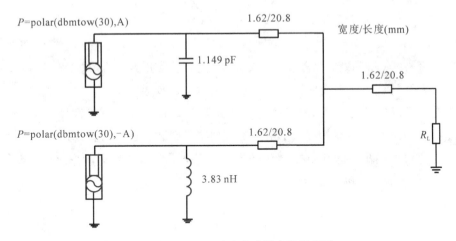

图 5-91　Chireix 功率合成器电路原理图

　　然而由于在高频率下集总参数元件会发生一系列的寄生效应，不适合在射频频段使用，因此在实际的设计过程中，先通过公式计算出电感、电容的大小，然后通过转化公式将集总参数的元件转化为对应的微带线。当负载阻抗为 Z_L 时，输入阻抗可以表示为[144]

$$Z_{in} = Z_0 \frac{Z_L + jZ_0 \tan\theta}{Z_0 + jZ_L \tan\theta} \qquad (5-56)$$

其中，Z_0 是特征阻抗，θ 为电长度。利用式(5-56)，集总参数元件可以与微带线进行转换。由于 Chireix 功率合成器补偿的电抗元件都是短路的纯虚部电抗，因此可以将补偿电感 L 与补偿电容 C 分别用并联一个短路、开路的传输线来代替。

　　当负载阻抗 $Z_L = 0$，即传输线短路时，$Z_{in} = jZ_0 \tan\theta$。当电长度 $\theta < \pi/2$ 时，输入阻抗 Z_{in} 是感性的，此时可以计算出电感为

$$L = \frac{Z_0 \tan\theta}{\omega} \qquad (5-57)$$

　　当负载阻抗 $Z_L = \infty$，即微带线断路时，$Z_{in} = -jZ_0 \cot\theta$，当电长度 $\theta < \pi/2$ 时，输入阻抗 Z_{in} 是容性的，此时可以计算出电容为

$$C = \frac{\tan\theta}{\omega Z_0} \qquad (5-58)$$

　　根据式(5-54)、式(5-55)，将对应的集总参数元件转化为对应的微带传

输线，并根据测试结果对参数进行微调后，得到的实际电路原理图如图 5 - 92 所示。

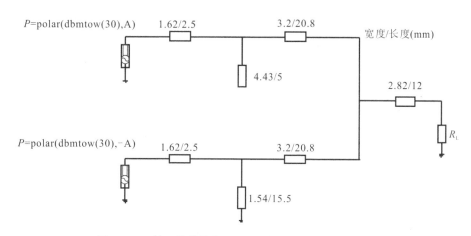

图 5 - 92　基于微带线的 **Chireix** 功率合成器电路原理图

在生成版图时，由于需要考虑电路连接的实际情况，需要在电路信号输入端设计一段较短的 50 Ω 微带线来连接 SMA 头。同时为了连接上下支路，需要采用两段弧形微带线进行连接，将上下支路的 $\lambda/4$ 微带线的长度分为一个弧形微带线和两段直线型微带线，但总的长度保持 $\lambda/4$，最终生成的 ADS 版图如图 5 - 93 所示。将上述设计的 Chireix 功率合成器生成 PCB 版图，版图结构如图 5 - 94 所示。加工的实物组装图如图 5 - 95 所示。

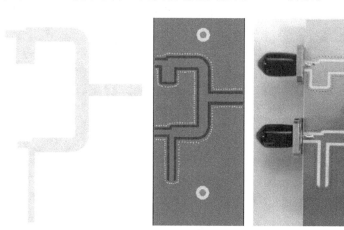

图 5 - 93　**ADS 版图**　　图 5 - 94　**PCB 版图结构**　　图 5 - 95　**加工的实物组装图**

2. Chireix 功率合成器实物仿真结果分析

Chireix 功率合成器实物测试的 S 参数结果如图 5－96 所示。在本设计中 S_{11} 参数代表输出反射系数，一般要求 S_{11} 的值比较小，最优值为 $S_{11} < 0.1$（-20 dB）。在 2.4 GHz 频点处，S_{11} 的测试结果为 -8.439 dB，此时说明其反射系数还是比较大的，说明输入到合成器的异相信号经合成后不能完全输出到负载，部分输入信号会被反射回去。这主要是由 Chireix 功率合成器的特性决定的，两条支路之间的负载调制导致负载阻抗动态变化，必然会导致出现反射。

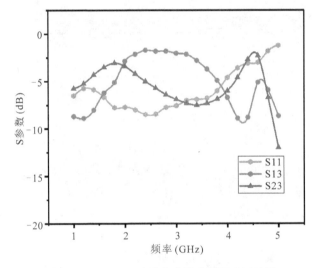

图 5－96　Chireix 功率合成器 S 参数实测结果

在本设计中 S_{13} 参数代表正向传播系数，在 1.7～3.8 GHz 频段内，$S_{13} > -5$ dB，说明所设计的 Chireix 功率合成器在较宽的频带内具有较好的信号传输效率，并在中心频点 2.4 GHz 取得最高的 S_{13} 参数，为 -1.714 dB，说明补偿的电抗确实提高了 Chireix 功率合成器中心频点的效率。

在本设计中 S_{23} 表示上下支路的隔离度，在整个频段内，$S_{23} > -10$ dB，在 2.4 GHz 频点，S_{23} 为 -5.037 dB。S_{23} 的测试结果表示 Chireix 功率合成器不具有很好的隔离度，这也与 Chireix 功率合成器的特性有关，由于缺少隔离电阻，必然会导致上下支路相互影响，隔离度较差。

5.3.3　异相功率放大器的仿真平台与仿真结果

上面对于合成器的分析都是基于单音 Outphasing 信号的，而 Outphasing

功放使用的应该是具有复杂调制的信号，即分离的异相角是动态变化的。所以在完成连续 EF 类功率放大器（见 5.2 节）和 Chireix 功率合成器的设计之后，为了测试整个 Outphasing 功放在具有复杂调制信号下的性能，需要搭建一个 Outphasing 功放的仿真平台来测试其性能。

1. 仿真平台搭建

一个 Outphasing 系统的仿真平台主要包括调制信号产生模块、信号分离模块、载波调制模块、功率放大器模块、功率合成模块。其中所选用的调制信号为 2.4 GHz π/4-DQPSK 信号。基于连续 EF 类功率放大器的异相功放测试仿真平台的设计框图如图 5-97 所示，设计的测试仿真平台如图 5-98 所示。

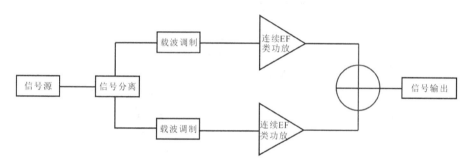

图 5-97　仿真平台设计框图

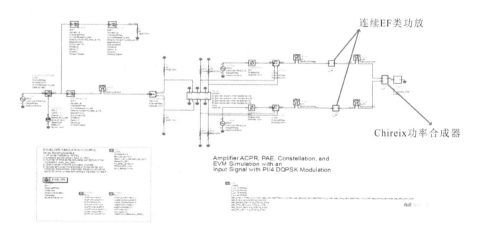

图 5-98　仿真平台

2. 仿真结果及分析

信号产生模块产生信号的频谱和经过信号分离模块的分离信号的频谱分别

如图 5 - 99、图 5 - 100 所示，从两个频谱图中可以看出，初始产生的调制信号的频谱较窄，左信道 ACPR 为 −62.121 dBc，右信道 ACPR 为 −63.459 dBc，可以很明显地发现，经过信号分离后产生的恒定包络异相信号的频谱展宽了，左信道 ACPR 为 −13.011 dBc，右信道 ACPR 为 −12.511 dBc。所以需要在合成信号时将上升的频谱消除，防止对相邻信道产生影响。同时为了保证连续 EF 类功放工作在高效率阶段，通过调节调制信号的功率让分离后的信号功率保持在 30 dBm 附近。

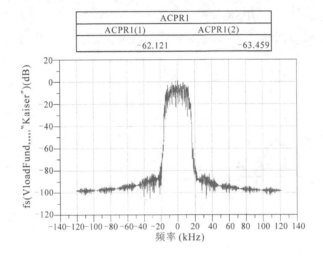

图 5 - 99　初始基带信号频谱图

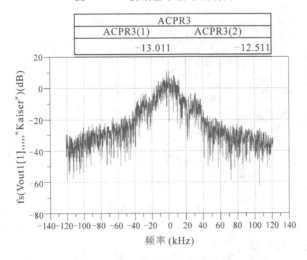

图 5 - 100　分离后信号频谱图

分离后的信号经功率放大器和 Chireix 功率合成器后，信号的频谱图如图 5-101所示，合成后的信号将之前抬升的频谱降低了，左信道 ACPR 为 −31.871 dBc，右信道 ACPR 为−31.006 dBc，证明 Chireix 功率合成器具有 改善线性度的作用。但是从图中可以发现，合成后的信号的 ACPR 与原始信号 的 ACPR 还有一定的距离，这是由非隔离性 Chireix 功率合成器的特性导致 的；同时为了增大非隔离性 Chireix 功率合成器的效率，在上下支路增加的对 称补偿元件也会影响线性度。

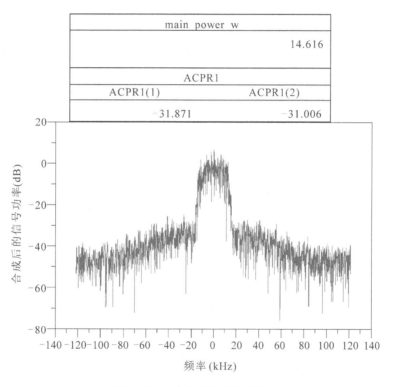

图 5-101 合成后的信号频谱图

从图 5-101 中可以发现，合成器的输出信号的功率为 14.6 W，经连续 EF 类功放放大后的信号功率为 13 W，此时可以计算出合成器的合成效率为 56%，相对于隔离合成器来说，其具有较高的效率。在 2.4 GHz 频点，当输入 信号为 30 dBm 时，连续 EF 类功放的效率为 79%，所以整个 Outphasing 功放 的总效率为 44%。通过将高效率的功率放大器与高效率的合成器相结合，所设 计的 Outphasing 功率放大器具有较好的线性度和较高的效率。

本章小结

本章主要介绍了一种微波超宽频带功率放大器和两种高线性度异相(Outphasing)功率放大器的设计实例。第 1 节介绍了一款 3～7 GHz 微波超宽频带功率放大器的设计,在 ADS 2011 环境下设计仿真了两级 3～7 GHz 功率放大模块。首先对所用管芯 TGF2023 - 2 - 02 及 TGF2023 - 2 - 10 进行了建模;其次在 HFSS 软件中合理设置了金丝键合线的结构参数并进行了仿真,然后运用到电路设计中;同时采用频率补偿与多支节阻抗变换法来实现宽频带性能;完成了两个功放模块的加工制作,并做了测试分析。最终测试结果表明,驱动级输出功率在整个工作频段范围内可达 37～38.5 dBm,小信号增益达到了 9.8 dB 以上,PAE 为 34.6%～49.3%;功率级最大输出功率达到了 24 W,在整个工作频段功率范围为 41.2～43.9 dBm,小信号增益达 8 dB 以上,PAE 达到了 28.8%～47.7%,基本完成了宽频带功率放大器的预定设计指标,并且能同时兼顾带宽和输出功率。与国内外相关资料相比,本设计结果较好。

第 2 节介绍了一款应用于 5G 通信的宽频带高效率、线性度良好的异相(Outphasing)功率放大器的设计。Outphasing 功放的性能由分支功放和合成器共同决定,因此对两者的设计都至关重要。首先运用新型谐波电路设计了宽频带高效率混合类功放作为 Outphasing 功放中的分支功放,能够更好地控制二次谐波和三次谐波,从而提升效率,同时运用了宽频带匹配思想从而拓展带宽。通过对功放的仿真和实物测试,在 2.4～3.4 GHz 频带内实现了 62%～71.1% 的漏极效率、41 dBm 以上的输出功率和 10 dB 以上的增益;然后对功率合成器进行了详细研究,在对比了不同种类功率合成器的效率和线性度后,设计了一款新型 Chireix 功率合成器,运用马刺线带阻滤波器结构进行谐波抑制从而提升效率,并运用无补偿电抗结构来提升输出信号线性度,实现了效率和线性度的良好平衡。同时,多枝节结构的使用使得合成器可以在较宽频带内进行合成;最后将所设计的分支功放和合成器应用在 Outphasing 功放系统中完成测试,在 3.2 GHz 频点、输入功率 31 dBm 下拥有 57% 的合成效率和 37.3% 的系统效率,42.6 dBm 的输出功率和良好的线性度(平均 ACPR 为 -38.3 dBc)。

第 3 节介绍了一款基于连续 EF 类的高线性度异相(Outphasing)功率放大器的设计。首先设计了一款高效率的 Chireix 功率合成器;然后将 5.2 节中设计的连续 EF 类功放与其结合,设计了一款基于连续 EF 类的异相(Outphasing)功放,并设计了一个异相功放的仿真平台来测试其性能。经过测试,当输入 2.4 GHz 的 $\pi/4$ - DQPSK 调制信号时,所设计的 Outphasing 功放实现了左信道 ACPR 为 -31.871 dBc,右信道 ACPR 为 -31.006 dBc,同时总效率保持在 44%,说明整个功放在保持较高效率的同时,也保证了较好的线性度。

参考文献

[1] 杨燕，郝跃，张进城，等. GaN 基微波半导体期间研究进展[J]. 西安电子科技大学学报（自然科学版），2004，31(3)，367-421.

[2] AMBACHER O，FOUTZ B，SMART J，et al. Two dimensional electron gases induced by spontaneous and piezoelectric polarization in undoped and doped AlGaN/GaN heterostructures [J]. J. appl. phys. 2000，87(1)：334-344.

[3] AMBACHER O，SMARTT J，SHEALY J R，et al. Two-dimensional electron gases indued by spontaneous and piezoelectric polarization charges in N- and Ga-face AlGaN/GaN heterostructures [J]. J appl phys，1999，85(6)：3222-3233.

[4] OBERHUBER R，ZANDLER G，VOGL P. Mobility of two-dimensional electrons in AlGaN/GaN modulation-doped field-effect transistors [J]. Appl. phys. lett. 1998，73(6)：818-820.

[5] 孔月婵，郑有炓. Ⅲ族氮化物异质结构二维电子气研究进展[J]. 物理学进展，2006，26(2)：127-145.

[6] 常远程. AlGaN/GaN 高电子迁移率晶体管的模型研究[D]. 西安：西安电子科技大学，2006.

[7] 李静强. AlGaN/GaN HEMT 器件微波功率特性与内匹配技术研究[D]. 天津：河北工业大学，2007.

[8] 吕红亮，张玉明，张义门. 化合物半导体器件[M]. 北京：电子工业出版社，2009：80-154.

[9] LIU J. Channel engineering of Ⅲ-nitride HEMTs for enhanced device performance [D]. Hong Kong：The Hong Kong University of Science and Technology，2006.

[10] STATZ H，NEWMAN I W，PUCEL R A，et al. GaAs FET device and circuit simulation in SPICE [J]. IEEE trans. electron devices，1987，34(2)：160-168.

[11] CURTICE W R，ETTENBERG M. A nonlinear GaAs FET model for use in the design of output circuits for power amplifiers [J]. IEEE transactions on microwave theory and techniques，1985，33(12)：1383-1394.

[12] MATERKA A，KACPRZAK T. Computer calculation of large-signal GaAs FET amplifier characteristics[J]. IEEE transactions on microwave theory and techniques，1985，33(2)：129-135.

[13]　PARKER A E, SKELLERN D J. A realistic large-signal MESFET model for SPICE [J]. IEEE transactions on microwave theory and techniques，1997，45(9)：1563 – 1571.

[14]　ANGELOV I, RORSMAN N, STENARSON J, et al. An empirical-table based FET model [J]. IEEE MTT-S digest，1999，2：525 – 528.

[15]　RADIVOJEVIC Z, ANDERSON K, BOGOD L, et al. Novel materials for improved quality of RF-PA in base-station applications [J]. IEEE trans adv packag，2005，28(4)：644 – 649.

[16]　CAI Y, ZHOU Y G, CHEN K J, et al. High-performance enhancement-mode AlGaN/GaN HEMTs using fluoride-based plasma treatment [J]. IEEE electron device letters，2005，26(7)：435 – 437.

[17]　杜彦东，韩伟华，颜伟，等. 增强型 AlGaN/GaN HEMT 器件工艺的研究进展[J]. 半导体技术，2011，36(10)：771 – 777.

[18]　SHEN L, HEIKMAN S, MORAN B, et al. AlGaN/AlN/GaN high-power microwave HEMT [J]. IEEE electron device lett，2001，22(10)：457 – 459.

[19]　MIYOSHI M, ISHIKAWA H, EGAWA T, et al. High-electron-mobility AlGaN/AlN/GaN heterostructures grown on 100-mm-diam epitaxial AlN/sapphire templates by metalorganic vapor phase epitaxy [J]. Appl. phys. lett. 2004，85(10)：1710 – 1712.

[20]　张进城，王冲，杨燕，等. AlN 阻挡层对 AlGaN/GaN HEMT 器件的影响[J]. 半导体学报，2005，26(12)：2396 – 2399.

[21]　WANG X L, CHENG T S, MA Z Y, et al. 1-mm gate periphery AlGaN/AlN/GaN HEMTs on SiC with output power of 9. 39 W at 8 GHz [J]. Solid-state electronics，2007，51(3)：428 – 432.

[22]　WONG M M, CHOWDHURY U, SICAULT D, et al. Delta-doped AlGaN/AlN/GaN microwave HFETs grown by metalorganic chemical vapour deposition [J]. Electron. Lett. 2002，38(9)：428 – 429.

[23]　FAN Z Y, LI J, LIN J Y, et al. Delta-doped AlGaN/GaN metal-oxide-semiconductor heterostructure field-effect transistors with high breakdown voltages[J]. Appl. Phys. Lett. 2002，81(24)：4649 – 4651.

[24]　SUN Y J, EASTMAN L F. Large-signal performance of deep submicrometer AlGaN/AlN/GaNHEMTs with a field-modulating plate [J]. IEEE trans. electron devices 2005，52(8)：1689 – 1692.

[25]　TAN I H, SNIDERr G L, Change L D, et al. A self-consistent solution of Schrodinger-Posson equations using a nonuniform mesh [J]. J. appl phys, 1990，68(8)：4071 – 4076.

[26] VINTER B. Subbands and charge control in a two-dimensional electron gas field-effect transistor [J]. Appl phys lett, 1984, 44(3): 307 – 309.

[27] IMANAGA S, KAWAI H. Novel AlN/GaN isulated gate heterostructure field effect transistor with modulation doping and one-dimensional simulation of charge control [J]. Appl. phys, 1997, 82(5): 5843 – 5858.

[28] SHUR M S, ECS E, CIEE M. GaN BASED TRANSISTORS FOR HIGH POWER APPLICATIONS [J]. Solid-state electronics, 1998, 42(12): 2131 – 2138.

[29] ANGERER H, BRUNNER D, FREUDENBERG F, et al. Determination of the Al mole fraction and the band gap bowing of epitaxial AlGaN films [J]. Appl. phys. lett. 1997, 71 (11): 1504 – 1506.

[30] LEE S R, WRIGHT A F, CRAWFORD M H, et al. The band-gap bowing of AlxGa1-xN alloys [J]. Appl. phys. lett. 1999, 74(22): 3344 – 3346.

[31] MARTIN G, STRITE S, BOTCHKAREV A, et al. Valence-band discontinuity between GaN and AlN measured by x-ray photoemission spectroscopy [J]. Appl. phys. lett. 1994, 65(5): 610 – 612.

[32] DAMBRINE G, CAPPY A, HELIODORE F, et al. A new method for determining the FET small-signal equivalent circuit [J]. IEEE transactions on microwave theory and techniques, 1988, 36(7): 1151 – 1159.

[33] ENGEN G F, BEATTY R W. Microwave reflectometer technique [J]. IEEE transactions on microwave theory and techniques, 1959, 7(3): 351 – 355.

[34] ENGEN G F. Advances in microwave measurement science [J]. Proc IEEE, 1978, 66 (4): 374 – 384.

[35] CUSACK J M, PERLOW S M, PERLMAN B S. Automatic load contour mapping for microwave power transistors [J]. IEEE transactions on microwave theory and techniques, 1974, 22(12): 1146 – 1152.

[36] PAGGI M, WILLIAMSP H, Borrego J M. Nonlinear GaAs MESFET modeling using pulsed gate measurements [J]. IEEE transactions on microwave theory and techniques, 1988, 36(36): 1593 – 1597.

[37] SCOTT J, RATHMELL J G, PARKER A, et al. Pulsed device measurements and applications [J]. 1996, 44(12): 2718 – 2723.

[38] LOTT U. Measurement of magnitude and phase of harmonics generated in nonlinear microwave two-ports [J]. IEEE transactions on microwave theory and techniques, 1989, 37(10): 1506 – 1511.

[39]　王帅. AlGaN/GaN HEMT 微波功率特性研究[D]. 成都：四川大学，2007.

[40]　郝跃，韩新伟，张进诚，等. AlGaN/GaN HEMT 器件直流扫描电流崩塌机理及其物理模型[J]. 物理学报，2006，55(7).

[41]　SYED S, ISLAM, ANWAR A F, et al. A physics-based frequency dispersion model of GaN mESFETs'[J]. IEEE transactions on electron devices, 2004, 51(6)：846 – 853.

[42]　NIKOLAI V, DROZDOVKI, ROBET H, et al. GaN-Based high electron-mobility transistors for microwave and RF control applications [J]. IEEE transactions on mic rowave theory and techniques, 2002, 50(1)：4 – 8.

[43]　GILLES D B, ALAIN C, FREDERIC H, et al. A new method for determing the FET small-signal equivalent circuit [J]. IEEE transactions on microwave theory and techniques，1988, 36(7)：1151 – 1159.

[44]　WOOD J, ROOT D E. Bias-dependent linear scalable millimeter-wave FET model [J]. IEEE transactions on microwave theory and techniques，2000, 48(12)：2353 – 2360.

[45]　RASKIN J P, DAMBRINE G, GILLON R. Direct extraction of the series equivalent circuit parmeters for the small-signal model of SOI MOSFETs [J]. IEEE microwave guided wave lett, 1997, 7(20)：408 – 410.

[46]　KANG W L. Source, drain and gate series resistances and electron saturation velocity in Ion-Implaned GaAs FETs [J]. IEEE transactions on electron devices，1985, ED – 32(5)：987 – 992.

[47]　朱磊. AlGaN/GaN HEMT E 类功率放大器设计[D]. 成都：电子科技大学，2007.

[48]　OKAMOTOY, ANDOY, HATAYA K, et al. Improvedpower performance for a recessed-gate AlGaN-GaN heterojunction FET with a field-modulating plate[J]. IEEE transactions on microwave theory and techniques，2004, 52(11)：2536 – 2540.

[49]　HOMIK K, STINEHEOMBE M. WHLTE H. Multilayer feedforward networks are universal approximators[J]. Neural networks 2, 1989：359 – 366.

[50]　CAO Y C, CHEN X, WANG G F. Dynamic behavioral modeling of nonlinear microwave devices using real-time recurrent neural network[J]. IEEE transactions on electron devices，56(5), May 2009：1020 – 1026.

[51]　DEVABHAKTUNI V K, XI C, ZHANG Q J. A neuralnetwork approach to the modeling of heterojunetion bipolar transistors from S-Parameter data [A]. 28th Euro Pean Mierowave Conferenee [C]. London：Miller Freeman, Oetober 1998：306 – 311.

[52]　赵鑫. 基于迟滞神经网络的时间序列预测分析[D]. 天津：天津工业大学，2011.

[53]　CAO Y Z, SIMONOVICH L, ZHANG Q J. A Broadband and Parametric Model of

Differential Via Holes Using Space-Mapping Neural Network [J]. IEEE Microwave and Wirless Components Letters, 19(9), September, 2009: 533 – 535.

[54] BARMUTA P, WARSAW P, PLONSKI P, et al. Nonlinear AlGaN/GaN HEMT model using multiple artificial neural networks[C]. Microwave Radar and Wireless Communications(MIKON), 2012 19th International Conference, Volume 2, May 2012: 462 – 466.

[55] SEHXEURS D, VERSPEEHT J, VANDENBERGHE S, et al. Straightforward accurate nonlinear device model parameter-estimation method based on vectorial Large-signal measurements [J]. IEEE Transactions on Microwave Theory and Techniques, 2002, 50(10): 2315 – 231.

[56] JARNDAL A, OMAN P S, ABDULQADER H, et al. A genetic neural network modeling of GaN HEMTs for RF power amplifiers design. Microelectronics(ICM), 2011 International Conference [C], Dec, 2011: 1 – 6.

[57] MARINKOVIC Z, CRUPI G, CADDEMI A, et al. Development of a neural approach for bias-dependent scalable small-signal equivalent circuit modeling of GaAs HEMTs [C]. Microwave Integrated Circuits Conference(EuMIC), 2010 European, 2010: 182 – 185.

[58] SHIRAKAWA K, SHIMIZU M, OKUBO N, et al. Structural determination of multilayered large – signal neural-network HEMT model [J]. IEEE transactions on microwave theory and techniques, 1998, 46(10): 136 – 2375.

[59] TAYEL M B, ALEXANDRIA U, ALEXANDRIA Y A. H. An introduced neural network-differential evolution model for small signal modeling of PHEMTs[J]. Electronic computer technology, 2009 international conference, 2009: 499 – 506.

[60] WHTSON P M, GUPTA K C, MAHAJAN R L. Development of knowledge based artificial neural network models for microwave components [A]. MTT-S Int Miecrowave Symp Dig [C]. New York: IEEE Press, 1998: 9 – 12.

[61] 曾峰. 印制电路板(PCB)设计与制作[M]. 2 版. 北京：电子工业出版社, 2005: 54 – 78.

[62] CHI R, LI H. 射频电路工程设计[M]. 鲍景富, 唐宗熙, 张彪, 等译. 电子工业出版社, 2011: 305 – 339.

[63] SYRETTT B A. Broadband element for microstirp bias or tuning circuits[J]. IEEE trans. MTT, 1980, 28(08): 488 – 491.

[64] RUBIO J M, FANG J, CAMARCHIA V, et al. 3～3.6 GHz wideband GaN doherty power amplifier exploiting output compensation stages [J]. IEEE transactions on microwave theory & techniques, 2012, 60(8): 2543 – 2548.

[65]　JUNGHWAN S, ILDU K, JUNGHWAN M, et al. A highly efficient asymmetric Doherty power amplifier with a new output combining circuit. in Proc[J]. IEEE int. conf. microw. , commun. , antennas electron. syst. (COMCAS), 2011: 1 – 4.

[66]　HANSIK O, HYUNUK K, HWISEOB L, et al. Doherty Power Amplifier Based on the Fundamental Current Ratio for Asymmetric cells[J]. IEEE transactions on microwave theory & techniques, 2017, 65(11): 4190 – 4197.

[67]　SHI W, HE S, GIDEON N. Extending high-efficiency power range of symmetrical Doherty power amplifiers by taking advantage of peaking stage[J]. IET microwaves, antennas & propagation, 2017, 11(9): 1296 – 1302.

[68]　PENG Y, ZHANG L, FU J, et al. Modified output impedance matching solution for load modulation power amplifier performance enhancing[J]. Iet microwaves antennas & propagation, 2015, 9(13): 1376 – 1385.

[69]　MA C, PAN W, SHAO S, et al. A wideband doherty power amplifier with 100 MHz instantaneous bandwidth for LTE-advanced applications[J]. IEEE microwave and wireless lomponents cetters, 2013, 23(11): 614 – 616.

[70]　XIA J, ZHU X, ZHANG L, et al. High-Efficiency GaN doherty power amplifier for 100 MHz LTE-advanced application based on modified load modulation network[J]. IEEE transactions on microwave theory & techniques, 2013, 61(8): 2911 – 2921.

[71]　HUANG C, HE S, YOU F. Design of broadband modified class-J Doherty power amplifier with specific second harmonic terminations[J]. IEEE access, 2018, 6: 2531 – 2540.

[72]　CHEN X, CHEN W, GHANNOUCHI F M, et al. A broadband Doherty power amplifier based on continuous-Mode technology[J]. IEEE Transactions on Microwave Theory and Techniques, 2016, 64(12): 4505 – 4517.

[73]　SHI W, HE S, YOU F, et al. The influence of the output impedances of peaking power amplifier on broadband Doherty amplifiers[J]. IEEE Transactions on Microwave Theory and Techniques, 2017, 65(8): 3002 – 3013.

[74]　ABADI M N, GOLESTANEH A H, SARBISHAEI H, et al. Doherty power amplifier with extended bandwidthand improved linearizability under carrier-aggregated signal stimuli [J]. IEEE Microwave and Wireless Components Letters, 2016, 26(5): 358 – 360.

[75]　HUANG C, HE S, YOU F. Design of broadband modified class-J Doherty power amplifier with specific second harmonic terminations[J]. IEEE Access, 2018, 6: 2531 – 2540.

[76]　KWON J, SEO M, LEE H, et al. Broadband Doherty power amplifier based on asymmetric load matching networks[J]. IEEE transactions on circuits and systems II:

express briefs, 2015, 62(6): 533 - 537.

[77] LI Y, FANGX, JUNDI A, et al. Two-port network theory-based design method for broadband class J Doherty amplifiers[J]. IEEE access, 2019, 7: 51028 - 51038.

[78] CRIPPS S C, TASKER P J, CLARKE A L, et al. On the continuity of high efficiency modes in linear RF power amplifiers[J]. IEEE microwave and wireless components letters, 2009, 19(10): 665 - 667.

[79] CARRUBBA V, CLARKE A L, AKMAL M, et al. Exploring the design space for broadband PAs using the novel "continuous inverse class-F mode"[C]. The 41st European Microwave Conference, 2011: 333 - 336.

[80] POLURI N, SOUZA M M D. High-efficiency modes contiguous with class B/J and continuous class F-1 amplifiers[J]. IEEE microwave and wireless components letters, 2019, 29(2): 137 - 139.

[81] DARRAJI R, BHASKAR D, SHARMA T, et al. Generalized theory and design methodology of wideband Doherty amplifiers applied to the realization of an octave-bandwidth prototype[J]. IEEE transactions on microwave theory and techniques, 2017, 65(8): 3014 - 3023.

[82] CHEN S, HU J, SHI Y, et al. LTE-V: A TD-LTE-based V2X solution for future vehicular network[J]. IEEE internet of things journal, 2016, 3(6): 997 - 1005.

[83] AKPAKWU G A. A survey on 5G networks for the internet of things: communication technologies and challenges[J]. IEEE access, 2018, 6: 3619 - 3647.

[84] YANG L, CHEN R S, SIU Y M, et al. PAPR reduction of an OFDM signal by use of PTS with low computational complexity[J]. IEEE transactions on broadcasting, 2006, 52(1): 83 - 86.

[85] RAAB F H, ASBECK P, CRIPPS S C, et al. Power amplifiers and transmitters for RF and microwave[J]. IEEE transactions on microwave theory and techniques, 2002, 50(3): 814 - 826.

[86] 刘长军, 黄卡玛, 闫丽萍. 射频通信电路设计[M]. 北京: 科学出版社, 2017.

[87] MATTHAEI G L. Tables of Chebyshev impedance-transformation networks of low-pass filter form[J]. Proceedings of the IEEE, 1964, 52(8): 939 - 963.

[88] YARMAN B S, CARLIN H J. A simplified "real frequency" technique applied to broadband multistage microwave amplifiers [J]. IEEE transactions on microwave theory and techniques, 1982, 30(12): 2216 - 2222.

[89] YARMANB S, AKSEN A. An integrated design tool to construct lossless matching

networks with mixed lumped and distributed elements[J]. IEEE transactions on circuits and systems I fundamental theory and applications，1992，39(9)：713 – 723.

[90] TUFFY N，GUAN L，ZHU A，et al. A simplified broadband design methodology for linearized high-efficiency continuous class-F power amplifiers[J]. IEEE transactions on microwave theory and techniques，2012，60(6)：1952 – 1963.

[91] YARMAN B S. Design of ultra wideband power transfer networks[M]. New York：Wiley，2010.

[92] GIOFRE R，COLANTONIO P，GIANNINI F，et al. A new design strategy for multi frequencies passive matching networks[C]. The 37th European Microwave Conference，2007：838 – 841.

[93] TASKER P J，BENEDIKT J. Waveform inspired models and the harmonic balance emulator[J]. IEEE Microwave Magazine，2011，12(2)：38 – 54.

[94] CHEN K，PEROULIS D. Design of broadband highly efficient harmonic-tuned power amplifier using in-band continuous class-F/F-1 mode transferring[J]. IEEE transactions on microwave theory and techniques，2012，60(12)：4107 – 4116.

[95] XIA J，ZHU X，ZHANG L. A linearized 2～3.5 GHz highly efficient harmonic-tuned power amplifier exploiting stepped-impedance filtering matching network[J]. IEEE microwave and wireless components letters，2014，24(9)：602 – 604.

[96] YANG M，XIA J，GUO Y，et al. Highly efficient broadband continuous inverse class-F power amplifier design using modified elliptic low-pass filtering matching network[J]. IEEE transactions on microwave theory and techniques，2016，64(5)：1515 – 1525.

[97] SAXENA S，RAWAT　K，ROBLIN P. Continuous class-B/J power amplifier using nonlinear embedding technique[J]. IEEE transactions on circuits and systems II：express briefs，2017，64(7)：837 – 841.

[98] BARAKAT A，THIAN M，FUSCO V. A high-efficiency GaN doherty power amplifier with blended class-EF mode and load-pull technique[J]. IEEE transactions on circuits and systems II：express briefs，2018，65(2)：151 – 155.

[99] GREBENNIKOV A. High-Efficiency class E/F lumped and transmission-line power amplifiers[J]. IEEE transactions on microwave theory and techniques，2011，59(6)：1579 – 1588.

[100] SHEIKHI A，HAYATI M，GREBENNIKOV A. High-Efficiency Class-E-1 and Class-F/E Power Amplifiers at Any Duty Ratio[J]. Industrial Electronics，IEEE Transactions

on，2016，63(2)：840－848.

[101] ZHANG Z，CHENG H，KE G，et al. Design of a broadband high-efficiency hybrid class-EFJ power amplifier[J]. IEEE microwave and wireless components letters，2020，30(4)：407－409.

[102] PENGELLY R S. A Review of GaN on SiC High Electron-Mobility Power Transistors and MMICs[J]. IEEE Transactions on Microwave Theory and Techniques，2012，60(6)：1764－1783.

[103] 曾峰，侯亚宁，曾凡雨. 印刷电路板(PCB)设计与制作[M]. 北京：电子工业出版社，2002：20－30.

[104] MARK I M. 电磁兼容和印刷电路板：理论、设计和布线[M]. 北京：人民邮电出版社，2002：46－70.

[105] SYRETT B A. Broadband Element for Microstirp Bias or Tuning Circuits[J]. IEEE Trans. MTT，1980，28(08)：488－491.

[106] http：//www. triquint. com/products/p/TGF2023－2－02.

[107] 张韧. C波段GaAs HBT-MMIC功率放大器的研制[D]. 成都：电子科技大学，2012.

[108] 来晋明，罗嘉，由利人. 基于GaN HEMT的0.8～4 GHz的宽带平衡功率放大器[J]. 半导体技术，2015，40(01)：44－49.

[109] BASEM M A，HESHAM N A，MAHMOUD E G. Design of a 10W，highly linear，Ultra wideband power Amplifier Based on GaN HEMT[C]. Engineering and Technology (ICET)，2012 International Conference on，2012：1－5.

[110] DAWSON D E. Closed-Form Solutions for the Design of Optimum Matching Networks [J]. IEEE Microwave Theory and Techniques，2009，57(01)：121－129.

[111] FOROUZANFAR M，FEGHHI R，JOODAKI M. An 8.8～9.8 GHz 100W Hybrid Solid State Power Amplifier for High Power Applications [C]. The 22nd ICEE，2014：433－436.

[112] 崔晓英. 微波功率晶体管的发展和应用前景[J]. 电子器件，2012，(01)：56－60.

[113] NEMATI H M，FAGER C，ZIRATHIRATH H. High Efficiency LDMOS Current Mode Class-D Power amplifier at 1 GHz[C]. 2006 European Microwave Conference，2006：176－179.

[114] YOU F，HE S，TANG X，et al. Effects of limited drain current and on resistance on the performance of an LDMOS Inverse class-E power amplifier [J]. IEEE transactions on microwave theory and techniques，2009，57(2)：336－343.

[115] CURTICE W R, ETTENBERG M. A nonlinear GaAs FET model for use in the design of output circuits for power amplifiers[J]. IEEE transactions on microwave theory and techniques，1985，33(12)：1383 − 1394.

[116] DUVANAUD C, DIETSCHE S, PATAUT G, et al. High-efficient class F GaAs FET amplifiers operating with very low bias voltages for use in mobile telephones at 1. 75 GHz[J]. IEEE microwave and guided wave letters，1993，3(8)：268 − 270.

[117] ENOMOTO J, ISHIKAWA R, HONJO K. A 2. 1/2. 6 GHz dual-band high-efficiency GaN HEMT amplifier with harmonic reactive terminations[C]. 2014 44th European Microwave Conference，2014：1488 − 1491.

[118] PANG J, HE S, HUANG C, et al. A novel design of concurrent dual-band high efficiency power amplifiers with harmonic control circuits[J]. IEEE microwave and wireless components letters，2016，26(2)：137 − 139.

[119] GAO S, WANG Z, PARK C. Concurrent dual-band power amplifier with second harmonic controlled by gate and drain bias circuit[C]. 2011 IEEE International Conference on Microwave Technology & Computational Electromagnetics，2011：309 − 312.

[120] TAMJID F, GHAHREMANIA, RICHARDSON M, et al. A novel approach to the design of a broadband high efficiency Class-E power amplifier with over 87% bandwidth[J]. 2017 IEEE topical conference on RF/microwave power amplifiers for radio and wireless applications(PAWR)，2017：25 − 28.

[121] 武军伟，龚子平，万显荣，等. 基于简化实频方法的宽带天线阻抗匹配网络设计 [J]. 电波科学学报，2011，26(02)：382 − 387.

[122] PREIS S, GRUNER D, BATHICH K, et al. Optimum power combining configuration for high power amplifiers with broadband performance[C]. 2012 The 7th German Microwave Conference，2012：1 − 4.

[123] 王凯. 宽带功率放大器的研究与设计[D]. 西安：西安电子科技大学，2019.

[124] LAN J, ZHOU J, YU Z, et al. A broadband high efficiency Class-F power amplifier design using GaAs HEMT[C]. 2015 IEEE International Wireless Symposium(IWS 2015)，2015：1 − 4.

[125] COHN S B. A class of broadband three-port tEM-mode hybrids[J]. IEEE transactions on microwave theory and techniques，1968，16(2)：110 − 116.

[126] WILKINSON E J. An N-way hybrid power divide[J]. IRE Transactions on Microwave Theory and Techniques，1960，8(1)：116 − 118.

[127] 杨博. 超宽带功率分配网络关键技术研究[D]. 成都：电子科技大学，2012.

[128] El-ASMAR M，BIRAFANE A，KOUKI A B，et al. Optimal combiner design for Outphasing RF amplification systems[C]. 2012 2nd International Conference on Advances in Computational Tools for Engineering Applications(ACTEA)，2012：176－181.

[129] El-ASMAR M，SAADEDDINE M，El-RAFHI A. Performance with matched and unmatched Wilkinson combiners［C］. 2017 29th International Conference on Microelectronics(ICM)，2017：1－4.

[130] 倪涛. 无线通信基站中的功率放大器研究[D]. 合肥：中国科学技术大学，2010.

[131] El-ASMAR M，BIRAFANE A，KOUKI A B. Impact of PA Mismatching in Chireix-Outphasing System without Stubs[C]. 2007 International Symposium on Signals，Systems and Electronics，2007：201－204.

[132] 瞿晨. LINC 发射机高效率合成技术研究[D]. 电子科技大学，2016.

[133] El-ASMAR M，BIRAFANE A，KOUKI A. A Simplified Model for Chireix Outphasing Combiner Efficiency［C］. 2006 European Microwave Conference，2006：192－195.

[134] WENTZEL A，SUBRAMANIAN V，SAYED A，et al. Novel Broadband Wilkinson Power Combiner[C]. 2006 European Microwave Conference，2006：212－215.

[135] REECE M A，CONTEE S，WAIYAKI C W. K-band GaN power amplifier design with a harmonic suppression power combiner[C]. 2017 IEEE Topical Conference on RF/Microwave Power Amplifiers for Radio and Wireless Applications（PAWR），2017：92－95.

[136] HAMANO K，TANAKA R，YOSHIDA S，et al. Design of concurrent dual-band rectifier with harmonic signal control[C]. 2017 IEEE MTT-S International Microwave Symposium(IMS)，2017：1042－1045.

[137] 杨月寒. 马刺线在微带电路中的研究与应用[D]. 成都：电子科技大学，2009.

[138] WANG Y，JING X，YANG H. A New Type of Microstrip Band-stop Filter Using Spurline[C]. 2015 16th International Conference on Electronic Packaging Technology (ICEPT)，2015：1429－1432.

[139] AGGRAWAL E，RAWAT K. Chireix Outphasing Switched Mode Power Amplifier for Wireless Communication［C］. 2018 IEEE MTT-S International Microwave and RF Conference(IMaRC)，2018：1－4.

[140] HUR J，KIM H，LEE O，et al. Multi-Level LINC Transmitter with Non-Isolated Power Combiner[J]. Electronics Letters，2013，49(25)：1624－1625.

[141] BIRAFANE A，KOUKI A B. On the linearity and efficiency of outphasing microwave amplifiers[J]. IEEE transactions on microwave theory and techniques，2004，52(7)：1702 - 1708.

[142] RAAB F. Efficiency of outphasing RF power-amplifier systems[J]. IEEE transactions on communications，1985，33(10)：1094 - 1099.

[143] STENGEL B，EISENSTADT W R. LINC power amplifier combiner method efficiency optimization[J]. IEEE transactions on vehicular technology，2000，49(1)：229 - 234.

[144] 刘长军，黄卡玛，闫丽萍. 射频通信电路设计[M]. 北京：科学出版社，2005：105 - 110.